电网企业员工
岗前培训手册

国网江苏省电力有限公司技能培训中心　编

中国电力出版社
CHINA ELECTRIC POWER PRESS

内 容 提 要

为助力生产岗位新员工能快速转变角色，融入企业，适应工作岗位，熟悉工作内容，国网江苏省电力有限公司和国网江苏省电力有限公司技能培训中心组织编写《电网企业员工岗前培训手册》，以满足电力行业人才培养和教育培训的实际需求。

本书内容以输电线路运检、变电运维、变电一次检修、变电二次检修、电气试验、配电运检、电力电缆 7 个生产岗位为经线，以专业概述、专业基础知识、日常业务、相关制度、实习注意事项、新员工实操项目示例 6 个方面为纬线，融汇而成。

本书可供相关生产岗位新员工轮岗学习，也可供相关专业的高校师生参考学习。

图书在版编目（CIP）数据

电网企业员工岗前培训手册 / 国网江苏省电力有限公司技能培训中心编 . —北京：中国电力出版社，2023.12（2025.5重印）

ISBN 978-7-5198-8174-0

Ⅰ .①电… Ⅱ .①国… Ⅲ .①电力工业－岗前培训－手册 Ⅳ .① TM-62

中国国家版本馆 CIP 数据核字（2023）第 184054 号

出版发行：中国电力出版社
地　　　址：北京市东城区北京站西街 19 号（邮政编码 100005）
网　　　址：http://www.cepp.sgcc.com.cn
责任编辑：罗　艳　高　芬
责任校对：黄　蓓　郝军燕
装帧设计：张俊霞
责任印制：石　雷

印　　　刷：三河市万龙印装有限公司
版　　　次：2023 年 12 月第一版
印　　　次：2025 年 5 月北京第三次印刷
开　　　本：710 毫米 ×1000 毫米　16 开本
印　　　张：21.75
字　　　数：318 千字
印　　　数：2001—2500 册
定　　　价：118.00 元

编委会

主　　任　张　强
副 主 任　吴　奕　黄建宏
委　　员　王存超　朱　伟　石贤芳　徐　滔　郭琪超
　　　　　戴　威　傅洪全　任　罡　陈　曦

编写组

主　　编　周荣玲　朱　伟
副 主 编　陈金刚　徐　彰　陶红鑫　田丰伟
编写人员　井　洋　吴　双　赵　毅　秦　雪　郭玉威
　　　　　张　军　陆志强　郭　跃　王德海　华廷方
　　　　　王　政　朱泽仁　宋晓露　李海冰　龚　彬
　　　　　严向前　黄泽华　张　佳　杨　浩　王国栋
　　　　　魏　蔚　李冰然　张洁华　杨　丽　江晨璐
　　　　　韦国锋　胡晓丽　季　宁　张　辉　袁　欣
　　　　　周　磊

序

新员工是电网企业人才队伍的生力军，是企业的新鲜血液、活力来源，新员工队伍的培养是企业可持续发展的重要保障。特别是在电网技术不断发展、业务模式转型升级、能源革命方兴未艾之际，加强新员工入职培养，上好新员工"职场第一课"，既是当务之急，也是长久之计。当前国家电网公司高度重视全业务核心班组建设，新员工作为电网企业人才战略的第一步，是扎实掌握核心业务，助力企业"一体四翼"高质量发展的重要保障。

新员工进入电网企业的第一年，一般需要经历入职、定岗、定级三个重要节点。在此期间，大部分新员工会被安排到电网企业主营业务上进行轮岗见习，然后定岗。经过大量走访调研发现，从学校毕业直接进入电网企业的新员工，对电网企业主营业务、运转模式、岗位制度等知之甚少。尽管各用人单位均针对新员工开展了形式各异的岗前培训工作，但因针对性不强、体系化不全、规范性欠缺等问题，导致新员工在此阶段缺乏有效的引导，从而难以建立对岗位内容、个人能力和职业发展的理性认知，定岗后容易出现岗位适配度不高、工作积极性受挫、职业目标感偏弱等问题。

国网江苏省电力公司依托多年人才培养管理的实践经验，组织行业专家编写《电网企业员工岗前培训手册》（简称《手册》）。《手册》面向刚进电网企业的新员工，涵盖电力行业多个生产岗位，系统总结新员工轮岗中的专业基础知识和日常业务等内容，帮助新员工直观、快速、全面、系统地了解电网企业主营业务岗位的基本情况，提升岗前培训质效。该书既可作为新员工的培训教材，也可作为有志于加入电网企业的大专院校学生入门参考。

《手册》的编写与出版凝聚了行业专家的经验和智慧，希望《手册》的出版可以助力新员工快速成长成才，为新型电力系统建设、发展提供人才保障。

编委会

2023 年 9 月

前　言

新员工作为企业人才资源的重要来源，是一个企业职工队伍的新生力量，也是企业得以长期生存和发展的一支重要后备补充力量。如何快速转变角色，融入企业，适应工作岗位，熟悉工作内容，发挥自身的专业优势，对企业发展、提高经济效益来说至关重要。

国网江苏省电力有限公司技能培训中心为全面贯彻落实国家电网公司"人才强企"行动，深入挖掘新员工在企业中发挥的重要作用，帮助生产岗位的新员工加快身份转变，尽快融入企业进程，结合新员工职业发展和成长成才阶段特点，根据省内开展新员工轮岗实习计划等相关背景，开发配套教材，完善培训资源体系，以满足培训需求，使培训作用最大化。

在轮岗实习中，只有对原理、设备和作业现场了然于心，把设备当做生命去对待，工作中做到极致地细心和严谨，才能在设备出现异动的情况下，安全、准确、迅速地使其恢复正常运行状态，才能保障大电网、设备和人身安全。

本书以新员工的工作需求为核心，围绕输电线路运检、变电运维、变电一次检修、变电二次检修、电气试验、配电运检、电力电缆 7 个生产岗位，从专业概述、专业基础知识、日常业务、相关制度、实习注意事项、新员工实操项目示例 6 个维度进行了详细讲解，汇编成供电企业员工岗前培训手册。

国网江苏省电力有限公司技能培训中心经过多次调研，在新员工培训中，广泛征集新入职员工的建议，结合当前新员工的需求与实际工作情况，进行了系统总结和分析，编写《电网企业员工岗前培训手册》，旨在提高培训的针对性和实用性；以服务生产岗位新员工工作为核心，系统总结新员工轮岗中的专业基础知识和日常业务等内容，使读者可快速了解原理图、设备和作业现场；全书数表结合、图文并茂，准确而直观地将内容呈现，使读者一目了然。但电力行业不断发展，轮岗实习的岗位和要求不同，书中所写的内容可能存在一定的偏差，恳请读者谅解，并衷心希望读者提出宝贵的意见。

编者

2023 年 8 月

C目录
CONTENTS

序

前言

电网企业员工
岗前培训手册

1 输电线路运检

1.1 专业概述

1.1.1 输电线路运检在电网中的作用

输电线路能起到输送电能，连接各发电厂、变电站和用户，实现电力系统联网的作用。根据输送距离和输送容量的大小，输电线路采用各种不同的电压等级。目前我国采用的电压等级：交流分为 35、66、110、220、330、500、750、1000kV；直流分为 ±400、±500、±660、±800、±1100kV 等。

1.1.2 输电线路运检人员工作模式及职责

输电线路运检人员可分为送电线路工、高压线路带电检修工两种。

输电线路运检人员的工作模式：一方面按照线路状态，根据安排的检修计划，进行相应的检修工作；另一方面，按照线路巡视监控的情况，针对突发隐患及发现的缺陷，安排紧急任务进行处理消缺。

输电线路运检人员的专业职责：①高压线路带电检修工主要负责各电压等级线路的带电作业；②送电线路工根据班组分工的不同，一方面从事输电线路的运维工作，负责日常的巡视等工作，另一方面负责线路缺陷、故障的停电检修、迁改等工作。

1.1.3 专业分类

输电线路运检主要包括输电线路运行和输电线路检修两类。输电线路运行可以分为巡视、检测、维护和事故预防，其中输电线路巡视具体又包括正常巡视、故障巡视和特殊巡视；输电线路检修包括停电检修、带电作业和事故抢修。

1.1.4 岗位能力提升要求

输电线路运检人员岗位能力要求见表 1-1。

表 1-1 输电线路运检人员岗位能力要求

职业技能等级	技能要求
中级工	输电线路中级工应该具备绳结制作、滑轮组连接、接地电阻测量，使用经纬仪测量高度和高差等基础操作能力
高级工	输电线路高级工应该具备 220kV 悬式绝缘子的更换、验电、接地的安装与拆除，交叉跨域测量，中点高度法测弧垂，导、地线的补修，钢丝绳的插编及钢丝绳套制作和绝缘子盐灰密测试等施工检修中常见工作的工作能力
技师	输电线路技师应该具备 220kV 耐张单片绝缘子的更换、验电、500kV 悬式绝缘子的更换、更换防震锤、钢芯铝绞线直线管钳压连接、架空地线直线管液压连接、220kV 架空地线的紧线、矩阵铁塔基础分坑测量、矩形高低腿直线铁塔基础分坑测量、带位移转角电杆基础分坑测量的工作能力

1.2 专业基础知识

1.2.1 输电线路概述

1. 定义

输电线路是指从电源向电力负荷中心输送电能的线路。

2. 分类

架空线路与电缆线路相比有许多显著的优点，如结构简单、施工周期短、建设费用低、技术要求较低、检修维护方便、散热性能好、输送容量大等。架空线路分类见表 1-2。

表 1-2 架空线路分类

分类标准	分类形式	分类特点
敷设方式	架空线路	架设及维修比较方便，成本较低，但容易受到气象和环境（如大风、雷击、污秽、冰雪等）的影响，从而引起故障。同时，整个输电走廊占用土地面积较多，易对周边环境造成电磁干扰

续表

分类标准	分类形式	分类特点
敷设方式	电缆线路	电缆线路安全性高，占地少，极少受气象影响，故障率低。缺点是造价高，检修麻烦，管沟会占用地下生态系统，同时因散热难以承载高压线路
电压等级	高压输电线路	110～220kV 的线路为高压输电线路
	超高压输电线路	330～750kV 的线路为超高压输电线路
	特高压输电线路	1000kV 交流和 ±800kV 直流输电线路及以上的线路为特高压输电线路
线路回数	单回路输电线路	一个负荷有一个供电电源的回路
	双回路输电线路	一个负荷有两个供电电源的回路
	多回路输电线路	一个负荷有多个供电电源的回路

1.2.2 输电线路基本构成

架空输电线路主要由基础、杆塔、导线、绝缘子、避雷线、接地装置、拉线和金具等元件组成。

1. 基础

杆塔埋入地下部分统称为基础。基础的作用是保证杆塔稳定，不因其垂直荷载、水平荷载、事故断线张力和外力等作用而上拔、下沉或倾覆。杆塔基础如图 1-1 所示。

图 1-1 杆塔基础

2. 杆塔

杆塔主要用以支持导线和避雷线，并使导线和导线间、导线和避雷线间、导线和杆塔间，以及导线和大地、建筑物、电力线、通信线等被跨越物或邻近物之间保证一定的安全距离。架空电力线路杆塔的种类繁多，按材料一般分为木杆、钢筋混凝土杆、钢杆、角钢铁塔及钢管铁塔等；按用途则可分为直线杆塔、耐张杆塔、转角杆塔、终端杆塔和特殊杆塔。

（1）直线杆塔。又称中间杆塔，直线杆塔主要用于线路直线段中，支持导线、避雷线。在线路正常运行情况下，直线杆塔一般不承受顺线路方向的张力，而只承受垂直荷载（即导线、避雷线、绝缘子、金具的重力和冰重）及水平荷载（风压）。只有在杆塔两侧档距相差悬殊或一侧发生断线时，直线杆塔才承受相邻两档导线间的不平衡张力。直线杆塔如图 1-2 所示。

（2）耐张杆塔。又称承力杆塔、锚型杆塔或断连杆塔。在正常运行情况下，耐张杆塔除承受与直线杆塔相同的荷载外，还承受导线、避雷线的不平衡张力。在断线情况下，耐张杆塔还要承受断线张力，并将线路断线、倒杆事故控制在一个耐张段内。耐张杆塔如图 1-3 所示。

图 1-2 直线杆塔

图 1-3 耐张杆塔

（3）转角杆塔。转角杆塔位于线路前进方向发生改变的地方，转弯点两侧线路间夹角的补角称为线路转角。转角杆塔除承受导线、避雷线等的垂直荷载和风压外，还承受导线、避雷线的转角合力（即角荷），角荷的大小决定于转角的大小和导线、避雷线的张力。转角杆塔根据其角荷大小可分为耐张型和直线型两种。转角杆塔如图1-4所示。

（4）终端杆塔。终端杆塔位于线路首、末端，其承受单侧导线、避雷线等的垂直荷载和风压，以及单侧导线、避雷线张力。终端杆塔如图1-5所示。

图1-4 转角杆塔　　　　　　　图1-5 终端杆塔

（5）特殊杆塔。特殊杆塔主要有跨越杆塔、换位杆塔等。

1）跨越杆塔。跨越杆塔用于架空线路跨越铁路、公路、河流、山谷、电力线、通信线等，其分为直线跨越杆塔和耐张跨越杆塔两种。跨越杆塔如图1-6所示。

2）换位杆塔。换位杆塔用于架空输电线路的导线换位。导线换位的目的是平衡三相导线的电感、电容和电阻，以减轻其对发电机、电动机和电力系统运行及对输电线路附近弱电线路造成的不良影响。架空输电线路的导线换位主要有直线换位、耐张换位和悬空换位等形式。换位杆塔如图1-7所示。

图1-6 跨越杆塔

图1-7 换位杆塔

3. 导线

架空线路导线主要用于输送电能，因此，制造导线的材料不仅要求其具有良好的导电性能，同时还要求其有足够的机械强度和较好的耐震、抗腐蚀性能，密度也要尽可能小。为此，架空线路导线一般采用铜、铝、铝合金及钢等材料制造。对于裸导线，其型号用导线材料、结构和截面积三部分表示，其中导线材料和结构用汉语拼音字母表示，如：T——铜、L——铝、G——钢、J——多股绞线或加强型、Q——轻型、H——合金、F——防腐、TJ——铜绞线、LJ——铝绞线、GJ——钢绞线、LHJ——铝合金绞线、LGJ——钢芯铝绞线、LGJJ——加强型钢芯铝绞线、LGJQ——轻型钢芯铝绞线、LH_AJ——热处理铝镁硅合金绞线、LH_BGJ——钢芯热处理铝镁硅稀土合金绞线、LH_AGJF1——轻防腐型钢芯热处理铝镁硅合金绞线；导线的截面积单位为 mm^2，如：LGJ-240/30 表示铝线标称截面积为 $240mm^2$、钢芯标称截面积为 $30mm^2$ 的钢芯铝绞线。多股绞线比单股导线的机械强度高，且具有柔性、易弯曲和便于施工等特点，因此，架空线路导线一般采用多股绞线结构。

（1）镀锌钢绞线。镀锌钢绞线的导电性能很差，但钢绞线机械强度高。由于钢绞线的导电性能差，因此，架空输、配电线路不采用钢绞线作导线。

常用镀锌钢绞线规格主要有 GJ-120、GJ-100、GJ-70、GJ-50、GJ-35、GJ-25、GJ-20 等，其中 GJ-35、GJ-50、GJ-70 钢绞线多用于架空电力线路的避雷线、接地引下线和拉线等，也可用作绝缘导线、通信线等的承力索；GJ-35、GJ-50、GJ-70、GJ-100、GJ-120 一般用作拉线；GJ-20、GJ-2 一般仅用作通信线等的承力索。

（2）钢芯铝绞线。为了充分利用铝和钢两种材料的优点，把它们结合起来制成钢芯铝绞线。钢芯铝绞线具有较高的机械强度，其所承受的机械应力是由钢芯线和铝线共同分担的，且交流电流的集肤效应可使钢芯中通过的电流几乎为零，电流基本上由铝线传导。

钢芯铝绞线广泛用于架空输电线路。普通型、轻型钢芯铝绞线多用于一般地区，对大跨越的输电线路有时采用加强型钢芯铝绞线或铝包钢等特种导线。常用钢芯铝绞线截面积主要有 630、400、300、240、185、150、120、95、70、50、35mm^2 等。钢芯铝绞线截面如图 1-8 所示。

（3）铝包钢芯铝绞线。铝包钢芯铝绞线由铝包钢丝做加强芯和硬铝线绞合组合而成。相比钢芯铝绞线，其质量轻 5%，载流量提高 2%～3%，弧垂减少 1%～3%，电力损耗少 4%～6%，且防腐性能好。铝包钢芯铝绞线如图 1-9 所示。

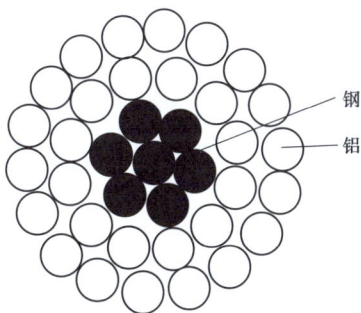

图 1-8 钢芯铝绞线截面

图 1-9 铝包钢芯铝绞线

4. 绝缘子

架空输电线路绝缘子的作用是支持导线，并使导线与杆塔之间保持绝缘。由于线路绝缘子是长期暴露在大气中的，因此绝缘子除承受线路电压外，还要承受导线上荷重和温度等作用。因此，要求绝缘子首先必须具有良好的电气性能和足够的机械强度，其次要能适应周围大气条件的变化，如温度和湿度变化对其本身的影响等。

（1）盘形悬式瓷质绝缘子。盘形悬式瓷质绝缘子按其金属附件连接方式可分为球形和槽形两种，可根据需要选择。盘形悬式瓷质绝缘子主要用于10kV架空配电线路的耐张杆、分支杆和终端杆，以及35kV及以上电压等级的架空输电线路。盘形悬式瓷质绝缘子如图1-10所示。

（2）盘形悬式钢化玻璃绝缘子。盘形悬式钢化玻璃绝缘子具有质量轻、尺寸小、机械强度高、电气性能好、寿命长、不易老化、维护方便等优点，当绝缘子存在缺陷时，由于冷热剧变或机械过载，绝缘子会自爆，运行人员很容易检查出来，但盘形悬式钢化玻璃绝缘子的耐气温骤变能力差，自爆率较高。盘形悬式钢化玻璃绝缘子如图1-11所示。

图1-10　盘形悬式瓷质绝缘子　　　　图1-11　盘形悬式钢化玻璃绝缘子

（3）棒形悬式复合绝缘子。棒形悬式复合绝缘子由芯棒、硅橡胶伞裙和护套、钢脚及钢帽等组合而成，又称合成绝缘子，其机电破坏负荷一般有70、100、120、160、210、300、400、530kN八个等级，主要用于35kV及以上电压等级的架空电力线路。硅橡胶材料的耐污秽性能较好，在相同污秽条件下，复合绝缘子爬电比距的配置可以比瓷绝缘子降低约1/4，并且复合绝缘子质量比较轻，运行后不必清扫，故安装、维护较为方便。但由于硅橡胶材料极易受外力损伤造成内部芯棒击穿而引发事故，因此悬式复合绝缘子抗弯曲、抗

扭转负荷能力比较差等。棒形悬式复合绝缘子如图 1-12 所示。

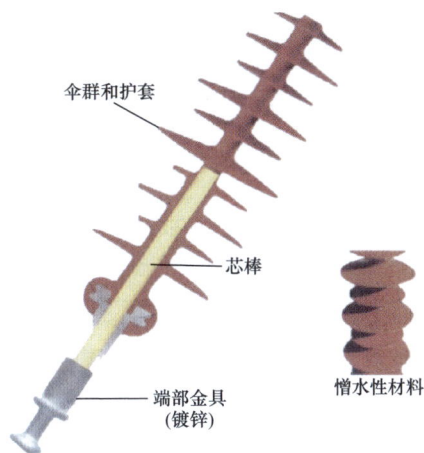

图 1-12　棒形悬式复合绝缘子

5. 避雷线

避雷线又称架空地线，其作用是把雷电流引入大地，以保护线路设备绝缘免遭雷击损坏。避雷线通常悬挂于杆塔顶部，其根数视线路电压等级、杆塔型式和雷电活动程度而定，可采用双地线和单地线。220kV 及以上电压等级的送电线路一般为双架空地线。另外，按照系统的要求，架空地线有绝缘、不绝缘和部分绝缘之分。避雷线的形式较多，常见的有镀锌钢绞线（GJ）、铝包钢绞线（GLJ）、钢芯铝绞线（LGJ）、光纤复合架空地线（OPGW）、全介质自承式光缆等。避雷线如图 1-13 所示。

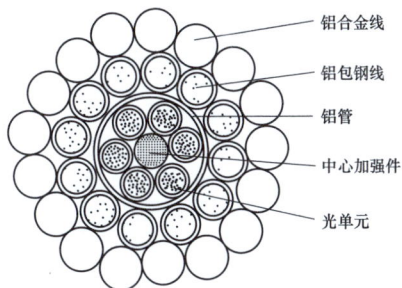

图 1-13　避雷线

6. 接地装置

电力设备、架空线路杆塔、避雷线、避雷针、避雷器等通过接地引下线与接地体连接的叫作接地。接地体和接地引下线总称为接地装置。

接地体是指埋入地中直接与大地接触的金属导体，分自然接地体和人工接地体两种。自然接地体是指直接与大地接触的金属构件、铁塔金属基础等。人工接地体是指为接地而专门敷设的金属导体，主要有水平接地体和垂直接地体两种。水平接地体多采用圆钢或扁钢制作，其敷设埋深一般不应小于0.6m；垂直接地体常采用角钢或钢管制作。

为保证接地体与大地可靠连接，接地体和接地引下线规格的选择不仅要满足接地电阻的要求，而且要能耐受一定年限的腐蚀。接地装置如图 1-14 所示。

图 1-14　接地装置

7. 拉线

拉线主要用于平衡杆塔所承受的水平风力和导线、避雷线的张力等，输电线路常见的拉线型式有"X"拉线、"V"拉线等。

8. 金具

金具按其不同的用途和性能，一般可分为线夹、连接金具、接续金具、保护金具和拉线金具五大类。

（1）线夹。

1）悬垂线夹。悬垂线夹的作用是支持导线或避雷线，使导线或避雷线固定在绝缘子或杆塔上，其一般用于直线杆塔及耐张杆塔的跳线上。悬垂线夹按其性能一般可分为固定型和释放型两种。固定型线夹可使导线在线夹中牢固固定。对于释放型线夹，在正常情况下，与固定型线夹一样夹紧导线，当发生断线时，由于线夹两侧导线的张力严重不平衡，使绝缘子串发生偏斜，当偏斜张力达到某一数值时，导线就会连同线夹的船体从挂架中脱落至挂架下部的滑轮中，并顺线路方向滑到地面，这样做的目的是减小直线杆塔在断线情况下所承受的不平衡张力、减轻杆塔受力而不致使杆塔发生倾倒，但释放型线夹不适用于居民区或线路跨越铁路、公路、河流、电力线、通信线等的杆塔。悬垂线夹如图 1-15 所示。

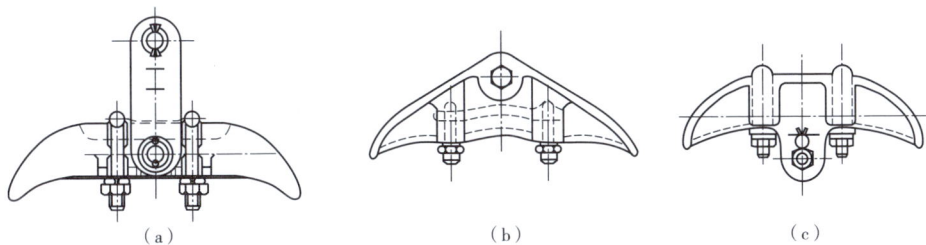

（a）   （b）   （c）

图 1-15　悬垂线夹

（a）中心回转型悬垂线夹；（b）提包型悬垂线夹；（c）上扛型悬垂线夹

2）耐张线夹。耐张线夹的作用是在耐张、终端、转角、分支等杆塔上紧固导线或避雷线，使其通过绝缘子串固定在横担上。耐张线夹如图 1-16 所示。

图 1-16　耐张线夹

（2）连接金具。连接金具分专用、通用连接金具两种。专用连接金具的作用是配合球窝形绝缘子串连接，如球头挂环、球头挂板等；通用连接金具主要用于绝缘子串与杆塔、线夹间相互连接，以及避雷线夹与杆塔之间或其他金具间的连接，如U形挂板、U形挂环、直角挂板、平行挂板、联板、延长环等。连接金具如图1-17所示。

图1-17　连接金具

（a）球头挂环；（b）双联碗头挂板；（c）调整板；（d）延长环；（e）U形挂环；（f）直角挂板

（3）接续金具。接续金具的作用是接续导线、避雷线。接续金具分承力接续和非承力接续两种方式。其中，承力接续金具主要有导线压接管、避雷线压接管和接续预绞丝等。

导线压接管主要有液压管、爆压管和钳压管三种，液压管、爆压管一般呈圆形，主要适用于240mm²及以上规格导线的承力连接；钳压管一般呈椭圆形，适用于240mm²及以下规格导线的承力连接。

对于架空绝缘导线，为保证其连接强度和绝缘不受损伤，一般应使用液压方式进行承力连接。避雷线的承力压接管，一般采用镀锌厚壁无缝钢管制作。非承力接续金具主要有铜线卡子、并沟线夹、异型并沟线夹及穿刺线夹等。另外，用于修补导线的金具（如补修管、补修预绞丝等）也属于非承力接续金具。为了节能，导线非承力载流连接应尽量采用无磁滞和涡流损耗的线夹。接续金具如图 1-18 所示。

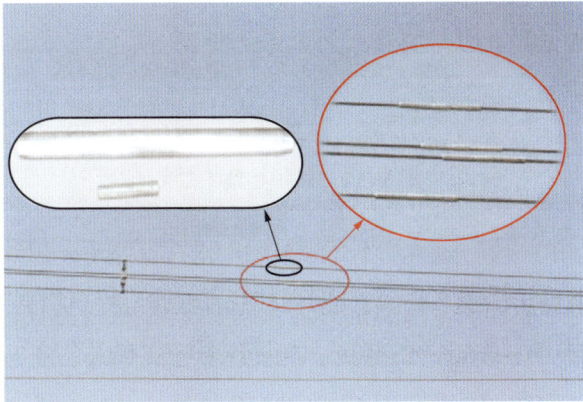

图 1-18　接续金具

（4）保护金具。保护金具分电气和机械两大类。电气类保护金具一般用于防止绝缘子串或电瓷设备上的电压分布过分不均匀而损坏绝缘子或设备，主要有均压环等。机械类保护金具主要有防振锤、护线条、预绞丝、间隔棒及重锤等。其中，防振锤、护线条、预绞丝等主要用于防止导线、避雷线断股，间隔棒主要用于防止分裂导线在档距中间互相吸引和鞭击，在悬垂线夹下悬挂重锤是为了防止直线杆塔的悬式绝缘子串摇摆角过大或在寒冷天气中出现"倒拔"现象。保护金具如图 1-19 所示。

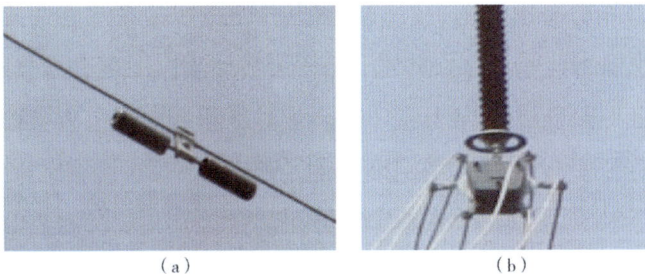

（a）　　　　　　　　　　（b）

图 1-19　保护金具（一）

（a）防振锤；（b）均压环

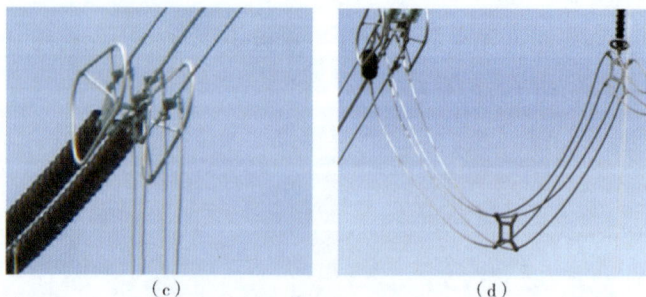

图 1-19　保护金具（二）

（c）均压屏蔽环；（d）间隔棒

（5）拉线金具。拉线金具主要是将杆塔与拉线盘进行连接，主要有楔形线夹、UT 形可调线夹、抱箍、二联板、延长环及拉线棒等。配电线路的拉线中间常加一拉线绝缘子，使拉线上把与下把间保持绝缘，防止断线时行人触电。

1.3　日常业务

1.3.1　输电线路运行

输电线路运行工作以各电压等级输电线路通道、本体为对象，进行关于线路通道内各类隐患、线路本体各类部件的巡视、诊断、报警。基于新一代设备资产精益管理系统（PMS 3.0）巡视的手段包括输电线路移动巡检（人工）、输电线路可视化巡视、输电线路无人机巡检三种。

1. 输电线路移动巡检

输电线路移动巡检是基于人工对输电线路进行的规定周期的巡视作业，主要检查通道及本体是否存在隐患、缺陷，各类安全距离、弧垂距离等是否满足要求等各种安全问题。PMS 3.0 移动巡检工单界面、重要交跨通道检查、现场隐患点勘察如图 1-20 ~ 图 1-22 所示。

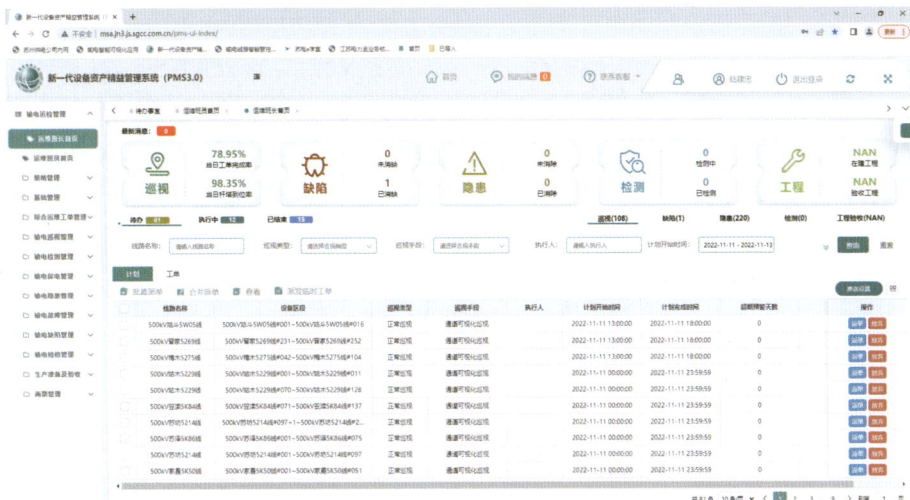

图 1-20 PMS 3.0 移动巡检工单界面

图 1-21 重要交跨通道检查

图 1-22 现场隐患点勘察

2. 输电线路可视化巡视

输电线路可视化巡视是基于可视化设备应用监控平台对输电线路进行的 24h 不间断巡视作业，主要监控通道内的各类施工危险点，预防外力破坏等情况发生，确保线路的安全稳定运行。可视化设备应用监控平台如图 1-23 所示，可视化设备针对船吊隐患、吊车隐患的告警如图 1-24 和图 1-25 所示。

3. 输电线路无人机巡检

输电线路无人机巡检是利用各型无人机，基于可见光、红外线、紫外线等不同媒介对输电线路铁塔本体进行的包括无人机精细化巡检、自主巡检（固定机场、移动作业车）在内的多种形式的精准检查。无人机巡检、无人机故障巡视效果如图 1-26 和图 1-27 所示。

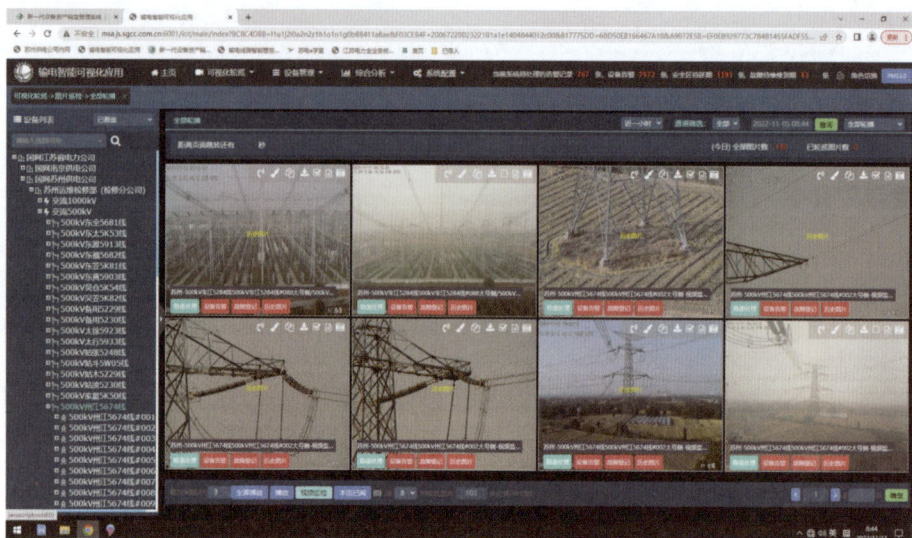

图 1-23　可视化设备应用监控平台

图 1-24　可视化设备针对船吊隐患的
告警

图 1-25　可视化设备针对吊车隐患的告警

图 1-26　无人机巡检

图 1-27　无人机故障巡视效果

1.3.2　输电线路检修

输电线路检修是指利用停电或带电的方式针对线路各部件存在的各种缺陷与隐患进行精准消缺。总体上包含 A、B、C、D、E 五类，其中 A、B、C 三类属于停电检修，D、E 两类属于不停电检修。

1. 输电线路停电检修

A 类检修：需要线路停电进行的检修工作，主要包括线路支撑带电运行的线路单元（如杆塔更换改造、导地线更换、绝缘子批量更换和其他涉及停电进行技改的项目）的大型检修工作。

B 类检修：需要线路停电进行的检修工作，主要包括线路支撑带电运行的线路单元的组部件（如杆塔组部件更换、绝缘子少量更换、避雷器更换等）和其他涉及停电进行重大及以上缺陷消除和提升安全可靠性的检修工作。

C 类检修：需要线路停电进行的测试和工作；需要线路停电进行的一般缺陷的消除工作。

输电线路停电检修分类及项目见表 1–3。

表 1–3　输电线路停电检修分类及项目

检修分类	检修项目	
A 类检修	A.1 新建、更换、移位、升高杆塔	
	A.2 导线、地线、光纤复合架空地线更换	
	A.3 全线或大批量绝缘子更换	
	A.4 其他需要停电进行的输电线路技改工作	
B 类检修	B.1 输电线路设备需要停电进行的更换或加装	B.1.1 杆塔的横担或主材
		B.1.2 少量绝缘子
		B.1.3 线路型避雷器
		B.1.4 金具
	B.2 主要部件处理	

检修分类	检修项目	
B 类检修	B.3 导线、地线修复，重新压接	B.3.1 导线、地线弛度调整
		B.3.2 绝缘子喷涂防污闪涂料
		B.3.3 间隔棒更换
		B.3.4 导线防振锤更换、复位
	B.4 需要停电处理的重大及以上缺陷	
	B.5 其他	
C 类检修	C.1 绝缘子表面清扫	
	C.2 复合绝缘子抽样试验	
	C.3 线路避雷器检查试验	
	C.4 金具紧固检查	
	C.5 导线、地线、光纤复合架空地线线夹开夹检查	
	C.6 导线走线检查	
	C.7 绝缘子盐密取样	
	C.8 增爬裙检查	
	C.9 相间间隔棒检查	
	C.10 导线、地线、光纤复合架空地线异物处理	
	C.11 导线线夹发热处理	
	C.12 避雷器本体严重损伤或发热处理	
	C.13 需要停电处理的一般缺陷	
	C.14 其他	

2. 输电线路不停电检修

D 类检修：不需要停电进行的地面或地电位检查、测试、维护、更换等检修工作。

E 类检修：采用带电作业方式开展的检查、测试、维护、更换等检修工作。

输电线路不停电检修分类及项目见表 1-4。

表 1-4 输电线路不停电检修分类及项目

检修分类	检修项目
D 类检修	D.1 扶正、加固杆塔
	D.2 基础护坡及防洪、防碰撞设施修复
	D.3 基础、护面、保护帽修复
	D.4 杆塔防腐处理
	D.5 钢筋混凝土杆塔裂纹修复
	D.6 更换或修复杆塔拉线（拉棒）
	D.7 更换或加装杆塔斜材及其他组件
	D.8 拆除杆塔鸟巢、蜂窝及附生植物
	D.9 更换或修复接地装置
	D.10 安装或修补附属设施
	D.11 通道清障（交叉跨越处理、树竹砍伐、危险物处理等）
	D.12 绝缘子带电检测
	D.13 杆塔接地电阻测量
	D.14 红外测温
	D.15 导线、地线、光纤复合架空地线弧垂测量
	D.16 交叉跨越测量
	D.17 杆塔倾斜度测量
	D.18 模拟盐密串取样
	D.19 避雷器、可控避雷针读数及外观检查
	D.20 安装地电位避雷及其他设施
	D.21 地电位安装和修复在线监测及其他设施
	D.22 其他
E 类检修	E.1 带电更换绝缘子
	E.2 带电更换金具、间隔棒
	E.3 带电修补导线
	E.4 带电处理线夹发热
	E.5 带电摘除异物
	E.6 其他

1.3.3 运行记录

目前，输电运检专业的业务基于新一代设备资产精益管理系统（PMS 3.0）开展，该系统是基于工单驱动的系统，针对输电专业巡视、缺陷、检修三种类型的工作，共有三大类工单。

1.巡视作业工单规范

巡视作业规范如图1-28所示。

图 1-28　巡视作业规范

2.隐患、缺陷工单规范

隐患、缺陷工单分为隐患、缺陷两种，其分别对应两种工单规范，隐患、缺陷工单规范分别如图1-29、图1-30所示。

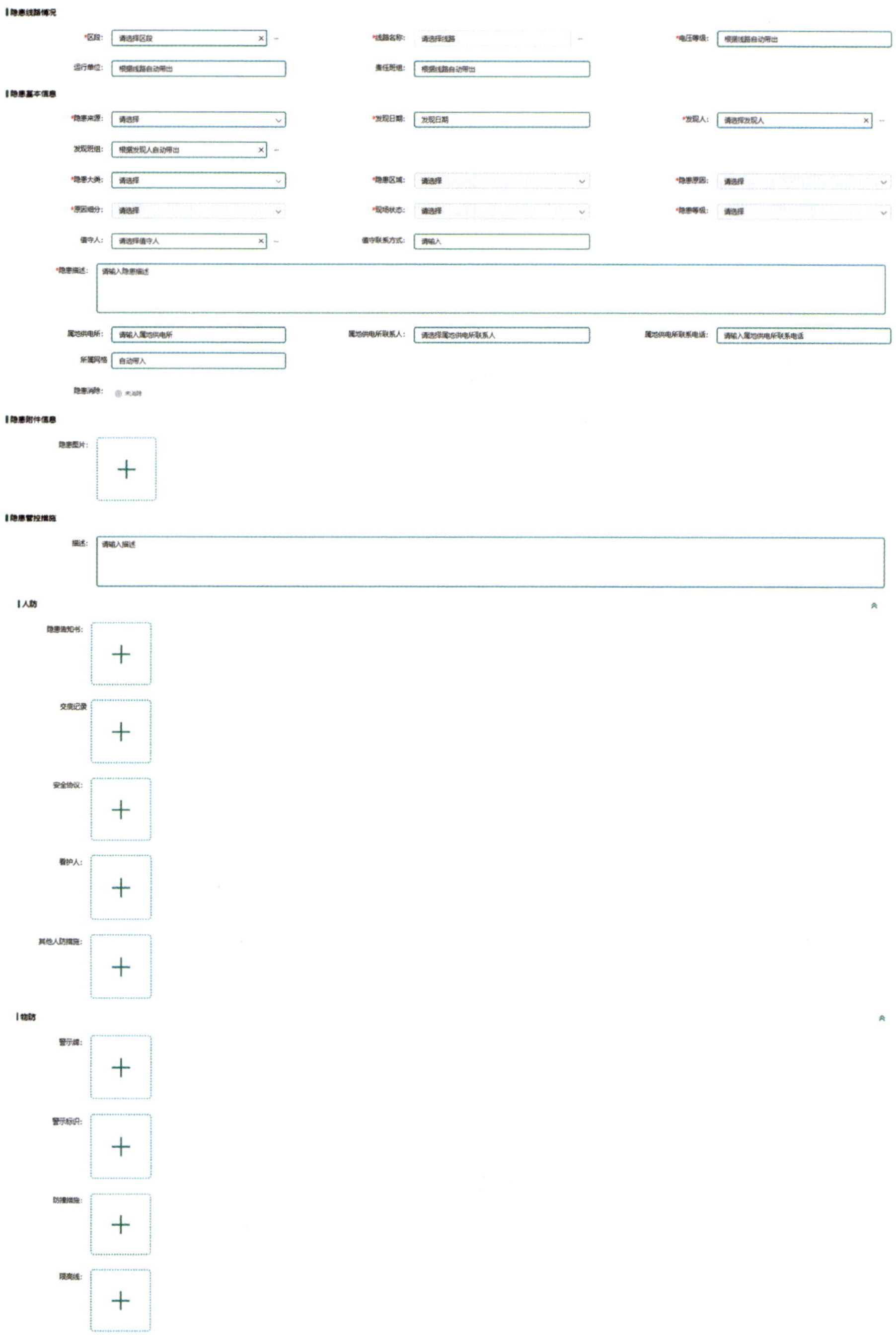

图 1-29　隐患工单规范（一）

图 1-29　隐患工单规范（二）

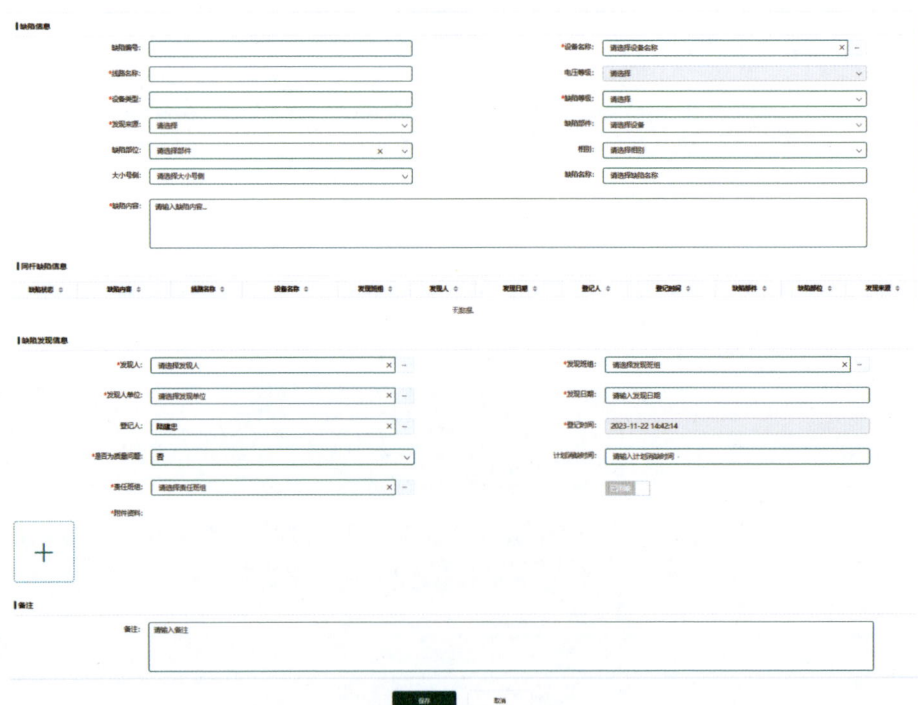

图 1-30　缺陷工单规范

3. 检修作业工单规范

检修作业工单规范如图 1-31 所示。

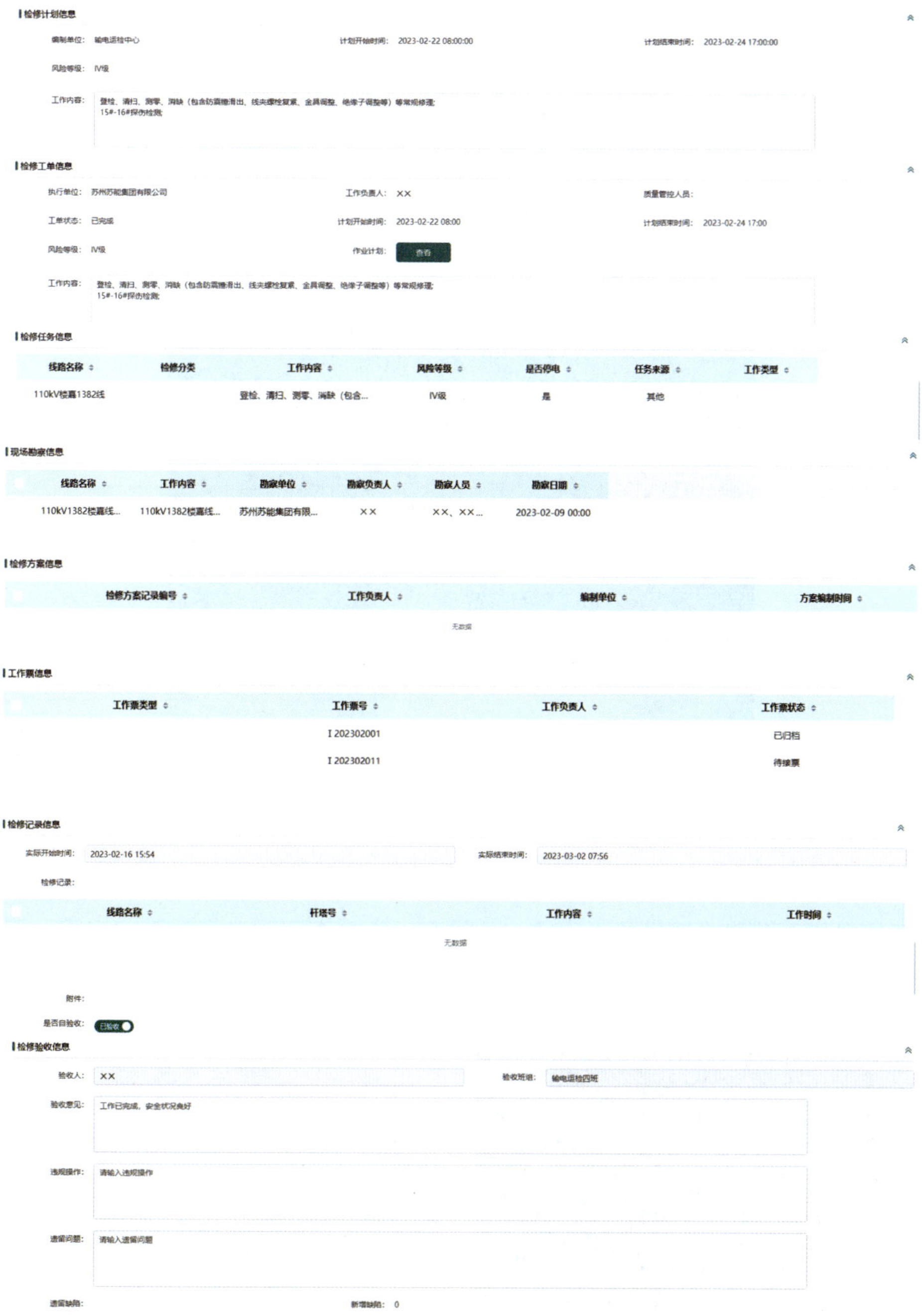

▌检修计划信息

编制单位: 输电运检中心　　　　计划开始时间: 2023-02-22 08:00:00　　　　计划结束时间: 2023-02-24 17:00:00

风险等级: IV级

工作内容: 登检、清扫、测零、消缺（包含防震锤滑出、线夹螺栓复紧、金具调整、绝缘子调整等）等常规修造;
15#~16#探伤检测

▌检修工单信息

执行单位: 苏州苏能集团有限公司　　　　工作负责人: ××　　　　质量管控人员:

工单状态: 已完成　　　　计划开始时间: 2023-02-22 08:00　　　　计划结束时间: 2023-02-24 17:00

风险等级: IV级　　　　作业计划: [查看]

工作内容: 登检、清扫、测零、消缺（包含防震锤滑出、线夹螺栓复紧、金具调整、绝缘子调整等）等常规修造;
15#~16#探伤检测

▌检修任务信息

线路名称 ⇅	检修分类 ⇅	工作内容 ⇅	风险等级 ⇅	是否停电 ⇅	任务来源 ⇅	工作类型 ⇅
110kV桥嘉1382线		登检、清扫、测零、消缺（包含...	IV级	是	其他	

▌现场勘察信息

	线路名称 ⇅	工作内容 ⇅	勘察单位 ⇅	勘察负责人 ⇅	勘察人员 ⇅	勘察日期 ⇅
	110kV1382桥嘉线...	110kV1382桥嘉线...	苏州苏能集团有限...	××	××、××...	2023-02-09 00:00

▌检修方案信息

	检修方案记录编号 ⇅	工作负责人 ⇅	编制单位 ⇅	方案编制时间 ⇅
		无数据		

▌工作票信息

工作票类型 ⇅	工作票号 ⇅	工作负责人 ⇅	工作票状态 ⇅
	I 202302001		已归档
	I 202302011		待续票

▌检修记录信息

实际开始时间: 2023-02-16 15:54　　　　实际结束时间: 2023-03-02 07:56

检修记录:

	线路名称 ⇅	杆塔号 ⇅	工作内容 ⇅	工作时间 ⇅
		无数据		

附件:

是否自验收: [已验收 ⬤]

▌检修验收信息

验收人: ××　　　　验收范围: 输电运检四班

验收意见: 工作已完成，安全状况良好

违规操作: 请输入违规操作

遗留问题: 请输入遗留问题

遗留缺陷:　　　　新增缺陷: 0

图1-31 检修作业工单规范

1.3.4 新技术应用

近年来，多种新技术（如无人机巡视）广泛应用于输电线路专业，提高了输电专业的工作效率，减轻了人力负担，这里简要介绍部分内容。

1. 无人机照明系统

无人机照明系统由无人机、拖曳系统、照明装备组成，用于对夜间施工提供照明支撑。照明无人机在夜间施工的应用如图 1-32 所示。

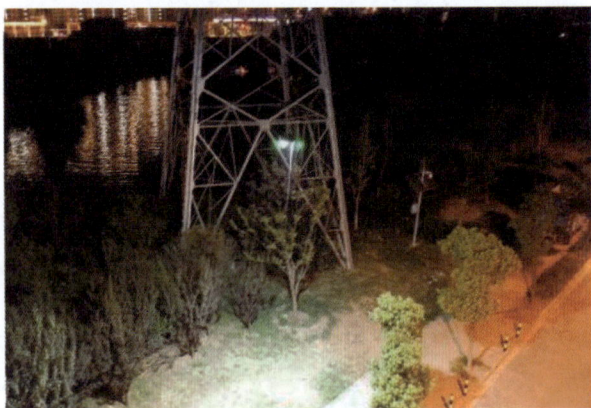

图 1-32　照明无人机在夜间施工的应用

2. 无人机放线系统

无人机放线系统由无人机、拖曳系统、抛投装置组成，主要用于对线路工作中的立塔放线提供技术支撑。放线无人机在夜间、日间施工的应用如图 1-33、图 1-34 所示。

图 1-33　放线无人机在夜间施工的应用

图 1-34　放线无人机在日间施工的应用

1.4 相关制度

1.4.1 安全规程

安全规程制定目的是加强输电作业现场管理，规范各类工作人员的行为，保证人身、电网和设备安全。输电线路安全规程主要包含输电线路作业基本条件、组织措施、技术措施和邻近带电导线的工作等方面。

1. 输电线路作业基本条件

作业人员、输电线路、设备和作业现场需满足作业基本条件。作业人员需具备必要的安全生产知识且无妨碍工作的病症；输电线路和设备需具备符合要求的验电、接地装置，有明确的开端指示；作业现场的生产条件和安全设施等应符合有关标准、规范的要求。

2. 保证安全的组织措施

在电力线路上工作，保证安全的组织措施包括现场勘察制度、工作票制度、工作许可制度、工作监护制度、工作间断制度、工作终结和恢复送电制度。

现场勘察制度方面，进行电力线路施工作业，工作票签发人或工作负责人应组织现场勘察，查看现场施工（检修）作业需要停电的范围、保留的带电部位和作业现场的条件、环境及其他危险点等。现场安全交底如图1-35所示。

工作票制度方面，应根据工作类型填写相应的工作票，并得到工作许可人的许可，在工作过程中得到合规的监护，其中工作的间断、终结、恢复送电均须满足相应的规定。

3. 保证安全的技术措施

技术措施主要包含停电、验电、接地、使用个人保安线、悬挂标示牌和装设遮栏（围栏）。通过技术措施为工作现场划定安全区域，保障人身、电网和设备安全。

4. 邻近带电导线的工作

邻近带电导线的工作，需要满足与带电导线的最小安全距离，应做好邻

近高压线路感应电压的防护，并有专人监护。工作开始前应先开工会，宣告
工作任务，交代危险点，现场开工会如图 1-36 所示。

图 1-35　现场安全交底

图 1-36　现场开工会

1.4.2　运行规程

运行规程规定了架空输电线路运行工作的基本要求、运行标准，对输电线
路巡视、检测、维修、技术资料管理等提出了具体要求，并对输电线路特殊区
段、保护区的维护和线路的环境保护提出了明确规定。线路的运行工作应贯彻
"安全第一、预防为主、综合治理"的方针，执行 DL 409《电业安全工作规程
（电力线路部分）》有关规定。运行维护单位应全面做好线路的巡视、检测、维
修和管理工作，应积极采用先进技术和实行科学管理，不断总结经验、积累资
料、掌握规律，保证线路安全运行。运行维护单位的责任见表 1-5。

表 1-5　运行维护单位的责任

运行规程规定的 运行维护单位 责任	具体内容
运行单位 规划责任	应参与线路的规划、可行性研究、路径选择、设计审核、杆塔定位、材料设备的选型及招标、施工验收等生产全过程管理工作，并根据本地区的特点、运行经验和反事故措施，提出要求和建议，使设计与运行协调一致。每条线路应有明确的运维管理界限，应与发电厂、变电站、用户单位和相邻的运行管理单位明确划分分界点，不应出现空白点

续表

运行规程规定的运行维护单位责任	具体内容
运行单位岗位责任	应建立健全岗位责任制，运行、管理人员应掌握设备状况和维修技术，熟知有关规程制度，经常分析线路运行情况，提出并实施预防事故、提高安全运行水平的措施，如发生事故，应按电力安全事故调查有关规定进行。运行维护单位应完善重要交跨运维保障责任制。运行维护单位应严格遵守执行《中华人民共和国电力法》《电力设施保护条例》《电力设施保护条例实施细则》等相关法律法规规定，开展电力设施保护宣传教育及群众护线工作，建立和完善电力设施保护工作机制和责任制，加强线路保护区管理，防止外力破坏。运行维护单位应与农林、公安、安监等政府相关部门加强沟通，与铁路、公路、航运等单位建立协调机制，确保输电线路安全稳定运行
运行单位运维责任	新建、改建线路均应按 GB 50233《110kV～750kV 架空输电线路施工及验收规范》等相关标准和规定进行验收移交。运行维护单位应根据运行经验，按照 DL/T 1249《架空输电线路运行状态评估技术导则》、DL/T 1248《架空输电线路状态检修导则》相关要求，在线路状态分析评估的基础上，开展线路状态检修工作。新型杆塔、导线、金具、绝缘子和工具等应经试验合格后方能使用。线路外绝缘的配置应按照 GB/T 50064《交流电气装置的过电压保护和绝缘配合设计规范》等相关标准要求，结合运行经验，综合考虑防污、防雷、防风偏、防覆冰等因素。 运行维护单位应依据 GB/T 35706《电网冰区分布图绘制技术导则》、DL/T 1570《架空输电线路涉鸟故障风险分级及分布图绘制》等相关标准，开展雷区、污区、冰区、涉鸟故障风险等分布图绘制并定期更新，为特殊区段运行提供指导。对易发生外力破坏区、涉鸟故障区、微气象区、微地形区、不良地质区等特殊区段的输电线路，应加强巡视，并采取针对性技术措施。线路的杆塔上应有线路名称、杆塔编号、相位，以及必要的安全、保护等标志，同塔双回、多回线路应有醒目的标识。运行中应加强对防鸟装置、标志牌、警示牌及有关监测装置等附属设施的维护，确保其完好无损

1.4.3　验收规程

输电线路验收工作是指依据现行验收规程，针对各金具等部件、基础等隐蔽工程实施检查，以确保设备交付设备主人前保有合格的状态。

现行的验收规范的内容包括：原材料及器材的检验、测量，土石方工程，基础工程，杆塔工程，架线工程，接地工程，工程验收与移交。其中，各个

环节的验收（例如坑深、回填土量、水泥配比等）均须满足相应的技术参数
要求。

1.5 实习注意事项

1.5.1 安全距离

在架空输电线路的运行、检修工作中，对安全距离的要求非常重要，以
确保人员和设备的安全。安全距离的要求通常取决于电压等级、线路类型、
气象条件、线路状态，以及人员的保护措施等因素。一般来说，线路的电压
越高，需要的安全距离越大。对于高电压线路，通常需要在线路周围设置禁
止进入的安全区域，并在线路上方设置相应的警示标志。

在输电运检专业实习过程中，新员工一般不会直接参与检测、检修工作。
但在实习过程中也要注意与带电体的安全距离，最简单的方法就是始终站在
安全围栏之外。现场安全围栏如图 1-37 所示。具体的邻近带电导线的工作需
要注意的安全距离，请参考 Q/GDW 1799.2—2013《国家电网公司电力安全工
作规程 线路部分》。

图 1-37 现场安全围栏

1.5.2 安全工器具检查

在实习和实训过程中，对安全工器具的检查一般有以下几个项目。

（1）外观检查：使用前应仔细检查安全工器具的外观是否完好，如有破损、变形、绞线松股、断股等情况，不得使用。

（2）机械强度检查：对于需要承受重物或高空作业的安全工器具，应检查其机械强度是否足够。

（3）绝缘性能检查：对于绝缘安全工器具，应检查其绝缘性能是否合格，如需使用应擦拭干净。

在输电运检专业实习过程中，新员工最重要的工作就是对自己所佩戴的安全帽进行检查。使用前，应检查帽壳、帽衬、帽箍、顶衬、下颏带等附件完好无损；使用时，应将下颏带系好，防止工作中前倾后仰或其他原因造成滑落。需要特别检查的是安全帽的生产日期，确保安全帽在可用范围之内。

其他关于安全工器具的检查要求，请参考 Q/GDW 1799.2—2013《国家电网公司电力安全工作规程 线路部分》14.4.2。

1.5.3 验电接地

架空输电线路检修时，验电、接地是保证安全的技术措施。500kV 验电挂接地的操作如图 1-38 所示。

在停电线路工作地段接地前，应使用相应电压等级、合格的接触式验电器验明线路确无电压。线路经验明确无电压后，应立即装设接地线并三相短路。

具体关于验电、接地的要求，请参考 Q/GDW 1799.2—2013《国家电网公司电力安全工作规程 线路部分》6.4。

图 1-38　500kV 验电挂接地的操作（图中为验电）

1.6　新员工实操项目示例：攀爬铁塔的操作

1.6.1　任务描述

独立完成攀爬铁塔的操作，具体步骤要求如下：

（1）教学线路安全措施已经完成。

（2）在教学线路铁塔上完成攀爬铁塔登高操作。

（3）登杆至杆顶，绑系安全带后，站在铁塔上体验工作站位。

1.6.2　工作要求

（1）要求单独操作，杆下设一人监护。

（2）正确攀爬铁塔登高。

（3）正确使用安全带。

1.6.3　作业流程

具体作业流程见表 1-6。

表 1-6　具体作业流程

序号	操作步骤	质量要求
1	工作前准备	
1.1	＊正确着装	穿长袖工作服，戴安全帽，穿绝缘鞋，戴劳保手套
1.2	安全帽检查	安全帽无破损、部件齐全，具有合格证并在有效试验周期内
1.3	＊安全带检查	安全带无破损、部件齐全，具有合格证并在有效试验周期内，安全带使用前做冲击试验
2	登塔前准备	
2.1	杆塔及作业现场环境检查	杆塔、脚钉、基础及周边环境检查
2.2	核对线路名称、杆号	登塔前要核对线路双重名称，核对杆号

续表

序号	操作步骤	质量要求
2.3	对防坠装置做冲击试验	在防坠导轨接近地面处，做防坠装置人力冲击试验，无问题、无损伤
3	登塔	
3.1	手抓主材，踩脚钉，上塔	沿脚钉攀爬铁塔，手抓主材，不得抓脚钉向上攀爬
3.2	检查防坠装置	防坠器与防坠导轨连接牢固，防坠器沿导轨滑动正常
3.3	向上攀爬	手抓主材，沿脚钉攀爬铁塔，手脚配合协调，向上攀爬
3.4	攀爬至防坠导轨转向处，调整轨道上方向装置	防坠器头在防坠导轨转向处下方，调节轨道上方向装置使防坠器可继续往上方沿防坠导轨滑动，调节时，脚踩稳脚钉，一手抓牢铁塔主材，另一手调节
3.5	登至塔顶	重复3.3步骤，手脚配合协调，向上攀爬至工作位置
3.6	身体协调，登高安全流畅	登塔过程熟练；动作安全、无摇晃；登塔过程不出现失控
4	进入工作位置	
4.1	安全带使用正确	安全带系绑正确，应系在牢固的构件上，始终不得失去安全带保护，安全带使用符合电力安全工作规程的规定
4.2	工作位置站位	站位后，用力自然，双手能同时作业
5	下塔	
5.1	手抓主材，踩脚钉，下塔	沿脚钉下铁塔，手抓主材，不得抓脚钉向下
5.2	下塔至地面	手抓主材，沿脚钉下铁塔，手脚配合协调，下塔至地面
5.3	身体协调，下塔安全流畅	下塔过程熟练；动作安全、无摇晃；下塔过程不出现失控
6	其他要求	
6.1	工作过程无违章、工作完毕、清理现场、交还工具	符合文明生产要求，杆上无遗留物及坠落物，工作完毕未交还工器具、清理现场
6.2	按时完成	在规定时间内完成

1.6.4 操作现场

操作现场情况如图 1-39 所示。

图 1-39 操作现场情况

【思考与练习】

1. 输电运检在电网中的作用是什么？

2. 架空输电线路主要由哪些元件组成？

3. 杆塔的用途是什么？杆塔按用途可分为几类？

4. 输电线路检修具体分为哪几种？

5. 输电线路的验收规程有哪些？

6. 安全工器具检查包括哪些内容？

2 变电运维

2.1 专业概述

2.1.1 变电运维在电网中的作用

电力系统对相关技术的要求较高，尤其是变电运维专业，可以说是电力系统的关键一环，其主要针对的是电力系统中的变电设备。由于电力系统的复杂性，很多变电设备会出现损坏、不稳定的问题。所以在日常运行中必须要通过变电运维技术，严格依据相关电力运维的规章制度和标准，按照规定程序对变电设备进行维护和管理。从一定程度上来说，变电设备运维技术的好坏直接决定着电力系统运行可靠与否。

变电运维专业人员是变电站的设备"主人"，主要承担变电站的运行、维护及管理工作，对电力系统的安全稳定运行起着至关重要的作用，而变电站的运行安全与否直接关系到系统能否实现安全经济运行。变电站现场及操作如图 2-1 ~ 图 2-4 所示。

图 2-1　变电站—母线

图 2-2　变电站—主变压器

图 2-3　现场操作

图 2-4　现场巡视

2.1.2　变电站值班员工作模式及职责

1. 管理模式

变电运维管理坚持"安全第一，分级负责，精益管理，标准作业，运维到位"的原则，由运维班组的值班人员负责管理。根据变电站电压等级的不同及属地化管理的要求，一个运维班组管理一个或多个变电站，采用"无人值守、集中监控"模式。运维班组驻地 24h 有人值班，夜间值班不少于 2 人，通常可采用 3 班轮换制模式或"2+N"模式两种值班模式。运维班组主要负责管辖变电站的值班、巡视、操作、维护和应急工作。

2. 岗位职责

变电运维班组人员岗位包括：班长、副班长（安全员）、副班长（专业工程师）、值班员。

（1）班长：本班安全第一责任人，全面负责主持本班工作。

（2）副班长（安全员）：协助班长开展班组管理工作，主要负责安全管理。

（3）副班长（专业工程师）：协助班长开展班组管理工作，主要负责技术管理。

（4）值班员：按照班长（副班长）安排开展全站各项工作。

3. 正副值值班员责任区分

值班员在进行现场运行操作时，需要落实"现场"安全管理要求，根据调度发令，明确操作目的和顺序；正确填写、使用倒闸操作票；操作前做好现场危险源点分析，严格执行倒闸操作"八要八步"。副值值班员在操作过程中需服从正值安排，正副值值班员责任区分见表2-1。

表2-1 正副值值班员责任区分

人员角色	可担任操作人	可担任监护人	填写操作票	审核操作票	接收调度指令	许可变电二种票	许可变电一种票	参加应急工作
副值值班员	√	×	√	×	×	√	×	√
正值值班员	√	√	√	√	√	√	√	√

2.1.3 专业分类

按所管辖变电站的电压等级及专业工作内容的不同，主要包括以下专业：500kV及以上变电运维、220kV及以下变电运维、换流站运维。专业分类见表2-2。

表2-2 专业分类

专业名称	所含电压等级	工作内容	对应评价工种
500kV及以上变电运维	500、1000kV	主要负责500kV及以上变电站的日常运维管理	变配电运行值班员（500kV及以上）
220kV及以下变电运维	220、110、35、10kV	主要负责220kV及以下变电站的日常运维管理	变配电运行值班员（220kV及以下）
换流（直流）站运维	±800kV直流、±500kV直流	主要负责±800kV特高压直流换流站、±500kV直流换流站的日常运维管理	换流站值班员

2.1.4　岗位能力提升要求

1. 中级工技能要求

变电运维中级工应该能够完成日常设备维护、二次及其他设备巡视、单一间隔倒闸操作、二次设备倒闸操作、带电检测和低风险定期试验与轮换的相关工作。

2. 高级工技能要求

变电运维高级工应该能够完成设备更换维护、高风险定期试验与轮换、设备检修后验收、缺陷管理、工作票执行、交接班、多间隔倒闸操作、一次设备异常处理和单一事故处理的相关工作。

3. 技师技能要求

变电运维技师应该能够完成绘制图表、新设备验收、继电保护自动化及二次回路等二次设备异常处理和死区事故、断路器拒动、保护拒动、双重故障等复合事故处理的相关工作。

2.2　专业基础知识

2.2.1　变电站概述

变电站是联系发电厂和用户的中间环节，起着变换和分配电能的作用；是汇集电源、升降电压和分配电力的场所。

变电站中安装有各种电气设备，用于实现启动、转换、监视、测量、调整、保护、切换和停止等操作。

1. 变电站的布置

变电站的布置方式分为三种，分别是户外、户内、半户内。

（1）户外变电站。是指除控制设备、直流电源设备等放在室内以外，变压器、断路器、隔离开关等主要设备均布置在室外的变电站。这种布置方式占地面积大，电气装置和建筑物可以充分满足各类型的距离要求，如电气安全净距、防火间距等，运行维护和检修方便。电压较高的变电站一般需要采用室外布置。户外变电站如图 2-5 所示。

（2）户内变电站。是指主要设备均放在室内的变电站。该类型变电站减少了总占地面积，但对建筑物的内部布置要求更高，具有紧凑、高差大、层高要求不一等特点，易满足周边景观需求，适宜市区居民密集地区，或位于海岸、盐湖、化工厂及其他空气污秽等级较高的地区。户内变电站如图 2-6 所示。

图 2-5 户外变电站

图 2-6 户内变电站

（3）半户内变电站。是指除主变压器以外，其余配电装置都集中布置在一幢生产综合楼内不同楼层的变电站。该种变电站结合了户内变电站节约占地面积、与四周环境协调美观、设备运行条件好和户外变电站造价相对较低的优点，适宜在经济较发达的小城镇和需要充分考虑环境协调性和经济技术指标的区域建设。半户外变电站如图 2-7 所示。

图 2-7 半户外变电站

2. 变电站等级分类

变电站按重要程度不同可进行等级划分，变电站等级分类见表 2-3。

表 2-3　变电站等级分类

等级	特点
一类变电站	指交流特高压站，核电站、大型能源基地（300 万 kW 及以上）外送及跨大区（华北、华中、华东、东北、西北）联络 750、500、330kV 变电站
二类变电站	指除一类变电站以外的其他，750、500、330kV 变电站，电厂外送变电站（100 万 kW 及以上、300 万 kW 以下）及跨省联络 220kV 变电站，主变压器或母线停运、断路器拒动造成四级及以上电网事件的变电站
三类变电站	指除二类变电站以外的 220kV 变电站，电厂外送变电站（30 万 kW 及以上、100 万 kW 以下），主变压器或母线停运、断路器拒动造成五级电网事件的变电站，为一级及以上重要用户直接供电的变电站
四类变电站	指除一、二、三类变电站以外的 35kV 及以上变电站

2.2.2　变电站设备

变电站按设备所起的不同作用，分为一次设备和二次设备两大类。

1. 一次设备

变电站的一次设备是指直接生产、输送、分配和使用电能的设备，主要包括变压器、高压断路器、隔离开关、母线、避雷器、电容器、电抗器、互感器等。

2. 二次设备

变电站的二次设备是指对一次设备和总体系统的运行工况进行测量、监视、控制和保护的设备，它主要包括继电保护装置、自动装置、测控装置、计量装置、自动化系统，以及为二次设备提供电源的直流系统。

变电站主接线图是指电气主接线中的设备用标准的图形符号和文字符号的电路图。一次系统接线图如图 2-8 所示。

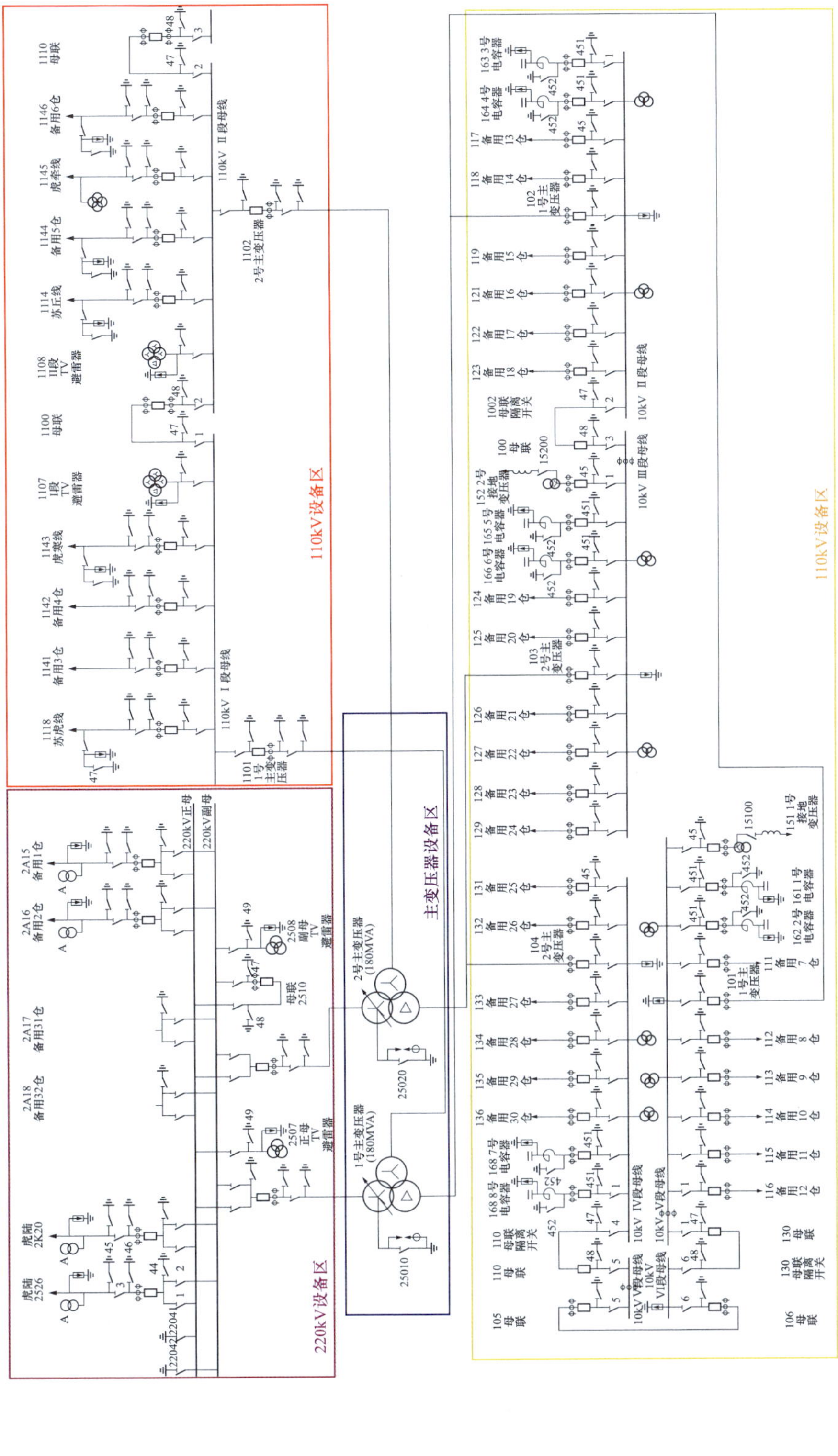

图 2-8 一次系统接线图

2.3 日常业务

2.3.1 设备巡视

变电站设备巡视工作是变电运维工作的一个重要组成部分，其目的是检查设备运行状态是否良好、是否存在缺陷，设备运行是否稳定可靠。变电站设备巡视工作是检验、掌握设备运行规律、检查设备运行状况、掌保安全运行必不可少的基础工作。

变电站设备巡视检查分为例行巡视、全面巡视、专业巡视、熄灯巡视和特殊巡视。

1. 巡视的分类及其周期

巡视的分类及周期见表 2-4。

表 2-4　巡视的分类及周期

巡视类别	巡视性质	巡视周期
例行巡视	例行巡视是指对站内设备及设施外观、异常声响、设备渗漏、监控系统、二次装置及辅助设施异常告警、消防安防系统完好性、变电站运行环境、缺陷和隐患跟踪检查等方面的常规性巡查，具体巡视项目按照现场运行通用规程和专用规程执行	一类变电站每 2 天不少于 1 次；二类变电站每 3 天不少于 1 次；三类变电站每周不少于 1 次；四类变电站每 2 周不少于 1 次
全面巡视	全面巡视是指在例行巡视项目基础上，对站内设备开启箱门检查，记录设备运行数据，检查设备污秽情况，检查防火、防小动物、防误闭锁等有无漏洞，检查接地引下线是否完好，检查变电站设备厂房等方面的详细巡查。全面巡视和例行巡视可一并进行	一类变电站每周不少于 1 次；二类变电站每 15 天不少于 1 次；三类变电站每月不少于 1 次；四类变电站每 2 月不少于 1 次
专业巡视	专业巡视指为深入掌握设备状态，由运维、检修、设备状态评价人员联合开展对设备的集中巡查和检测	一类变电站每月不少于 1 次；二类变电站每季不少于 1 次；三类变电站每半年不少于 1 次；四类变电站每年不少于 1 次
熄灯巡视	熄灯巡视指夜间熄灯开展的巡视，重点检查设备有无电晕、放电，接头有无过热现象	熄灯巡视每月不少于 1 次

续表

巡视类别	巡视性质	巡视周期
特殊巡视	特殊巡视指因设备运行环境、方式变化而开展的巡视	遇有以下情况，应进行特殊巡视： 1）气候骤然变化：大风后，雷雨后，冰雪、冰雹后、雾霾过程中； 2）新设备投入运行后； 3）设备经过检修、改造或长期停运后重新投入系统运行后； 4）设备缺陷有发展时； 5）设备发生过负载或负载剧增、超温、发热、系统冲击、跳闸等异常情况； 6）法定节假日、上级通知有重要保供电任务时； 7）电网供电可靠性下降或存在发生较大电网事故（事件）风险时段

2. 常用的巡视检查方法

常用的巡视检查方法见表 2-5。

表 2-5　常用的巡视检查方法

巡视方法		可发现的异常
人体感官	目测法：运维值班人员用肉眼对运行设备可见部位的外观变化进行观察来发现设备的异常现象	变色、变形、位移、破裂、松动、打火冒烟、渗油漏油、漏气、断股断线、闪络痕迹、异物搭挂、腐蚀污秽、不正常动作等
	耳听法：用耳朵听高低节奏、音色的变化、音量的强弱、是否伴有杂音等，来判断设备是否运行正常。运维值班人员应该熟悉掌握声音的特点，当设备出现故障时，会夹着杂音，甚至有"劈啪"的放电声，可以通过正常时和异常时的音律、音量的变化来判断设备故障的发生和性质	异常声响、风扇扫膛、内部放电、电机运转异常、打火、套管放电、电晕、装置报警或误报警等
	鼻嗅法：运维值班人员用鼻子嗅到电气设备的绝缘材料过热产生的异味而发现电气设备的某些异常和缺陷	发热、漏油、着火、短路、腐蚀、击穿、漏气、小动物等
	手触法：对不带电且外壳可靠接地的设备，检查其温度或温升时需要用手触试检查。用手触试检查判断设备表面温度，从而发现设备异常和缺陷的方法	发热、过负荷、运转设备异常振动、电机停转、导线松动接触不良、油泵水泵停转、接触器电池故障、继电器发热、驱潮电热断线等

续表

	巡视方法	可发现的异常
仪表仪器检测法	仪表仪器检测法是借助各类仪表仪器的指示，分析判断查找设备异常和缺陷的方法。主要有红外测温仪、局部放电测试仪、内阻测试仪、万用表、望远镜等	发热、过温、过负荷、压力异常、系统谐振荡、短路开路、电压过高或过低、漏气、油位异常等

3. 设备巡视线路

变电站设备巡视时，必须按照设备巡视线路图的导向进行巡视，在巡视时应全身穿着工作服，佩戴安全帽，紧跟老师傅，不得触碰设备。设备巡视路线图如图 2-9 所示。

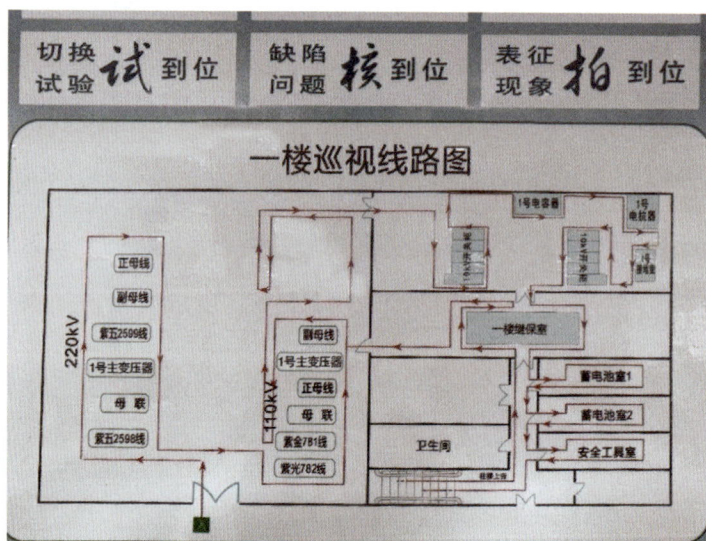

图 2-9 设备巡视线路图

4. 一次设备巡视要点

（1）一次设备主变压器。一次设备主变压器的巡视要点包括主变压器温度、集气盒、气体继电器、油位计、主变压器中性点、二次接线箱、变压器套管、主变压器低压侧、主变压器渗油、变压器冷却器、变压器呼吸器、变压器分接挡位等。一次设备主变压器如图 2-10 所示。

图 2-10 一次设备主变压器

1）主变压器温度。可采用上层油温和绕组温度两种表计测量主变压器温度。这两种表计都是用来监视主变压器温度变化的，投入运行后现场温度计指示的温度、控制室温度显示装置显示的温度、监控系统的温度三者基本保持一致，误差一般不超过 5℃。温度计中红色指针表明温度计曾经达到过的最高温度，白色指针表示当前温度。主变压器的运行最高温度，根据现场运行规程的执行。主变压器温度如图 2-11 所示。

2）集气盒。集气盒用来收集气体继电器中的气体，方便值班员或检修人员放气，可不停电放气。巡视时应观察其油色是否正常，有无气体在里面。集气盒如图 2-12 所示。

图 2-11 主变压器温度

图 2-12 集气盒

3）气体继电器。双浮球气体继电器可以在变压器内部发生故障时产生气体或油面过度降低时发出报警信号，严重时将变压器电源切断。平时巡视时要注意观察气体继电器中有无气体，应及时放气。气体继电器如图 2-13 所示。

4）油位计。油位计也称油表，用来监视变压器储油柜的油位变化。储油柜油位计应与温度相对应，无渗油、漏油。油位计如图 2-14 所示。

图 2-13　气体继电器　　　　　图 2-14　油位计

5）主变压器中性点。铁芯和夹件必须一点接地。巡视时应注意防止铁芯接地点断开或多点接地，接地点应无锈蚀等现象。接地扁铁应有蓝色色漆，无脱落、无锈蚀，三相连接处松紧适度、不变形、不拉扯，接地引下线接地良好。主变压器中性点如图 2-15 所示。

6）二次接线箱。变压器的二次接线箱密闭良好，无放电声，无渗漏油，在大修时检查接线接触良好。为防止电流互感器二次开路，电流互感器不接负载时，必须将二次短路，并接地。

由于安装在套管升高座背后的电流互感器二次接线箱在变压器顶部，正常巡视时无法检查，所以要求运行人员对主变压器大修和临时维修后的二次接线端，认真检查其接触是否良好，弹簧垫片必须在压平状态，以防止二次开路运行。二次接线箱如图 2-16 所示。

图 2-15 主变压器中性点

图 2-16 二次接线箱

7）变压器套管。变压器 110kV 及以上套管多为充油电容式绝缘套管，内外套管为一体，套管内部充满了绝缘油，并密封在套管中，与变压器本体内部的绝缘油无任何关系，通过油位指示观察套管内油位的高低。套管油位指示随环境温度和变压器油温的变化而发生微量变化。两个观察孔应充满绝缘油，套管顶部的引线接线应无发热的迹象。变压器套管如图 2-17 所示。

8）主变压器低压侧。主变压器的低压侧应有热缩套管，且包裹导引线金属部分，无脱落，接头无发热，瓷质部分应良好、无裂纹、无污秽。主变压器低压侧如图 2-18 所示。

图 2-17 变压器套管

图 2-18 主变压器低压侧

9）主变压器渗油。变压器的放油阀紧闭，其他法兰连接处均无渗漏油。主变压器渗油如图 2-19 所示。

10）变压器冷却器。变压器进线电缆套管外观无破损、裂痕、放电现象；冷却器外观检查完好，无掉漆、锈蚀、渗油、脏污等，每组冷却器及风机编号完好。电缆外包完好、无渗油，接地线无放电，接地装置安装牢固，电缆封堵完好。变压器冷却器如图 2-20 所示。

图 2-19　主变压器渗油

图 2-20　变压器冷却器

11）变压器呼吸器。变压器呼吸器外观清洁、完好，油杯内油面、油色正常，呼吸畅通（油中有气泡翻动），受潮变色硅胶变色不超过总量 2/3，正常硅胶颜色为蓝色。变压器呼吸器如图 2-21 所示。

12）变压器分接挡位。变压器分接挡位指示与监控系统一致。三相分体式变压器分接挡位的三相应置于相同挡位，且与监控系统一致。机构箱电源指示正常，密封良好，加热、驱潮等装置运行正常。分接断路器的油位、油色应正常。变压器分接挡位如图 2-22 所示。

（2）高压断路器。高压断路器巡视要点包括断路器绝缘子、断路器分合闸指示、SF$_6$密度继电器等。高压断路器如图 2-23 所示。

1）断路器绝缘子。外观清洁、无异物，无异常声响；油断路器本体油位正常，无渗漏油现象，油位计清洁；引线弧垂满足要求，无散股、断股，两端线夹无松动、裂纹、变色现象；外绝缘无裂纹、破损及放电现象，增爬伞裙黏接牢固、无变形，防污涂料完好，无脱落、起皮现象。断路器绝缘子如图 2-24 所示。

图 2-21　变压器呼吸器

图 2-22　变压器分接挡位

图 2-23　高压断路器

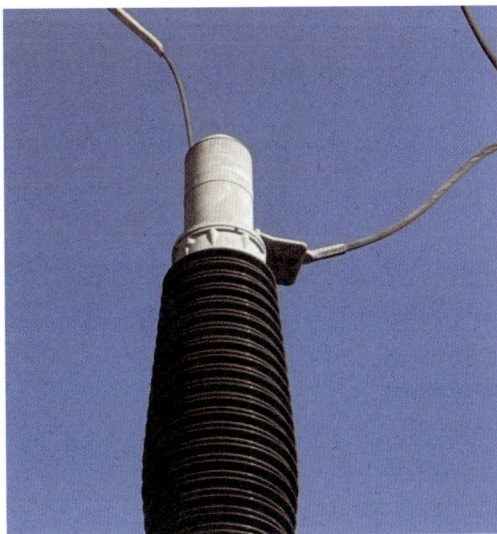

图 2-24　断路器绝缘子

2）断路器分合闸指示。分、合闸指示正确，与实际位置相符；储能弹簧位置正确，与实际位置相符。断路器分合闸指示如图 2-25 所示。

3）SF_6 密度继电器。SF_6 密度继电器（压力表）指示正常、外观无破损或渗漏，防雨罩完好；金属法兰无裂痕，防水胶完好，连接螺栓无锈蚀、松动、脱落；传动部分无明显变形、锈蚀，轴销齐全。SF$_6$ 密度继电器如图 2-26 所示。

图 2-25　断路器分合闸指示　　　　图 2-26　SF$_6$ 密度继电器

（3）隔离开关。隔离开关巡视要点包括隔离开关刀口、隔离开关引线、隔离开关操动机构。隔离开关如图 2-27 所示。

图 2-27　隔离开关

1）隔离开关刀口。合闸状态的隔离开关触头接触良好，合闸角度符合要求；分闸状态的隔离开关触头间的距离或打开角度符合要求，操动机构的分、合闸指示与本体实际分、合闸位置相符；触头、触指（包括滑动触指）、压紧弹簧无损伤、变色、锈蚀、变形，导电臂（管）无损伤、变形现象。隔离开关刀口如图 2-28 所示。

2）隔离开关引线。引线弧垂满足要求，无散股、断股，两端线夹无松动、裂纹、变色等现象；导电底座无变形、裂纹，连接螺栓无锈蚀、脱落现象；绝缘子外观清洁，无倾斜、破损、裂纹、放电痕迹或放电异声；金属法兰与瓷件的胶装部位完好，防水胶无开裂、起皮、脱落现象；金属法兰无裂痕，连接螺栓无锈蚀、松动、脱落现象；附近无鸟窝。隔离开关引线如图 2-29 所示。

图 2-28　隔离开关刀口

图 2-29　隔离开关引线

3）隔离开关操动机构。传动连杆、拐臂、万向节无锈蚀、松动、变形现象；轴销无锈蚀、脱落现象，开口销齐全，螺栓无松动、移位现象；接地开关平衡弹簧无锈蚀、断裂现象，平衡锤牢固可靠；接地开关可动部件与其底座之间的软连接完好、牢固；基座无裂纹、破损，连接螺栓无锈蚀、松动、脱落现象，其金属支架焊接牢固，无变形现象；机械闭锁位置正确，机械闭锁盘、闭锁板、闭锁销无锈蚀、变形、开裂现象，闭锁间隙符合要求；限位装置完好可靠。隔离开关操动机构机械指示与隔离开关实际位置一致。各部件无锈蚀、松动、脱落现象，连接轴销齐全。隔离开关操动机构如图 2-30 所示。

（4）母线及绝缘子。母线及绝缘子如图 2-31 所示。

图 2-30　隔离开关操动机构

图 2-31　母线及绝缘子

1）母线。母线名称、电压等级、编号、相序等标识齐全、完好，清晰可辨；无异物悬挂、外观完好，表面清洁，连接牢固；无异常振动和声响，线夹、接头无过热、无异常。

软母线无断股、散股及腐蚀现象，表面光滑整洁；硬母线应平直、焊接面无开裂、脱焊，伸缩节应正常；绝缘母线表面绝缘包敷严密，无开裂、起层和变色现象；绝缘屏蔽母线屏蔽接地应接触良好。

引流线引线无断股或松股现象，连接螺栓无松动脱落，无腐蚀现象，无异物悬挂；无绷紧或松弛现象。

2）绝缘子。金具无锈蚀、变形、损伤；伸缩节无变形、散股及支撑螺杆脱出现象。线夹无松动，均压环平整牢固，无过热发红现象。

绝缘子防污闪涂料无大面积脱落、起皮现象；绝缘子各连接部位无松动现象、连接销子无脱落等，金具和螺栓无锈蚀；绝缘子表面无裂纹、破损和电蚀，无异物附着；支柱绝缘子伞裙、基座及法兰无裂纹；支柱绝缘子及硅橡胶增爬伞裙表面清洁、无裂纹及放电痕迹；支柱绝缘子无倾斜。

（5）避雷器。引流线无松股、断股和弛度过紧及过松现象；接头无松动、发热或变色等现象；均压环无位移、变形、锈蚀现象，无放电痕迹；瓷套部分无裂纹、破损、无放电现象；防污闪涂层无破裂、起皱、鼓泡、脱落；硅橡胶复合绝缘外套伞裙无破损、变形，无电蚀痕迹。密封结构金属件和法兰盘无裂纹、锈蚀。设备基础完好、无塌陷；底座固定牢固、整体无倾斜；绝缘底座表面无破损、积污。

监测装置外观完整、清洁、密封良好、连接紧固，表计指示正常，数值无超标；放电计数器完好，内部无受潮、进水。避雷器如图 2-32 所示。

图 2-32 避雷器

（6）电压互感器。外绝缘表面完整，无裂纹、放电痕迹，无老化迹象，防污闪涂料完整无脱落。各连接引线及接头无松动、发热、变色迹象，引线无断股、散股。金属部位无锈蚀；底座、支架、基础牢固，无倾斜变形。无异常振动、异常音响及异味。

油浸电压互感器油色、油位指示正常，各部位无渗漏油现象；SF_6 电压互感器压力表指示在规定范围内，无漏气现象，密度继电器正常，防爆膜无破裂。电容式电压互感器的电容分压器及电磁单元无渗漏油。电压互感器如图 2-33 所示。

（7）电流互感器。电流互感器如图 2-34 所示。各连接引线及接头无发热、变色迹象，引线无断股、散股。外绝缘表面完整，无裂纹、放电痕迹，无老化迹象，防污闪涂料完整无脱落。金属部位无锈蚀，底座、支架、基础无倾斜变形。无异常振动、异常声响及异味。底座接地可靠，无锈蚀、脱焊现象，整体无倾斜。二次接线盒关闭紧密，电缆进出口密封良好。接地标识、

图 2-33　电压互感器

图 2-34　电流互感器

出厂铭牌、设备标识牌、相序标识齐全、清晰。

油浸电流互感器油位指示正常，各部位无渗漏油现象；金属膨胀器无变形，膨胀位置指示正常。

SF_6 电流互感器压力表指示在规定范围，无漏气现象，密度继电器正常，防爆膜无破裂。

干式电流互感器外绝缘表面无粉蚀、开裂，无放电现象，外露铁芯无锈蚀。

（8）并联电容器。设备铭牌、运行编号标识、相序标识齐全、清晰。母线及引线无过紧过松、散股、断股、无异物缠绕，各连接头无发热现象。无异常振动或响声。电容器壳体无变色、膨胀变形；框架式电容器外熔断器完好。放电线圈二次接线紧固无发热、松动现象；干式放电线圈绝缘树脂无破损、放电；避雷器垂直和牢固，外绝缘无破损、裂纹及放电痕迹，运行中避雷器泄漏电流正常，无异响。设备接地良好，接地引下线无锈蚀、断裂且标识完好。电缆穿管端部封堵严密。套管及支柱绝缘子完好，无破损裂纹及放电痕迹。围栏安装牢固，门关闭，无杂物，五防锁具完好。本体及支架上无杂物，支架无锈蚀、松动或变形。并联电容器如图 2-35 所示。

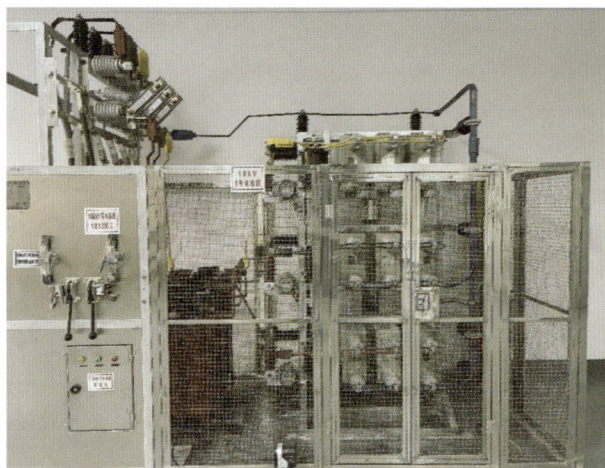

图 2-35　并联电容器

（9）电抗器。设备外观完整无损，防雨帽完好，无异物。引线接触良好，接头无过热，各连接引线无发热、变色。外包封表面清洁、无裂纹，无爬电痕迹，无油漆脱落现象，憎水性良好。撑条无错位。无动物巢穴等异物堵塞通风道。

支柱绝缘子金属部位无锈蚀，支架牢固，无倾斜变形，无明显污染情况。无异常振动和声响。接地可靠，周边金属物无异常发热现象。场地清洁无杂物，无杂草。二次端子箱应关好门，封堵良好，无受潮。电抗器如图2-36 所示。

图 2-36　电抗器

（10）GIS 设备。设备出厂铭牌齐全、清晰。运行编号标识、相序标识清晰。外壳无锈蚀、损坏，漆膜无局部颜色加深或烧焦、起皮现象。伸缩节外观完好，无破损、变形、锈蚀。外壳间导流排外观完好，金属表面无锈蚀，连接无松动。盆式绝缘子分类标识清楚，可有效分辨通盆和隔盆，外观无损伤、裂纹。SF_6 气体压力表或密度继电器外观完好，编号标识清晰完整，二次电缆无脱落，无破损或渗漏油，防雨罩完好。对于不带温度补偿的 SF_6 气体压力表或密度继电器，应对照制造厂提供的温度—压力曲线，并与相同环境温度下的历史数据进行比较，分析是否存在异常。GIS 设备如图 2-37 所示。

图 2-37　GIS 设备

1）开关设备。开关设备机构油位计和压力表指示正常，无明显漏气漏油。断路器、油泵动作计数器指示值正常。带电显示装置指示正常，清晰可见。各类配管及阀门应无损伤、变形、锈蚀，阀门开闭正确，管路法兰与支架完好。避雷器的动作计数器指示值正常，泄漏电流指示值正常。各部件的运行监控信号、灯光指示、运行信息显示等均应正常。开关设备如图 2-38 所示。

2）GIS 设备汇控柜。机构箱、汇控柜等的防护门密封良好，平整，无变形、锈蚀。智能柜散热冷却装置运行正常；智能终端\合并单元信号指示正确，且与设备运行方式一致，无异常告警信息；相应间隔内各气室的运行及告警信息显示正确。在线监测装置外观良好，电源指示灯正常，应保持良好运行状态。组合电器室的门窗、照明设备应完好，房屋无渗漏水，室内通风良好。本体及支架无异物，运行环境良好。GIS 设备汇控柜如图 2-39 所示。

断路器、隔离开关、接地开关等位置指示正确，清晰可见，机械指示与电气指示一致，符合现场运行方式。

图 2-38　开关设备

图 2-39　GIS 设备汇控柜

（11）开关柜。开关柜运行编号标识正确、清晰，编号应采用双重编号。开关柜内应无放电声、异味和不均匀的机械噪声。开关柜压力释放装置无异常，释放出口无障碍物。柜体无变形、下沉现象，柜门关闭良好，各封闭板螺栓应齐全，无松动、锈蚀。开关柜闭锁盒、五防锁具闭锁良好，锁具标号正确、清晰。充气式开关柜气压正常。开关柜内 SF_6 断路器气压正常。开关柜内断路器储能指示正常。

开关柜上断路器或手车位置指示灯、断路器储能指示灯、带电显示装置指示灯指示正常。开关柜内断路器操作方式选择开关处于运行、热备用状态时置于"远方"位置，其余状态时置于"就地"位置。机械分、合闸位置指示与实际运行方式相符。开关柜如图 2-40 所示。

图 2-40　开关柜

5. 二次设备巡视要点

（1）二次保护柜。检查模拟盘各元件的位置指示是否与实际运行工况一致。检查中央信号是否正常。检查控制屏（监控系统各运行参数）各仪表显示是否正常，有无过负荷现象；母线电压三相是否平衡、正常；系统频率是否在规定的范围内。检查控制屏各位置信号是否正常。检查变压器远方测温指示和有载调压指示是否与现场一致。二次保护柜如图 2-41 所示。

图 2-41　二次保护柜

（2）二次保护柜内保护。检查继电保护及自动装置的运行状态、运行监视是否正确。检查继电保护及自动装置有无异常信号。检查记录有关继电保护及自动装置的动作情况。继电保护及自动装置屏上各小断路器、把手的位置是否正确。

检查微机保护的打印机运行是否正常，有无打印记录。检查微机录波保护和录波器的定值和时钟是否正常。

（3）二次保护柜内压板。核对继电保护及自动装置的投退情况是否符合调度命令要求。二次保护柜内压板如图 2-42 所示。

（4）二次保护柜内设备。检查屏内电压互感器、电流互感器回路有无异常。检查屏内照明和加热器是否完好，是否按要求投退。检查交直流切换装置工作是否正常。检查二次回路及继电保护各元件有无异常，接线是否紧固，有无过热、异味、冒烟现象。二次保护柜内设备如图 2-43 所示。

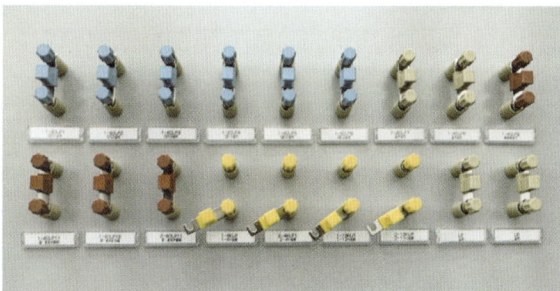

图 2-42　二次保护柜内压板

图 2-43　二次保护柜内设备

2.3.2　倒闸操作

倒闸操作是变电站运维人员的一项重要工作，也是一项比较复杂的工作。将电气设备从一种状态转化为另一种状态或者改变电力系统的运行方式时，需要进行的一系列的操作叫作电气设备的倒闸操作。

1. 电气设备运行方式

电气设备有运行、热备用、冷备用、检修四种运行方式，电气设备运行方式如图 2-44 所示。

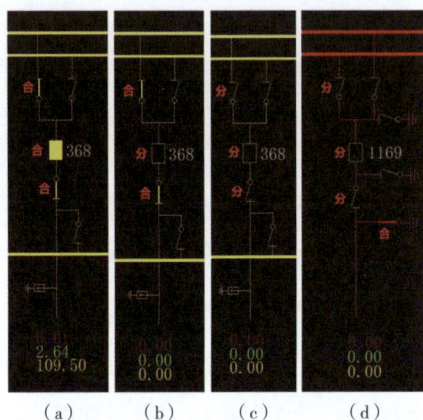

图 2-44　电气设备运行方式
（a）运行；（b）热备用；（c）冷备用；（d）线路检修

2. 倒闸操作主要内容

倒闸操作的主要内容见表 2-6。

表 2-6　倒闸操作的主要内容

主要操作内容	操作任务示例
电力线路的停电、送电操作	将 110kV××781 线从运行改为检修
电力变压器的停电、送电操作	将 1 号主变压器 101 断路器由冷备用改为运行
电网的合环与解环	合上 300 母联断路器（合环）
母线接线方式的改变	将××2599 断路器从 220kV 正母调至副母运行
中性点接地方式的改变	合上 1 号主变压器 11010 中性点接地开关
继电保护自动装置状态的改变	将 220kV 第一套母差保护由跳闸改接信号
接地线的安装与拆除	将××781 线路由检修改为冷备用
电力电容器的停电、送电操作	将 1 号电抗器 1K1 断路器由运行改为冷备用

3. 倒闸操作基本要求

倒闸操作规范性的基本要求见表 2-7。

表 2-7 倒闸操作规范性的基本要求

基本要求	明令禁止
要有考试合格并经批准公布的操作人员名单	1）严禁无资质人员操作； 2）严禁失去监护操作
要有明显的设备现场标志和相别色标；电气设备必须有双重名称	严禁随意解锁操作
要有正确的一次系统模拟图	一次系统模拟图必须与系统实际运行方式一致
要有经批准的现场运行规程和典型操作票	严禁生搬硬套典型操作票
要有确切的操作指令和合格的倒闸操作票	1）严禁无操作指令操作； 2）严禁无操作票操作； 3）严禁不按操作票操作
要有合格的操作工具和安全工器具	严禁使用破损、未经试验合格、过期的安全工器具

4. 倒闸操作基本流程

倒闸操作规范性的基本流程如图 2-45 所示。

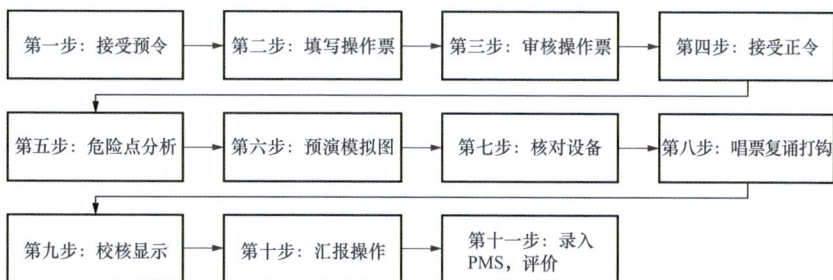

图 2-45　倒闸操作规范性的基本流程

5. 倒闸操作票示例

倒闸操作票示例及注释如图 2-46 所示。

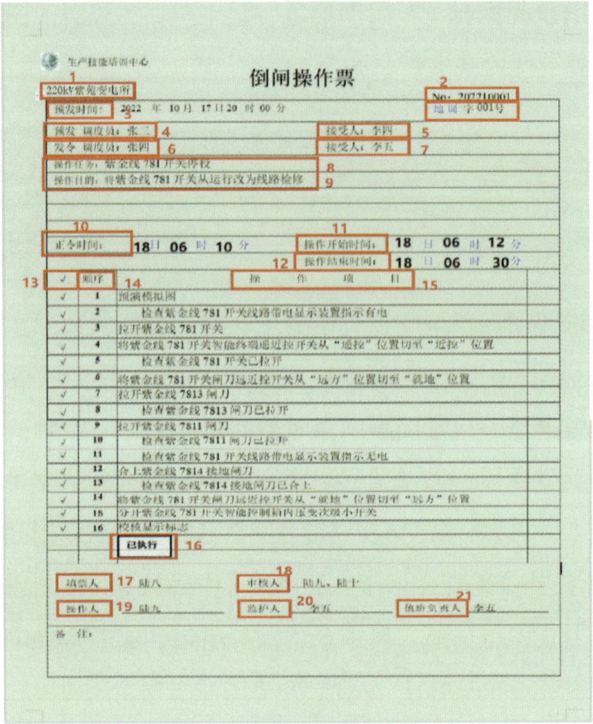

生产技能培训中心

倒闸操作票

220kV紫苑变电所

No：202710001

预发时间：2022 年 10 月 17 日 20 时 00 分 地调字 001 号

预发 调度员：张二 接受人：李四

发令 调度员：张四 接受人：李五

操作任务：紫金线 781 开关停役

操作目的：将紫金线 781 开关从运行改为线路检修

正令时间：18 日 06 时 10 分 操作开始时间：18 日 06 时 12 分

操作结束时间：18 日 06 时 30 分

√	顺序	操作项目
√	1	预演模拟图
√	2	检查紫金线 781 开关线路带电显示装置指示有电
√	3	拉开紫金线 781 开关
√	4	将紫金线 781 开关智能终端远近控开关从“遥控”位置切至“近控”位置
√	5	检查紫金线 781 开关已拉开
√	6	将紫金线 781 开关闸刀远近控开关从“远方”位置切至“就地”位置
√	7	拉开紫金线 7813 闸刀
√	8	检查紫金线 7813 闸刀已拉开
√	9	拉开紫金线 7811 闸刀
√	10	检查紫金线 7811 闸刀已拉开
√	11	检查紫金线 781 开关线路带电显示装置指示无电
√	12	合上紫金线 7814 接地闸刀
√	13	检查紫金线 7814 接地闸刀已合上
√	14	将紫金线 781 开关闸刀远近控开关从“就地”位置切至“远方”位置
√	15	分开紫金线 781 开关智能控制箱内压变次级小开关
√	16	校核显示标志
		已执行

填票人 陆八 审核人 陆九、陆十

操作人 陆九 监护人 李五 值班负责人 李五

备 注：

图 2-46 倒闸操作票示例及注释

1—相对应变电站倒闸操作票；2—该站当月的操作票顺序、调度单位，任务的编号；3—调度预发令的时间；4—预发调度员的姓名；5—接受预发令的运维值班人员姓名；6—正式发令操作时的值班调度员姓名；7—接受正式令的运维值班人员姓名；8—该项任务的操作任务；9—该项任务的操作指令；10—正式发令操作时的具体时间；11—值班人员接受正式调度指令后开始操作的时间；12—该操作任务操作结束时间；13—每操作完一项后确认打√；14—操作票的操作项顺序号；15—操作项目明细；16—操作完毕后加盖已执行章；17—填写操作票的值班人员姓名；18—审核操作票的值班人员姓名；19—操作该操作票的值班人员姓名；20—监护该操作票的值班人员姓名；21—当日的值班负责人姓名

2.3.3 故障及异常处理

变电站的安全运行对整个电力系统的安全运行、用户的可靠供电起着至关重要的作用，变电站内的运维值班人员，在运行中常常会遇到各种异常现象或事故。正确及时地处理异常现象或事故是变电站运维值班人员的基本职责和重要技能。

1. 故障及异常的主要原因及应对措施

故障及异常的主要原因及应对措施见表 2-8。

表 2-8　故障及异常的主要原因及应对措施

	主要原因	应对措施
自然原因	1）电力系统中某些电气设备由于运行时间过长，造成设备老化、绝缘性能下降； 2）自然天气对电力系统设备造成的干扰，从而引发事故	1）及时检修、更换设备； 2）加强巡视； 3）增加特巡
人为因素	1）运维人员、检修人员或其他人员的误碰、误操作； 2）人为的外力破坏，吊车或孔明灯、气球	1）加大安全培训力度，提高相应技能水平； 2）工作安排有效合理，注意人员精神状态； 3）加强电力设施的安全宣传
设备因素	1）设备的设计和装配的过程中，技术方面存在瑕疵，导致设备变电事故； 2）变电设备的使用频率极高，且运行时间较长，由于使用的负荷较大，使得变电设备极易出现受损及老化的现象，由此导致变电设备出现故障	1）排查设备家族性缺陷，有针对性地设定维护周期； 2）增加设备特巡，及时发现隐患，消除缺陷
管理因数	1）在变电运行的工作中，安全管理工作至关重要，但在实际的工作中存在相关的管理工作落实不到位的现象； 2）在工作的过程中缺乏规范性的管理，使得相关的操作执行不到位； 3）相关人员缺乏安全意识，对存在安全隐患的问题没有进行处理，没有对可能发生的事故做好防范措施	1）加强安全管理，落实生产责任； 2）规范操作，严格执行到位； 3）增强安全意识教育，严把质量关

2. 典型设备的故障及异常造成的事故

典型设备的故障及异常造成的事故见表 2-9。

表 2-9　典型设备的故障及异常造成的事故

典型设备故障	故障原因	可能造成的停电范围
主变压器故障	1）主变压器内部故障； 2）主变压器外部故障	主变压器停电、主变压器所供的母线失电
母线故障	1）母线上有故障； 2）连接在母线上的设备故障	故障母线所供的设备失电

典型设备故障	故障原因	可能造成的停电范围
断路器故障	1）断路器本身故障； 2）断路器二次回路故障	1）该断路器间隔失电； 2）母线可能会失电
电容器故障	1）电容器内部故障； 2）外部原因引起的故障	电容器间隔失电
电流互感器故障	1）电流互感器本体故障； 2）电流互感器二次回路故障引起的故障	1）该间隔失电； 2）母线可能会失电
线路故障	1）自然原因； 2）外力破坏	该线路可能失电
小电流接地故障	有单相接地	最长运行时间不超过 2h
隔离开关故障	隔离开关本体故障	1）该间隔需停电； 2）母线可能需要陪停
保护装置故障	1）保护装置本身故障； 2）参数设置错误	1）保护装置拒动，扩大停电范围； 2）保护装置误动，造成相应间隔失电

3. 故障及异常的处理原则

（1）变电站异常及故障处理应遵守《国家电网公司电力安全工作规程（变电部分）》、各级《电网调度管理规程》《变电站现场运行通用规程》《变电站现场运行专用规程》及安全工作规定，在值班调控人员统一指挥下处理。

（2）故障处理过程中，运维人员应主动将故障处理情况及时汇报。故障处理完毕后，运维人员应将现场故障处理结果详细汇报当值调控人员。

4. 故障及异常的处理步骤

（1）运维人员应及时到达现场进行初步检查和判断，将天气情况、监控信息及保护动作简要情况向调控人员作汇报。

（2）现场有工作时应通知现场人员停止工作、保护现场，了解现场工作与故障是否关联。

（3）涉及站用电源消失、系统失去中性点时，应根据调控人员指令倒换运行方式并投退相关继电保护。

（4）详细检查继电保护、安全自动装置动作信号、故障相别、故障测距等故障信息，复归信号，综合判断故障性质、地点和停电范围，然后检查保护范围内的设备情况。将检查结果汇报调控人员和上级主管部门。

（5）检查发现故障设备后，应按照调控人员指令将故障点隔离，将无故障设备恢复送电。

2.3.4 运行记录

运维班及变电站现场应具备各类完整的运维记录、台账；纸质记录至少保存一年，重要记录应长期保存。运维记录、台账原则上应通过工程生产管理系统（PMS）进行记录，系统中无法记录的内容可通过纸质或其他记录形式予以补充。运维记录、台账的填写应及时、准确和真实，便于查询。专业工程师应对运维记录、台账每月进行审核，运维单位每季应至少组织1次记录、台账检查并做好记录。新建变电站设备台账应在投运前一周内录入PMS。

运维工作记录应包括以下内容：变电运维工作日志、设备巡视记录、设备缺陷记录、电气设备检修试验记录、继电保护及安全自动装置工作记录、断路器跳闸记录、避雷器动作及泄漏电流记录、设备测温记录、运维分析记录、反事故演习记录、解锁钥匙使用记录、蓄电池检测记录、事故预想记录。变电运维工作日志见表2-10。

表2-10 变电运维工作日志

运维班（站）：日期：××年×月×日星期×　天气：晴
当值接班终了时间：×月×日×时×分
当值交班终了时间：×月×日×时×分
交班人：
接班人：
运行方式

续表

运行记事		
序号	日期	内容
一		巡视工作
1		
二		调控指令
1		
三		设备缺陷情况
1		
四		工作票执行情况
1		
五		倒闸操作情况
1		
六		保护方式调整情况
1		
七		故障及异常情况
1		
八		接地线（接地开关）使用情况
1		
九		解锁钥匙使用情况
1		
十		下发文件、通知、要求、规定
1		
十一		设备维护情况
1		
十二		其他
1		

2.3.5 新技术应用

以无人机为例来说明相关新技术在变电运维日常业务中的应用。无人机可通过运用现代化传感技术，运用基于精准空间定位技术的智能航线规划数据，实现移动监测装置远程全自主巡检服务。通过部署智能运维管控系统，配合移动监测装置固定航空站，自主完成变电站主要设备的精益化、智能化精确运检。

此外，无人机还可精准规划变电站主要设备的移动监测装置巡检航线，配合移动监测装置自动航空站，实现远程全自主巡检、巡检视频远程同步展示、迅捷故障特巡等功能，运维管控系统进行自动巡检数据处理，为变电站安全、智能运行提供保障服务。无人机如图 2-47 所示。

图 2-47　无人机

2.4　相关制度

为加强责任制、保证安全生产、提高运行水平，国家电网公司及各省市公司根据生产需要和长期运行经验，制定了一系列符合现场实际的运行制度。变电运行新进值班员需要先了解并掌握《变电运维通用管理规定》《国家电网公司电力安全工作规程（变电部分）》《变电站现场运行规程》等规章制度。

2.4.1 《变电运维通用管理规定》

《变电运维通用管理规定》是《国家电网公司五项通用制度》中的一项，本规定对变电运维工作的运维班管理、生产准备、运行规程管理、设备巡视、倒闸操作、故障及异常处理、工作票管理、缺陷管理、设备维护、专项工作、辅助设施管理、运维分析、运维记录及台账、档案资料、仪器仪表及工器具、人员培训、检查与考核等方面做出规定。

2.4.2 《国家电网公司电力安全工作规程（变电部分）》

《国家电网公司电力安全工作规程（变电部分）》简称《安规》，是电力生产现场安全管理的最重要规程，是保证人身安全、电网安全和设备安全的最基本要求。

2.4.3 《变电站现场运行规程》

《变电站现场运行规程》是变电站运行的依据，每座变电站均应有《变电站现场运行规程》，并按照其要求进行相关工作。《变电站现场运行规程》分为"通用规程"与"专用规程"两部分。"通用规程"主要对变电站运行提出通用和共性的管理和技术要求，适用于本单位管辖范围内各相应电压等级变电站；"专用规程"主要结合变电站现场实际情况提出具体的、差异化的、针对性的管理和技术规定，仅适用于该变电站。

2.4.4 "两票三制"详解

"两票三制"是电力生产中保障安全的基本制度之一，也是身为变电站运维值班员需要首先学习的重要工作内容。"两票三制"中的"两票"指的是操作票和工作票，"三制"指的是交接班制度、巡回检查制度和设备定期试验与切换制度。

1. 操作票制度

凡影响机组生产（包括无功）或改变电力系统运行方式的倒闸操作及机

炉开、停等较复杂的操作项目，均必须填用操作票的制度，称为操作票制度。变电站（发电厂）倒闸操作票格式如图 2-48 所示。

变电站（发电厂）倒闸操作票

单位_____ 编号_____

发令人		受令人		发令时间	年 月 日 时 分
操作开始时间： 年 月 日 时 分				操作结束时间： 年 月 日 时 分	
（ ）监护下操作　（ ）单人操作　（ ）检修人员操作					
操作任务：					
顺　序	操　作　项　目				√
备注：					
操作人：　　监护人：　　运维负责人（值长）：					

图 2-48　变电站（发电厂）倒闸操作票格式

操作票制度是保证正确、迅速完成操作任务，防止误操作的重要组织措施。该制度规定了操作票使用的规定、填用操作票的要求、操作票的操作、操作的监护和复诵、操作票的管理等。倒闸操作是一项复杂而又极为重要的工作，操作的正确与否直接关系着操作人员的人身安全和设备安全，关系到系统的正常运行，因此必须严格执行操作票制度。违反操作票制度的后果是十分严重的。

2. 工作票制度

工作票是指在已经投入运行的电气设备上及电气场所工作时，明确工作人员、交代工作任务和工作内容，实施安全技术措施，履行工作许可、工作监护、工作间断、转移和终结的书面依据。正常情况下（事故情况除外），凡是在电气设备上的工作，均应填用工作票或接命令（口头或电话）执行的制度，称为工作票制度。

工作票制度是保证检修人员在电气设备上安全的组织措施之一，是为避免发生人身和设备事故，而必须履行的一种设备检修工作手续。该制度规定了工作票的种类，工作票的使用范围，工作票的正确填用（填写和使用），工作票的申请手续，工作票中的责任人及相应安全责任，工作票的终结手续和管理。

运维人员在日常工作中所涉及的工作票主要包括：①变电站第一种工作票；②变电站第二种工作票；③变电站带电作业工作票；④事故紧急抢修单；⑤电力电缆第一种工作票；⑥电力电缆第二种工作票。

（1）变电站（发电厂）第一种工作票格式如图 2–49 所示，需要填用第一种工作票的工作有：

变电站第一种工作票

单位：________变电所：________编号：________

1、工作负责人（监护人）：________ 班组：________

2、工作班人员（不包括工作负责人）

____

共____人

3、工作的变配电站名称

____

4、工作任务

工作地点及设备双重名称	工作内容

5、计划工作时间：自____年__月__日__时__分至____年__月__日__时__分

6、安全措施（必要时可附页绘图说明，红色表示有电）

应拉断路器（开关）、隔离开关（刀闸）	已执行*
应装接地线、应合接地刀闸（注明确实地点、名称及接地线编号*）	已执行*
应设遮栏、应挂标示牌及防止二次回路误碰等措施	已执行*

*已执行栏目及接地线编号由工作许可人填写。

第 1 页　共 2 页

工作地点保留带电部分或注意事项（由工作票签发人填写）	补充工作地点保留带电部分和安全措施（由工作许可人填写）

工作票签发人签名：________ 签发时间：____年__月__日__时__分

工作票会签人签名：________ 会签时间：____年__月__日__时__分

7、收到工作票时间：____年__月__日__时__分

运行值班人员签名：________

8、确认本工作票 1~6 项：

工作负责人签名：________ 工作许可人签名：________

许可开始工作时间：____年__月__日__时__分

9、本次工作危险点分析及防范措施（由工作负责人填写）

工作中存在的危险点	防范措施

10、确认工作负责人布置的工作任务、安全措施和危险点防范措施

工作班组人员签名：

____

____

11、工作负责人变动情况

原工作负责人________离去，变更________为工作负责人。

工作票签发人________签发时间____年__月__日__时__分

工作人员变动情况（变动人员姓名、变动日期及时间）：

____

工作负责人签名：________

12、工作票延期

有效期延长到：____年__月__日__时__分

工作负责人签名：________ 签名时间：____年__月__日__时__分

工作许可人签名：________ 签名时间：____年__月__日__时__分

13、每日开工和收工时间（使用一天的工作票不必填写）

收工时间	工作负责人	工作许可人	开工时间	工作负责人	工作许可人
年 月 日 时 分			年 月 日 时 分		
年 月 日 时 分			年 月 日 时 分		

14、工作终结

全部工作于____年__月__日__时__分结束，设备及安全措施已恢复至开工前状态，工作人员已全部撤离，材料工具已清理完毕，工作已终结。

工作负责人签名：________ 工作许可人签名：________

15、工作票终结

临时遮栏、标示牌已拆除，常设遮栏已恢复。

已拆除的接地线编号________共____组；

已拉开接地刀闸编号________共____副（台）；

未拆除的接地线编号________共____组；

未拉开接地刀闸编号________共____副（台）；

已汇报调度值班员。

工作许可人签名：________ 签名时间：____年__月__日__时__分

16、备注

（1）指定专责监护人________负责监护________

________（地点及具体工作）

（2）其他事项：________

____

____

第 2 页　共 2 页

第 1 页　共 2 页

图 2–49　变电站（发电厂）第一种工作票格式

1）高压设备上工作，需要全部停电或部分停电者。

2）二次系统和照明等回路上的工作，需要将高压设备停电者或做安全措施者。

3）高压电力电缆需停电的工作。

4）其他工作需要将高压设备停电或要做安全措施者。

（2）变电站（发电厂）第二种工作票格式如图 2-50 所示，需要填用第二种工作票的工作有：

变电站（发电厂）第二种工作票

单位_____ 编号_____

1. 工作负责人（监护人）_____ 班组_____
2. 工作班人员（不包括工作负责人）
   _____
   _____
   共_____人
3. 工作的变、配电站名称及设备双重名称
4. 工作任务

工作地点或地段	工作内容

5. 计划工作时间
   自____年__月__日__时__分
   至____年__月__日__时__分
6. 工作条件（停电或不停电，或邻近及保留带电设备名称）
   _____
7. 注意事项（安全措施）_____
   _____
   工作票签发人签名_____签发日期____年__月__日__时__分
8. 补充安全措施（工作许可人填写）
   _____
9. 确认本工作票 1~8 项
   工作负责人签名_____ 工作许可人签名_____
   许可工作时间____年__月__日__时__分
10. 确认工作负责人布置的工作任务和安全措施
    工作班人员签名：
    _____
11. 工作票延期
    有效期延长到____年__月__日__时__分
    工作负责人签名_____ ____年__月__日__时__分
    工作许可人签名_____ ____年__月__日__时__分
12. 工作票终结
    全部工作于____年__月__日__时__分结束，作业人员已全部撤离，材料工具已清理完毕。
    工作负责人签名_____ ____年__月__日__时__分
    工作许可人签名_____ ____年__月__日__时__分
13. 备注
    _____

图 2-50 变电站（发电厂）第二种工作票格式

1）控制盘和低压配电盘、配电箱、电源干线上的工作。

2）二次系统和照明等回路上的工作，无须将高压设备停电者或做安全措施者。

3）非运维人员用绝缘棒、核相器和电压互感器定相或用钳形电流表测量高压回路的电流。

4）大于《国家电网公司电力安全工作规程（变电部分）》中表2-1（见表2-11）规定的距离的相关场所和带电设备外壳上的工作以及无可能触及带电设备导电部分的工作。

表 2-11　设备不停电时的安全距离

电压等级（kV）	安全距离（m）
10 及以下（13.8）	0.70
20、35	1.00
63（66）、110	1.50
220	3.00
330	4.00
500	5.00

5）高压电力电缆不需停电的工作。

（3）需要填用变电站带电作业工作票的工作有：带电作业或与邻近带电设备距离符合《国家电网公司电力安全工作规程（变电部分）》规定的工作。

（4）需要填用事故紧急抢修单的工作有：

1）电气设备发生故障被迫紧急停止运行，需要短时间内恢复的抢修和排除故障的工作。

2）处理停、送电操作过程中的设备异常情况，可填用变电站事故紧急抢修单。

（5）需要填用电力电缆第一、二种工作票的工作可参照变电站第一、二种工作票情况。

3. 交接班制度

变电站交接班是一项重要的工作，必须严肃、认真地进行，交接班制度的主要内容如下：

（1）运维人员应按照下列规定进行交接班。未办完交接手续之前，不得擅离职守。

（2）接班前、后30min内，一般不进行重大操作。在处理事故或倒闸操作时，不得进行工作交接；工作交接时发生事故，应停止交接，由交班人员处理，接班人员在交班负责人指挥下协助工作。

（3）交接班方式：交班负责人按交接班内容向接班人员交代情况，接班人员确认无误后，由交接班双方全体人员签名后，交接班工作方告结束。

（4）交接班主要内容：

1）所辖变电站运行方式。

2）缺陷、异常、故障处理情况。

3）两票的执行情况，现场保留安全措施及接地线情况。

4）所辖变电站维护、切换试验、带电检测、检修工作开展情况。

5）各种记录、资料、图纸的收存保管情况。

6）现场安全用具、工器具、仪器仪表、钥匙、生产用车及备品备件使用情况。

7）上级交办的任务及其他事项。

（5）接班后，接班负责人应及时组织召开本班班前会，根据天气、运行方式、工作情况、设备情况等，布置安排本班工作，交代注意事项，做好事故预想。

4. 巡回检查制度

运行值班员在值班时间内，对有关电气设备及系统进行定时、定点、定专责全面检查的制度，称为巡回检查制度。通过巡回检查，可以及时发现设备缺陷和排除设备隐患，掌握设备的运行状况和健康水平，积累设备运行资料，从而保证设备安全运行。

5. 设备定期试验与切换制度

（1）设备定期试验与切换的主要目的。变电站设备的定期切换指将运行设备与备用设备进行倒换运行的方式。通过切换，可减少磨损和发热等缺陷的发生，保证电力系统运行设备的完好性，在故障时备用设备能真正起到备用的作用。

变电站设备的定期试验主要是为了检验某些设备运行是否正常，设备某些功能或部件是否完好，自动投入装置是否能正确动作。对纵联差动和高频保护通道、特殊型号距离保护的阻抗元件、重合闸、各种事故信号、告警装置、调相机的某些热工自动装置等，必须进行定期切换试验。

（2）设备定期试验内容。变电站设备定期试验的内容及要求应根据各站的设备情况和实际运行环境分别制定，试验方法应写入变电站现场运行规程，试验周期按照国家电网公司《变电站管理规范》执行，主要有中央信号系统、高频保护通道、蓄电池、事故照明系统、变压器冷却装置、火灾报警系统等。

（3）设备定期切换内容。变电设备的定期轮换主要是完成设备或部件运行状态的转换，一般应使用操作票或作业指导书进行，主要有备用变压器、备用并联补偿装置、直流充电机交流电源、集中充气或通风设备、变压器冷却装置电源等。

2.5　实习注意事项

2.5.1　变电站实习的主要目的

新员工在未正式定岗前，会在每个岗位进行为期一年的轮岗实习期，在变电站实习期间，尤其需要学习变电站的注意事项。变电站实习的主要目的包括：

（1）认识和学习变电站一次设备，如变压器、断路器（GIS 等组合电器）、隔离开关、电流互感器、电压互感器、避雷器、无功补偿设备等的基本原理、主要结构和在电网中作用。

（2）通过现场实习学习，了解变电站电气设备构成、型号、参数、结构、布置方式，了解变电站生产过程。

（3）熟悉变电站主接线方式、运行特点，初步了解继电保护及自动装置等二次设备，巩固和加强所学专业知识。

（4）了解变电站运维的岗位、安全职责，熟悉变电站运维专业的日常工作流程。

2.5.2 变电站实习的安全注意事项

变电站是高度重视安全生产的场所，要时时刻刻注意安全，在实习期间，为保障全体员工的人身安全，保障所辖设备安全稳定运行不发生人身轻伤以上事故，在日常工作中应保证做到"四不伤害"（不伤害自己、不伤害他人、不被他人伤害、保护他人不被伤害）。变电站实习的安全注意事项包括：

（1）进入变电站实习，须履行相应的手续，学员须穿工作服，衣服和袖口必须扣好，并正确佩戴安全帽。

（2）未经许可不得擅自进入带电设备区，一般要求在运维人员陪同进入高压设备区，学员禁止穿拖鞋、凉鞋、女员工禁止穿裙子和高跟鞋，长发必须放在安全帽里。

（3）进入带电设备区，学员不得单独移开或越过遮栏进行工作，保持符合表 2-11 规定的设备不停电时的安全距离。

（4）运行中的高压设备，其中性点接地系统的中性点应视作带电体。

（5）雷雨天气，需要巡视室外高压设备时，应穿绝缘靴，并不准靠近避雷器和避雷针。

（6）换流站内，运行中高压直流系统直流场中性区域设备、站内临时接地极、接地极线路及接地极均应视为带电体。

（7）带电设备区，学员禁止使用金属梯，禁止使用钢卷尺、皮卷尺和线尺（夹有金属丝者）进行测量工作。

（8）带电设备区内搬动梯子、管子等长物，应两人放倒搬运，并与带电部分保持足够的安全距离。

2.5.3 变电站安全工器具使用注意事项

变电运维班应配置充足、合格的安全工器具，建立安全工器具台账。安全工器具应统一分类编号，定置存放。

变电运维班每年应参加安全监察质量部门组织的安全工器具使用方法培训，新员工上岗前应进行安全工器具使用方法培训，新型安全工器具使用前应组织针对性培训。

1. 安全帽的使用注意事项

（1）使用前，检查安全帽是否在有限期内。检查从产品制造完成之日起计算：塑料帽不超过两年半；玻璃钢（维纶钢）橡胶帽不超过三年半。

（2）安全帽使用前应进行外观检查，检查安全帽的帽壳、帽箍、顶衬、下颏带、后扣（或帽箍扣）等组件应完好无损，帽壳与顶衬缓冲空间为 25～50mm。

（3）安全帽戴好后，应将后扣拧到合适位置（或将帽箍扣调整到合适的位置），锁好下颏带，防止工作中前倾后仰或其他原因造成滑落。

2. 绝缘手套的使用注意事项

（1）使用前，检查绝缘手套试验日期是否在有限期内（半年一次试验）。

（2）绝缘手套在使用前必须进行充气检验，发现有破损则不能使用。外观检查时如发现有发黏、裂纹、破口（漏气）、气泡、发脆等损坏时禁止使用。

3. 绝缘杆使用注意事项

（1）使用前，检查绝缘杆的工作电压是否小于被测设备的电压，试验日期是否在有限期内（1 年一次试验）。

（2）进行外观检查，检查绝缘杆的堵头，如发现破损，应禁止使用。

（3）雨天在户外操作电气设备时，操作杆的绝缘部分应有防雨罩。罩的上口应与绝缘部分紧密结合，无渗漏现象。

（4）使用绝缘杆时人体应与带电设备保持足够的安全距离，并注意防止绝缘杆被人体或设备短接，以保持有效的绝缘长度。

4. 电容型验电器使用注意事项

（1）使用前应进行外观检查，电容型验电器上应标有电压等级、制造厂和出厂编号。验电器的工作电压应与被测设备的电压相同，检查试验日期是否在有限期内（1 年一次试验）。

（2）使用电容型验电器时，操作人应戴绝缘手套，穿绝缘靴（鞋），手握在护环下侧握柄部分。人体与带电部分距离应符合《安规》规定的安全距离。

（3）使用抽拉式电容型验电器时，绝缘杆应完全拉开。

（4）验电前，应先在有电设备上进行试验，确认验电器良好；无法在有电设备上进行试验时可用高压发生器等确证验电器良好。

5. 接地线使用注意事项

（1）接地线应用多股软铜线，其截面积应满足装设地点短路电流的要求，但不得小于 25mm²，长度应满足工作现场需要；接地线应有透明外护层，护层厚度大于 1mm。

（2）接地线的两端线夹应保证接地线与导体和接地装置接触良好、拆装方便，有足够的机械强度，并在大短路电流通过时不致松动。

（3）接地线使用前，应进行外观检查，如发现绞线松股、断股、护套严重破损、夹具断裂松动等不得使用。

（4）装设接地线时，人体不得碰触接地线或未接地的导线，以防止感应电触电。

（5）装设接地线，应先装设接地线接地端；验电证实无电后，应立即接导体端，并保证接触良好。拆接地线的顺序与此相反。接地线严禁用缠绕的方法进行连接。

2.6 新员工实操项目示例：巡视及线路停复役

2.6.1 项目描述

以 220kV 全信息高仿真实训用智慧变电站"紫苑变电站"为例，介绍巡视及线路停复役的操作项目实例。仿真实体站紫苑变电站主接线图如图 2-51 所示。

由图 2-51 可知，220、110、10kV 的主接线方式均为双母线，正常运行方式如下：

（1）220kV 正母：1 号主变压器 2501 断路器、紫五 2599 断路器运行；母联断路器 2510 运行。

（2）220kV 副母：紫五 2598 断路器运行。

（3）110kV 正母：1 号主变压器 701 断路器、紫金 781 断路器运行；母联

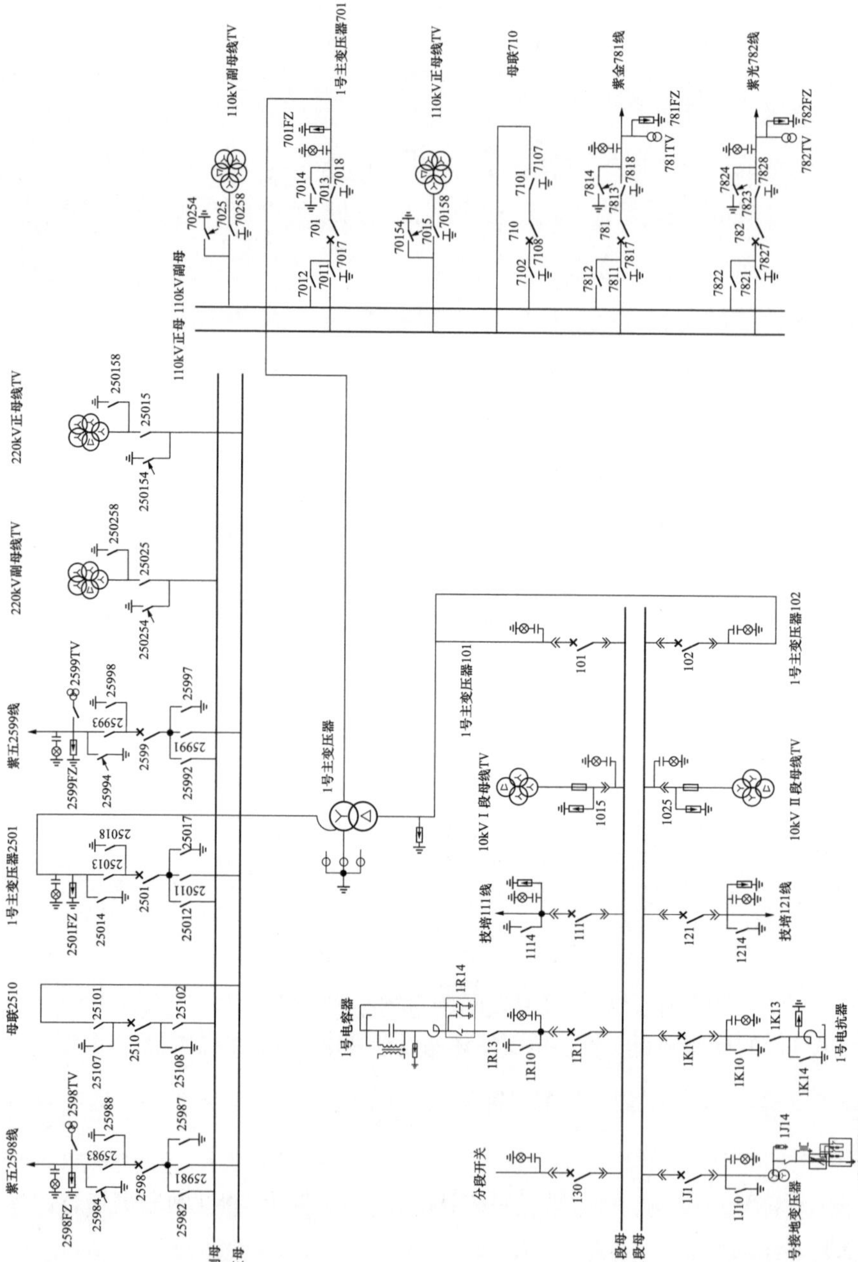

图 2-51 仿真实体站紫苑变电站主接线图

断路器 710 热备用。

（4）110kV 副母：紫光 782 断路器运行。

（5）10kV Ⅰ段：1 号主变压器 101 断路器、技培线 111 断路器运行；1 号电容器运行、1015 10kV Ⅰ母线电压互感器避雷器运行，分段 130 断路器冷备用。

（6）10kV Ⅱ段：1 号主变压器 102 断路器、技培线 121 断路器、1 号接地变压器 1J1 断路器运行、1 号电抗器热备用、1025 10kV Ⅱ母线电压互感器避雷器运行。

2.6.2 巡视时的安全要求

以变电站 121 技线巡视为例来说明巡视的安全要求，巡视的安全要求见表 2-12。

表 2-12 巡视的安全要求

序号	巡视的安全要求	确认（√）
1	巡视检查时应与带电设备保持足够的安全距离，10kV 为 0.7m，110kV 为 1.5m，220kV 为 3m	
2	巡视检查时，不得进行其他工作（严禁进行电气工作），不得移开或越过遮栏	
3	高压设备发生接地时，室内不得接近故障点 4m 以内，室外不得靠近故障点 8m 以内，进入上述范围人员必须穿绝缘靴，接触设备的外壳和构架时，必须戴绝缘手套（GIS 室和开关柜室严禁有接地时进入）	
4	夜间巡视，必要时开启设备室照明（夜巡应带照明工具）、夜间巡视，以免造成人员碰伤、摔伤、踩空	
5	开、关设备门应小心谨慎，防止过大振动，造成设备误动作	
6	在保护室禁止使用移动通信工具，防止造成保护及自动装置误动	
7	雷雨天气，接地电阻不合格，需要巡视高压室时，应穿绝缘靴，并不得靠近避雷器和避雷针	
8	进出高压室，必须随手将门锁好。未随手关门，可能会造成小动物进入	
9	进入设备区，必须戴安全帽	
10	发现设备缺陷及异常时，及时汇报，采取相应措施，不得擅自处理	

续表

序号	巡视的安全要求	确认（✓）
11	巡视设备禁止变更检修现场安全措施，禁止改变检修设备状态	
12	严格按照巡视线路巡视	
13	巡视前，检查所使用的安全工器具完好	
14	巡视 GIS 高压室应根据室外 SF_6 气体及含氧量报警仪提示进入，否则应提前进行通风 15min	
15	严禁不符合巡视人员要求者进行巡视	
16	雨、雪、雾等特殊天气应注意瓷质部分的绝缘情况，如冰凌、爬电现象等	
17	人员身体状况不适、思想波动不宜进行巡视，以免造成巡视质量不高或发生人身伤害	

2.6.3　巡视时携带的工具及安全检查

（1）安全帽：齐全、完好，未过期。

（2）绝缘靴：有高压试验标签，未过期。

（3）望远镜：完好无破损。

（4）测温仪：电池已充满电，开机测试正常，未过期。

（5）应急灯：已充满电，测试使用正常。

（6）钥匙：齐全，无遗漏。

（7）护目镜：镜片无破裂。

（8）数码相机：电池已充满电；开机测试正常。

（9）其他。

2.6.4　高压开关柜巡视时异常现象判断和处理原则

紫苑变电站 10kV 线路采用高压开关柜，内部主要有断路器、电流互感器、电压互感器、母线、接地开关、电缆、保护测控装置等，内部设备异常按相应设备的异常处理方法进行，但高压开关柜还有特有异常，需认真对待。

高压开关柜的异常主要有开关柜声音异常、过热、位置指示异常、操作卡涩、充气柜压力异常等。

2.6.5 填写巡视任务记录

巡视完成后应认真填写巡视任务记录，紫苑变电站设备巡视任务记录见表 2-13。

表 2-13 紫苑变电站设备巡视任务记录

变电站	紫苑变电站	电压等级	10kV
巡视日期	2023.2.9	变电站类别	智慧站
巡视类型	例行巡视	天气	晴
气温（℃）	9	巡视班组	
巡视人	王五	是否使用巡检仪巡视	否
巡视开始时间	15：00	巡视结束时间	15：30
巡视任务：121 技培线巡视			
巡视内容：			
121 技培线开关柜			
巡视结果（异常）			
正常			
备注：			
巡视小组人员（签名）：王五、赵六			

【思考与练习】

1. "四不伤害"指的是什么？

2. 安全帽的使用注意事项有哪些？

3. 绝缘手套的使用注意事项有哪些？

4. 副值值班员可承担哪些工作？

5. 变电运维班组人员岗位包括哪些？

6. 变电站的布置方式分为哪三种？

7. 变电站按重要程度进行等级分类分别有哪些？

8. 变电站的一、二次设备各有什么不同作用？

3 变电一次检修

3.1 专业概述

3.1.1 变电一次检修在电网企业中的作用

变电站一次设备是指直接生产、输送、分配和使用电能的设备，以及一些对一次设备起到保护、检测和改善电能质量的设备，主要包括变压器、高压断路器、隔离开关、开关柜、组合电器、母线、避雷器、互感器、电容器、电抗器等。变电站内的一次设备众多，种类繁杂，任何一个设备乃至于部件的故障都有可能导致千里长堤一朝崩溃。积极开展变电一次检修工作，有利于设备的安全稳定工作，有利于各类隐患的排查消除，对防止各类故障、事故的发生，保证电力系统高效运行有着不可替代的作用。

3.1.2 变电一次检修员工作模式及职责

变电一次检修专业负责变电站内变压器（电抗器）、断路器、组合电器、隔离开关、开关柜、电流互感器、电压互感器、避雷器、并联电容器、干式电抗器、串联补偿装置、母线及绝缘子、穿墙套管、电力电缆、消弧线圈、高频阻波器、耦合电容器、高压熔断器、中性点隔直装置、接地装置、端子箱及检修电源、站用变压器、站用交流电源、站用直流电源、构支架、辅助设施、土建设施、避雷针等28类设备和设施的运检工作，包括例行检修、解体大修及更换、技改、抢修及消缺、专业巡视及反措排查执行、带电检测等工作，按停电范围、风险等级、管控难度等情况分为A、B、C、D类四类检修等级。

3.1.3 专业分类

变电一次检修专业通常分为两个专业，即变电设备检修（开关类）和变电设备检修（变压器类）。

3.1.4 岗位能力提升要求

变电一次检修工作的特点对一次检修员的岗位能力提出了较高的要求，需要一次检修人员从理论和实践方面双管齐下，深入掌握并不断提高业务知识、技术技能，促使员工成长为高素质的技术、技能人才，提升企业素质、队伍素质，更好地践行"人民电业为人民"的企业宗旨。

变电一次检修岗位能力提升按照八级，即学徒工、初级工、中级工、高级工、技师、高级技师、特级技师、首席技师的技能要求和相关知识要求依次递进，高级别涵盖低级别的要求。变电一次检修岗位能力分类及要求见表3-1。

表 3-1 变电一次检修岗位能力分类及要求

序号	岗位能力分类	岗位能力要求
1	初级工	掌握一次设备基本知识，具备现场工作初级技能，包括仪器仪表、工器具及机械的使用、一次设备基本结构及动作原理的掌握、一次设备相关电气知识的掌握
2	中级工	能够掌握变压器、断路器、隔离开关、开关柜、组合电器检修的基本内容，熟练运用现场工作技能参与并配合完成开关类设备检修的简单工作
3	高级工	能够主持并独立完成断路器、隔离开关、开关柜、组合电器本体、机构及变压器的常规检修工作；能够主持并独立完成变压器、断路器、隔离开关、开关柜、组合电器的电气、机械特性测试；掌握 SF_6 气体及绝缘油的使用、仓储、检测
4	技师	能够独立分析、处理断路器、隔离开关、开关柜、组合电器本体、机构及变压器常见故障，能够主持完成设备整体或功能单元的更换及调试；能够主持并独立完成能够分析带电检测试验数据，开展常规检测工作
5	高级技师	能够独立分析复杂故障，提出改进措施，参与变电检修综合管理工作；能够指导开关类设备新装、解体工作，把控工艺质量

3.2 专业基础知识

3.2.1 高压断路器

高压断路器是高压配电装置中最主要的设备之一。高压断路器具有控制和保护双重功能,控制功能是指根据运行需要,将部分电力设备和线路投入或退出运行;保护功能是指在电力设备或线路发生故障时,将故障部分迅速切除,以保证电力系统无故障部分的正常运行。高压断路器是指额定电压在3kV 及以上能关合、承载和开断运行回路正常负荷电流,能在规定时间内关合、承载和开断规定的过载电流和短路电流的开关设备。

高压断路器是发电厂、变电站最重要的控制电器。无论系统处于何种状态,例如空载、负载或短路故障,断路器都能根据指令可靠地接通或断开电路。

1. 高压断路器作用

高压断路器作用包括控制作用、保护作用、隔离作用。高压断路器作用见表 3-2。

表 3-2 高压断路器作用

序号	作用	描述
1	控制作用	根据需要将部分线路或电气设备投入或退出运行,以改变电网的运行方式或者将部分设备恢复或停止供电
2	保护作用	当电网中部分电气设备或线路发生故障时,高压断路器在继电保护的配合下,快速将故障切除
3	隔离作用	断开高压断路器和隔离开关,可将电气设备与高压电源隔离,保证设备和工作人员的安全

2. 高压断路器分类

高压断路器分类如图 3-1 所示。

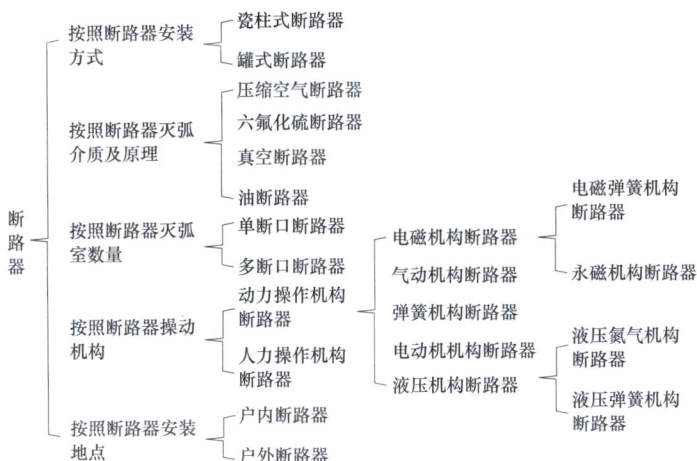

图 3-1 高压断路器分类

3. 高压断路器型号

高压断路器型号（国产）示例如图 3-2 所示。

图 3-2 高压断路器型号（国产）示例

图 3-2 中各数字代表的含义如下：

（1）1 代表产品名称：S——少油断路器，Z——真空断路器，L——六氟化硫断路器，K——空气断路器，Q——自产气断路器；C——磁吹断路器。

（2）2 代表使用场所（环境）：N——户内，W——户外。

（3）3 代表设计序号：用"1、2、3、…"表示。

（4）4 代表改进顺序号：用"A、B、C、…"表示。

（5）5 代表额定电压：单位为 kV。

（6）6 代表额定电流：单位为 A。

（7）7 代表操动机构类别：D——电磁操动机构，T——弹簧操动机构，Y——液压操动机构，Q——气动操动机构。

（8）8 代表额定短路开断电流：单位为 kA。

例如型号 LW10B-252/4000-50 中，L 表示六氟化硫断路器；W 表示户外；

10B 表示设计系列序号；252 表示额定电压，4000 表示额定电流；50 表示额定短路开断电流。

4. 高压断路器主要额定参数

高压断路器主要额定参数见表 3-3。

表 3-3　高压断路器主要额定参数

序号	参数	描述
1	额定电压	在规定的使用和性能的条件下能连续运行的最高电压，并以它确定高压开关设备的有关试验条件。我国规定，对 220kV 及以下的电压等级，系统最高工作电压为系统额定电压的 1.1 ~ 1.15 倍；对 330KV 及以上电压等级，系统最高工作电压为系统额定电压的 1.1 倍
2	额定电流	在规定的正常使用和性能条件下，高压开关设备主回路能够连续承载的最大电流。它是表明断路器通过长期电流能力的参数，即断路器允许连续长期通过的最大电流，单位为 A
3	额定短时耐受电流	又称额定热稳定电流，是表示断路器通过短时电流能力的参数，但它反映断路器承受短路电流热效应的能力。热稳定电流是指断路器处于合闸状态下，在一定的持续时间内，所允许通过电流的最大周期分量有效值，此时断路器不应因短时发热而损坏
4	额定峰值耐受电流	即额定动稳定电流，它是表示断路器通过短时电流能力的参数，反映断路器承受短路电流电动力效应的能力。断路器在合闸状态下或关合瞬间，允许通过的电流最大峰值，称为电动稳定电流，又称为极限通过电流。断路器通过动稳定电流时，不能因电动力作用而损坏
5	额定短路开断电流	简称额定开断电流，它是表示断路器开断能力的参数。在额定电压下，断路器能保证可靠开断的最大电流，称为额定开断电流，单位为 kA。当断路器在低于其额定电压的电网中工作时，其开断电流可以增大。但受灭弧室机械强度的限制，开断电流有一最大值，称为极限开断电流
6	额定短路关合电流	是指断路器能够可靠关合的最大短路峰值电流，此时断路器不会发生触头熔焊或其他损伤，额定短路关合电流在数值上等于额定峰值耐受电流

5. 高压断路器结构

高压断路器的类型较多，结构各有不同，但总体上高压断路器的主要部件有基座、支持元件、操动机构、传动机构、开闭装置。高压断路器结构如图 3-3 ~ 图 3-7 所示，高压断路器现场运行图如图 3-8 ~ 图 3-10 所示。

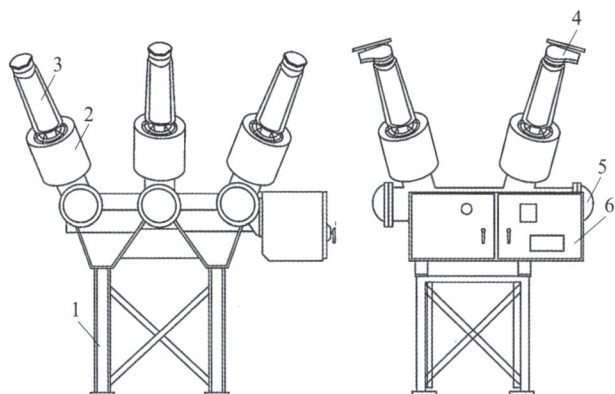

图 3-3 66kV 高压罐式断路器结构

1—钢支架；2—电流互感器；3—瓷套；4—接线端子；5—灭弧室；6—机构箱

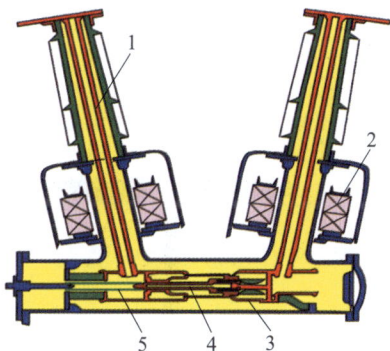

图 3-4 66kV 高压罐式断路器单相结构（剖面）

1—导电杆；2—电流互感器绕组；3—静触头；4—动触头；5—绝缘拉杆

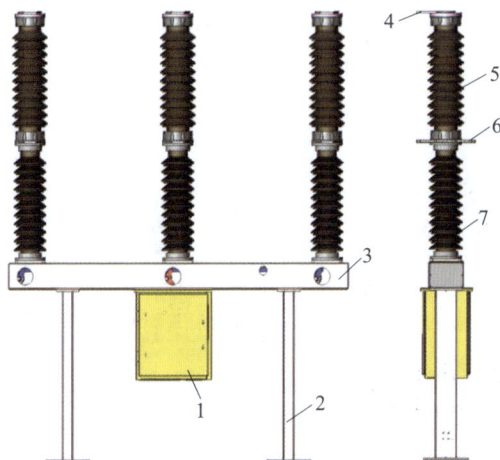

图 3-5 66kV 高压柱式断路器结构

1—操动机构；2—支架；3—传动机构箱；4—上接线板；5—灭弧室；6—下接线板；7—支持绝缘子

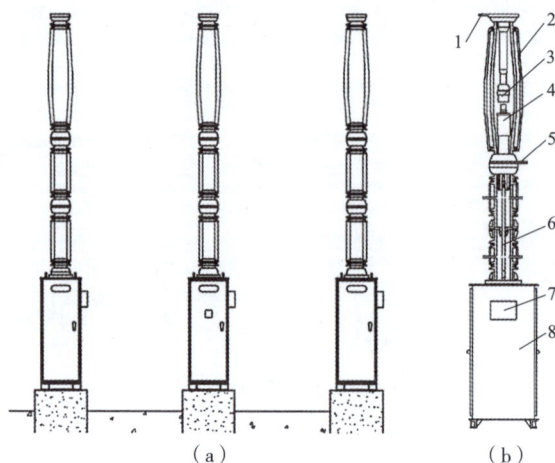

图 3-6　220kV 高压柱式断路器结构

（a）三极结构布置；（b）单极结构

1—上接线板；2—灭弧室瓷套；3—静触头；4—动触头；5—下接线板；
6—绝缘拉杆；7—密度继电器；8—机构箱

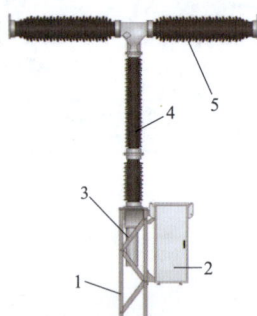

图 3-7　550kV 高压柱式断路器结构

1—支架；2—操动机构箱；3—分闸弹簧；4—支持瓷套；5—灭弧室

图 3-8　66kV 高压罐式断路器
现场运行图

图 3-9　220kV 高压柱式断路器现场运行图

图 3-10 550kV 高压罐式断路器现场运行图

6. 高压断路器主要部件功能

高压断路器主要部件功能见表 3-4。

表 3-4 高压断路器主要部件功能

序号	部件	描述
1	基座	用来支持和固定断器
2	支持元件	用来支持断路器器身，包括断路器外壳和支持绝缘子
3	操动机构	向通断元件提供分、合闸操作的能量，用来提供操作动能，以控制断路器的分、合闸
4	传动机构	将操动机构的分、合运动传动给导电杆和动触头
5	开闭装置	执行接通或断开电路的任务，包括断路器的灭弧装置和导电系统的动、静触头等

3.2.2 隔离开关

在电力网络中，为了安全生产需要将带电运行的电气设备停电检修或转为备用，设备与电源之间、设备与设备之间必须有明显可见且足够大的断开点。隔离开关正是在电路中设置的这种断开点，以确保运行和检修的安全。

隔离开关属于高压开关设备的一种。在分开位置时，触头间有符合规定要求的绝缘距离和明显的断开标志；在合上位置时，能承载正常回路条件下的电流及在规定时间内异常条件（例如短路）下电流的开关设备。由于隔离开关没有灭弧装置，故严禁带负荷和带设备故障进行拉闸和合闸操作。常规使用时应与断路器配合，只有在断路器断开后才能进行工作。

1. 高压隔离开关作用

高压隔离开关作用见表3-5。

表 3-5　高压隔离开关作用

序号	作用	描述
1	分断隔离电源	将需要检修的电力设备与带电的电网隔离，使其有明显的断开点，以保证检修工作的安全进行
2	倒闸操作	隔离开关经常用来进行电力系统运行方式改变时的倒闸操作。隔离开关拉闸时，必须在断路器切断电路之后才能再拉隔离开关；合闸时，必须先合入隔离开关后，再用断路器接通电路
3	改变运行方式	在断口两端接近等电位的条件下，带负荷进行拉闸和合闸操作，变换双母线或其他不长的并联线路的接线方式
4	接通和断开小电流电路	在运行中可利用隔离开关进行接通和断开感性与容性小电流或者环流的操作。具体如下： 1）拉、合电压互感器和避雷器。 2）拉、合母线和直接与母线相连设备的电容电流。 3）拉、合空载变压器：主要是励磁电流小于2A的空载变压器；电压为35kV，容量为1000kVA及以下变压器；电压为110kV，容量为3200kVA及以下变压器
5	拉、合空载线路	主要是电容电流不超过5A的空载线路；一般电压为10kV，长度为5km及以下的架空线路；电压为35kV、长度为10km及以下的架空线路

2. 高压隔离开关分类

高压隔离开关分类如图3-11所示。

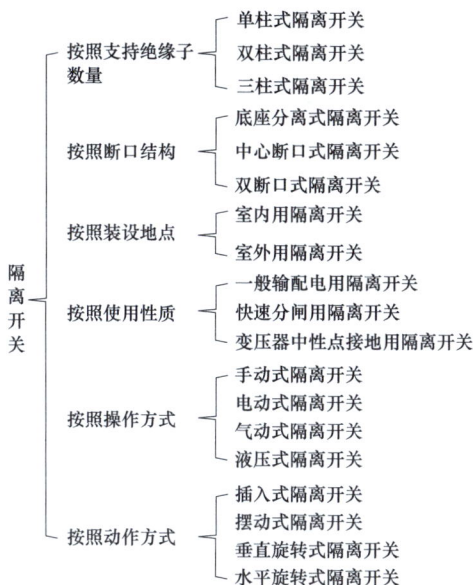

图 3-11　高压隔离开关分类

3. 高压隔离开关型号含义

高压隔离开关型号（国产）示例如图 3-12 所示。

图 3-12　高压隔离开关型号（国产）示例

图 3-12 中数字代表的含义如下：

（1）1 代表产品名称：G——隔离开关、J——接地开关、C——操动机构。

（2）2 代表使用场所：用产品名称的第一个汉字汉语拼音的第一个字母表示，N——户内，W——户外。

（3）3 代表设计序号：用阿拉伯数字"1、2、3、…"表示。

（4）4 代表额定电压：单位为 kV。

（5）5 代表其他标志：W——防污型、TH——湿热带型、TA——干热带型、Z——强震地区、D——带接地开关、G——改进型、K——快分型、T——统一设计、E——带支持导电杆。

（6）6 代表额定电流：单位为 A。

（7）7代表使用环境：G——高原型。

例如型号 GW16—252D/3150 中，G 表示隔离开关，W 表示户外，16 是设计序号，额定电压是 252kV，D 是表示带接地开关，额定电流是 3150A。

4. 高压隔离开关基本要求

高压隔离开关基本要求见表 3-6。

表 3-6　高压隔离开关基本要求

序号	要求	描述
1	有明显的断开点	在隔离开关分开状态下，应具有明显的断开点，以便清楚地鉴别被检修的设备是否已与电网隔离，从而能更好地保证检修工作人员的安全
2	有可靠的绝缘	为了保证在发生过电压时，放电将发生在不同相导电部分或导电部分对地之间，而不能发生在同一相的开断触头间，保证在过电压作用情况下不带电侧的人身及设备的安全，隔离开关同一相的开断触头之间的距离应大于不同相导电部分间及导电部分对地间的距离（比绝缘耐受电压大 10%～15%）
3	有一定破冰能力	隔离开关的触头敞露在大气中，因此对户外式隔离开关，要求在分开时能破碎覆盖在触头上的一定厚度的冰层
4	隔离开关和接地开关间应有可靠的机械连锁	保证先断开隔离开关后，才能合接地开关；先拉开接地开关后，才能合隔离开关的操作顺序
5	有锁扣装置	在隔离开关本身或其操动机构上应有锁扣装置，以防其在通过短路电流时由于电动力作用而自动分开

5. 高压隔离开关结构

高压隔离开关的类型很多，其基本部件为支持底座、导电部分、绝缘子、传动机构和操动机构，高压隔离开关结构如图 3-13～图 3-15 所示，高压隔离开关现场运行图如图 3-16～图 3-19 所示。

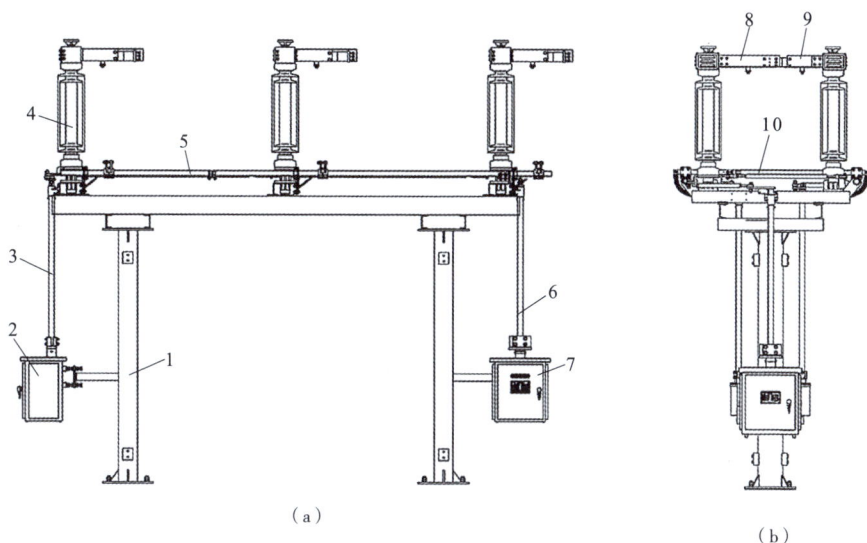

图 3-13 GW4-72.5 型隔离开关水平安装三级联装图

（a）主视图；（b）右视图

1—钢支架；2—主隔离开关电动机构；3—主隔离开关竖拉杆；4—单极装配；
5—接地开关水平连杆；6—接地开关竖拉杆；7—接地开关电动机构；8—左导电回路装配；
9—右导电回路装配；10—主隔离开关水平连杆

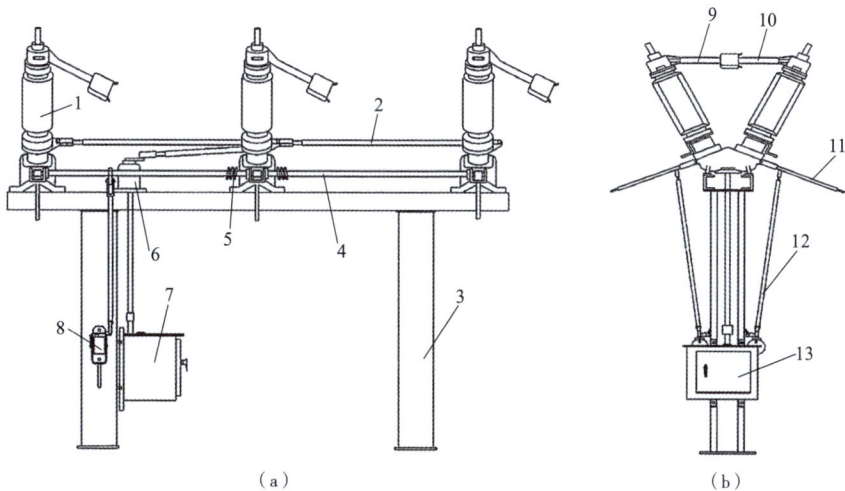

图 3-14 GW5-72.5 型隔离开关水平安装三级联装图

（a）主视图；（b）右视图

1—单极装配；2—主隔离开关水平连杆；3—钢支架；4—接地开关水平连杆；5—接地开关合闸助力
弹簧；6—传动箱；7—主隔离开关电动机构；8—接地开关手动机构；9—左导电回路装配；10—右导
电回路装配；11—接地开关导电杆；12—接地开关竖拉杆；13—接地开关电动机构

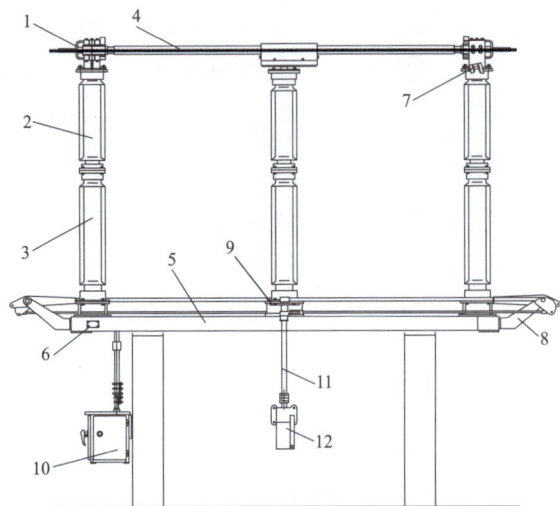

图 3-15 GW7-220 型单极装配（翻转型带操动机构）图

1—静触头；2—上节绝缘子；3—下节绝缘子；4—主隔离开关；5—底座；6—铭牌；7—接地静触头；
8—接地开关；9—转动底座；10—电动机构；11—垂直竖拉杆；12—手动机构

图 3-16 220kV 变压器中性点隔离开关
现场运行图

图 3-17 66kV GW4 型隔离开关
现场运行图

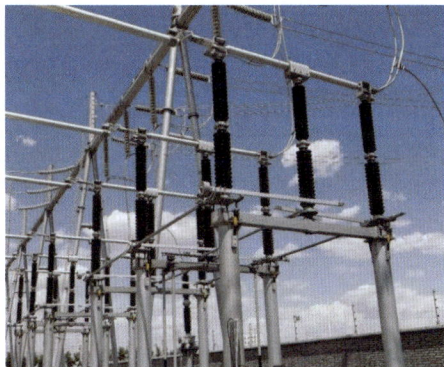

图 3-18　220kV GW7 型隔离开关现场运行图

图 3-19　220kV 剪刀型隔离开关现场运行图

6. 高压隔离开关主要部件功能

高压隔离开关主要部件功能具体功能见表 3-7。

表 3-7　高压隔离开关主要部件功能

序号	部件	描述
1	支持底座	起支持固定的作用，将导电部分、绝缘子、传动机构、操动机构等连接固定为整体
2	导电部分	包括触头、导电杆、接线座等，其作用是传导电流
3	绝缘子	包括支持绝缘子、操作绝缘子，其作用是使带电部分对地绝缘
4	传动机构	传动机构的作用是接受操动机构的力矩，并通过拐臂、连杆、轴齿或操作绝缘子，将运动传给动触头，以完成分、合闸操作
5	操动机构	用手动、电动、气动、液压向隔离开关的动作提供动力

3.2.3　高压开关柜

开关柜是金属封闭开关设备的俗称，是一种成套配电装置，由制造厂成套供应。制造厂预先按照主接线的要求，将每一回路的电气设备高低压电器（包括控制电器、保护电器、测量电器、断路器、隔离开关、互感器等）以及母线、载流导体、绝缘子等，装配在封闭或半封闭的金属柜中，构成一个单元电路分柜。安装时，按主接线方式，将各单元分柜（又称间隔）组合起来。

1. 高压开关柜作用

高压开关柜主要用于发电厂、变电站、中小型发电机送电、工矿企事业单位配电，以及大型高压电动机起动等；用于接受和分配电能，并对电路实行控制、保护及监测。当系统正常运行时，能切断和接通线路及各种电气设备的空载和负载电流；当系统发生故障时，它能和继电保护配合迅速切除故障电流，以防止扩大事故范围。

2. 高压开关柜分类

高压开关柜分类如图 3-20 所示。

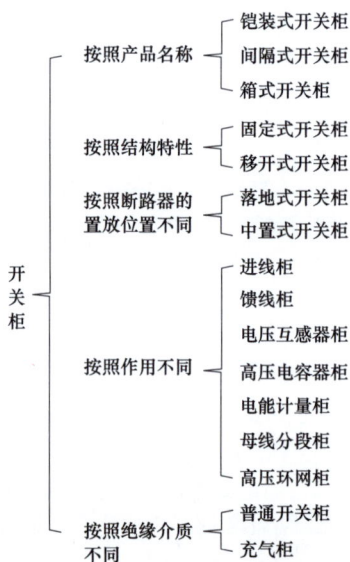

图 3-20　高压开关柜分类

3. 高压开关柜型号含义

高压开关柜型号（国产）示例如图 3-21 所示。

图 3-21　高压开关柜型号（国产）示例

图 3-21 中数字说明如下：

（1）1 代表产品名称；K——铠装式，J——间隔式，X——箱式，G——

高压开关柜。

（2）2代表结构特征：Y——移开式或手车式，C——手车式，F——封闭式，G——固定式，S——双母线式，P——旁路母线式，K——矿用。

（3）3代表使用条件：N——户内，W——户外。

（4）4代表设计系列序号。

（5）5代表额定电压：单位为kV。

（6）6代表其他标志。

（7）7代表操动方式：D——电磁操动，T——弹簧操动，S——手动。

（8）8代表环境特征代号：TH——湿热带型，G——高海拔型。

4. 高压开关柜基本要求

高压开关柜基本要求见表3-8。

表 3-8　高压开关柜基本要求

序号	要求	描述
1	防止带接地线送电（接地开关合闸位置隔离开关无法操作）	通过以下2点实现防止带接地线送电： 1）当接地开关在合上位置时，操作断路器手车，断路器无法从试验位置移动到工作位置； 2）手车断路器在中间位置，接地开关操作小活门无法打开操作地隔离开关
2	防止误入带电间隔	通过以下3点实现防止误入带电间隔： 1）在后柜门未可靠关闭的情况下，操作接地开关，无法分闸操作； 2）接地开关只有在合闸位置，后柜门才可以打开； 3）接地开关只有在分闸位置，后柜门无法打开
3	防止带负荷合拉合隔离开关	通过以下3点实现防止带负荷合拉合隔离开关： 1）断路器在合闸位置，手车无法从试验位置移动到工作位置； 2）断路器在合闸位置，手车断路器无法从工作位置移动到试验位置； 3）手车断路器在中间位置，断路器无法合闸操作
4	防止带电挂接地线（隔离开关在合闸位置接地开关无法操作）	通过以下2点实现防止带电挂接地线： 1）手车断路器在工作位置时，接地开关操作孔小活门无法打开操作地隔离开关； 2）按压带电显示器自检按钮，接地开关操作孔小活门无法打开操作地隔离开关

续表

序号	要求	描述
5	防止误分误合断路器	通过以下3点实现防止误分误合断路器： 1）分合闸操作开关及远近控操作把手有专用钥匙锁定； 2）分合闸操作开关及远近控操作把手不可互换； 3）按照有关规定进行保存及使用

5. 高压开关柜结构

针对不同类型的开关柜，内部的基本结构也有不同，此处以变电站常用的 KYN 系列高压开关柜为例来介绍柜体的基本结构。高压开关柜结构如图 3-22、图 3-23 所示，10kV 高压开关柜现场运行图如图 3-24 所示。

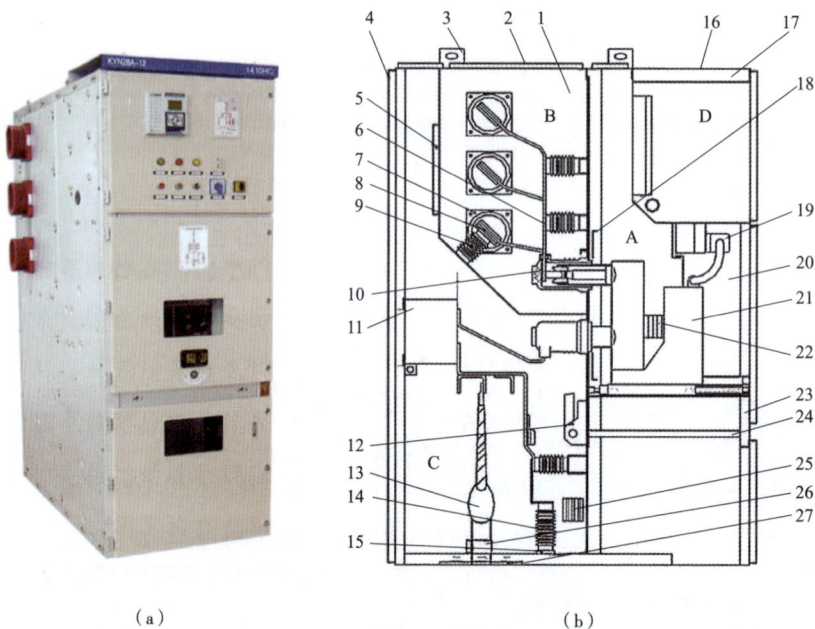

（a）   （b）

图 3-22　KYN28A 高压开关柜基本结构

（a）实物图；（b）剖面图

1—外壳；2—泄压盖板；3—吊装板；4—后封板；5—母线隔室后封板；6—分支母线；
7—母线绝缘套管；8—主母线；9—支持绝缘子；10——次静触头盒；11—电流互感器；
12—接地开关；13—电缆；14—避雷器；15—接地主母线；16—小母线顶盖板；17—小母线端子；
18—活门；19—二次插头；20—控制线槽；21—断路器；22、25—加热器；23—可抽出式水平隔板；
24—接地开关操动机构；26—电缆夹；27—电缆盖板；A—断路器室；B—母线隔室；
C—电缆终端连接室；D—继电器仪表室

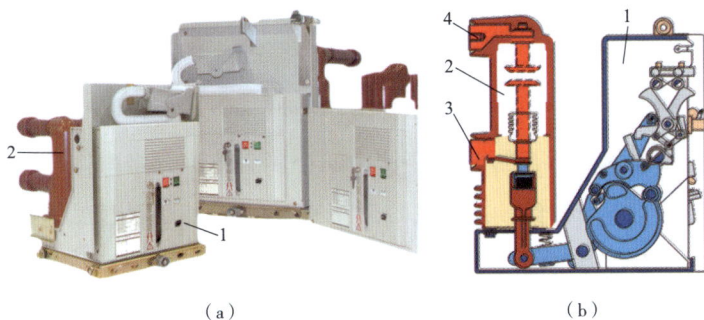

（a）　　　　　　　　　　　　　　　（b）

图 3-23　真空断路器基本结构

（a）实物图；（b）剖面图

1—弹簧操动机构；2—灭弧室；3—下接线端子；4—上接线端子

图 3-24　10kV 高压开关柜现场运行图

3.2.4　气体绝缘全封闭式组合电器

气体绝缘开关设备（gas-insulated switchgear，GIS）又称为气体绝缘全封闭式组合电器，它是变电站中除变压器以外的一次设备，组合电器由断路器、隔离开关、接地开关、电流互感器、电压互感器、避雷器、母线、出线套管、电缆终端等电器组成，按照电气主接线的要求，依次组成一个整体，各元件的高压带电部分均封闭于接地的金属壳体内，并充以一定压力的 SF_6 气体，作为绝缘和灭弧介质。

1. 气体绝缘全封闭式组合电器特点

（1）由于采用 SF_6 气体作为绝缘介质，导电体与金属地电位壳体之间的绝缘距离大大缩小。

（2）全部电气元件都被封闭在接地的金属壳体内，带电体不暴露在空气中（除了采用架空引出线的部分），运行中不受自然条件的影响，其可靠性和安全性比常规电气设备好得多。

（3） SF_6 气体是不燃不爆的惰性气体，所以 GIS 属防爆设备，适合在城市中心地区和其他防爆场合安装使用。

（4）GIS 主要组装调试工作已在制造厂内完成，现场安装和调试工作量较小，因而可以缩短变电站安装周期。

（5）GIS 的绝缘件、带电导体封闭在金属壳内，重心较低，因此，抗震能力较强，可安装在室内，也可以安装在室外。

2. 气体绝缘全封闭式组合电器分类

气体绝缘全封闭式组合电器分类如图 3-25 所示。

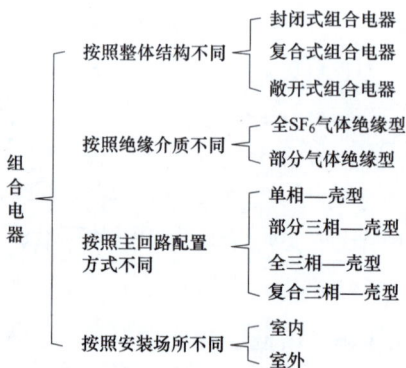

图 3-25　气体绝缘全封闭式组合电器分类

3. 气体绝缘全封闭式组合电器型号含义

气体绝缘全封闭式组合电器型号（国产）示例如图 3-26 所示。

图 3-26　气体绝缘全封闭式组合电器型号（国产）示例

图 3-26 中数字代表的含义如下：

（1）1 代表产品名称：ZF——闭式组合电器，GIS；ZH——复合式组合电器，HGIS；ZC——敞开式组合电器，CAIS。

（2）2 代表使用场所：N——户内，W——户外。

（3）3 代表设计序号：1、2、3 等。

（4）4 代表改进顺序号。

（5）5 代表额定电压：单位为 kV。

（6）6 代表主开关类别：S——少油断路器，L——SF_6 断路器，Z——真空断路器，G——隔离开关。

（7）7 代表特殊派生标志：TH——湿热带型，G——高海拔型。

（8）8 代表操动方式：D——电磁操动，T——弹簧操动，Y——液压操动，Q——气动操动，J——电动机操动。

（9）9 代表规格参数：额定电流，单位为 A。

（10）10 代表特征参数：额定短路开断电流，单位为 kA。

（11）11 代表自定义：生产厂家自定义。

4. 气体绝缘全封闭式组合电器出线方式

气体绝缘全封闭式组合电器出线方式主要有架空线引出方式、电缆引出方式、母线筒出线端直接与主变压器对接三种。气体绝缘全封闭式组合电器出线方式见表 3-9。

表 3-9　气体绝缘全封闭式组合电器出线方式

序号	出线方式	描述
1	架空线引出方式	在母线筒出线端装设充气（SF_6 气体）套管
2	电缆引出方式	母线筒出线端直接与电缆头组合
3	母线筒出线端直接与主变压器对接	此时连接套管的一侧充有 SF_6 气体，另一侧则有变压器油

5. 气体绝缘全封闭式组合电器基本结构

一台完整的 GIS 由若干个不同间隔组成，一般在设计时，根据用户提供的主接线方式和要求，将不同的气室或间隔（也称标准模块）组合成不同的间隔，再将这些间隔组成用户所需要的 GIS。一个间隔是指一个具有完整的供电、送电和其他功能（控制、计量、保护等）的一组元件。一个气室或气隔是指将各种不同作用和功能的元器件，独立地组合在一起，拼装在一个独立的封闭壳体内构成的各种标准模块。例如断路器模块、隔离开关模块、电压互感器模块、电流互感器模块、避雷器模块、连接模块、分相模块等。常规的 GIS 基本结构如图 3-27 ~ 图 3-32 所示，GIS 现场运行图如图 3-33、图 3-34 所示。

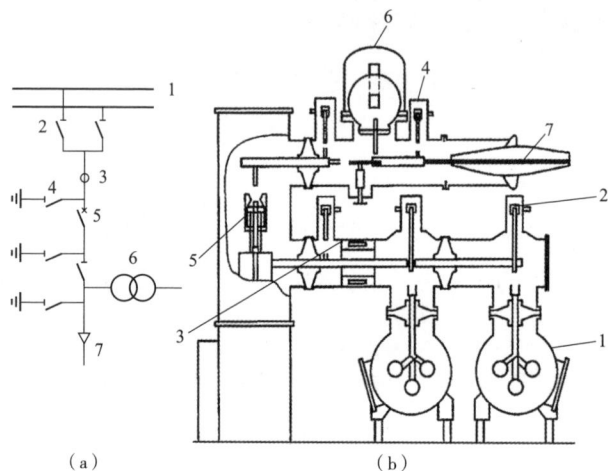

图 3-27 GIS 基本结构 1

（a）接线图；（b）结构图

1—母线；2—隔离开关；3—电流互感器；4—接地开关；5—断路器；6—电压互感器；7—出线电缆

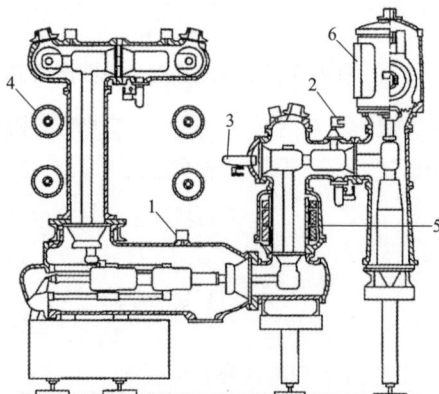

图 3-28 GIS 基本结构 2

1—断路器；2—隔离开关；3—接地开关装置；4—母线；5—电流互感器；6—电压互感器

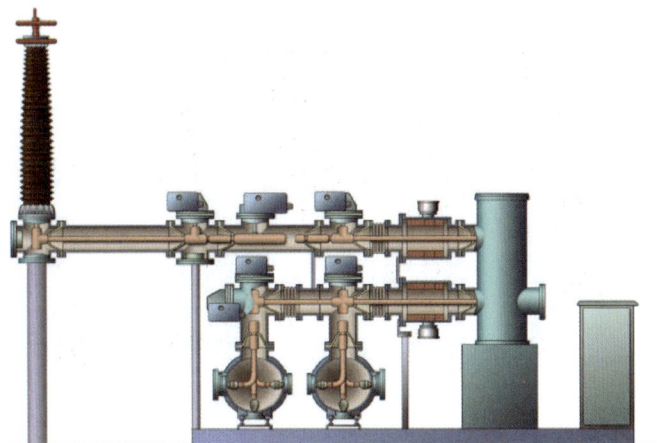

图 3-29　GIS 基本结构 3（套管出线间隔）

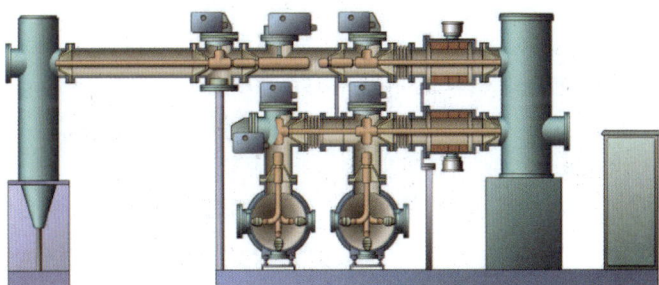

图 3-30　GIS 基本结构 4（电缆进出线间隔）

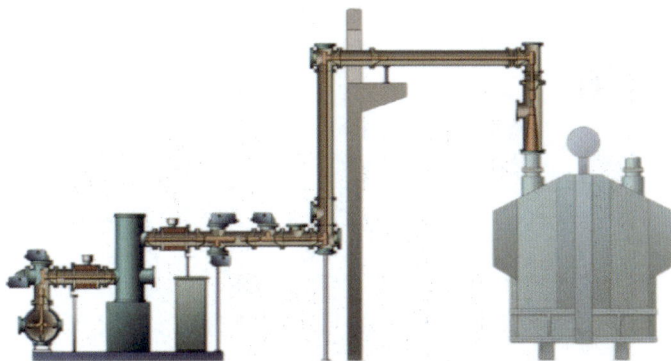

图 3-31　GIS 基本结构 5（变压器直连间隔）

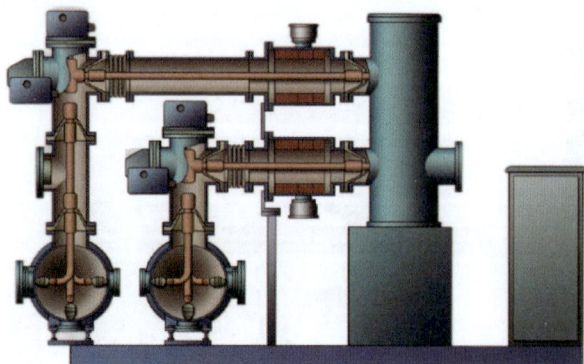

图 3-32　GIS 基本结构 6（母联间隔）

图 3-33　66kV GIS 现场运行中的图

图 3-34　220kV GIS 现场运行图

6. 气体绝缘全封闭式组合电器内部绝缘结构

全封闭式组合电器（包括 SF_6 输电管道）所用的绝缘结构可分为纯 SF_6 气体间隙绝缘、支持绝缘（即支柱绝缘子）和引线绝缘三种基本类型，全封闭式组合电器内部绝缘结构见表 3-10。

表 3-10　全封闭式组合电器内部绝缘结构

序号	绝缘类型	描述
1	SF_6 气体间隙绝缘	气体间隙是设备中主要的绝缘结构，要求电场分布尽量均匀，一般采用同轴圆柱结构、直径较小或具有棱角的部件，如触头等均需加上尺寸较大的屏蔽罩，导体拐弯部分也应做成圆弧形
2	支持绝缘	支持绝缘是大量用于组合电器和输电管道作为固定高压导体的绝缘支持物。常用的有下述三种基本类型，一般均用环氧树脂浇注而成： 1）盆形（或碗形）绝缘子。以单相的为多，它用于组合电器和输电管道时，起隔离两侧气体之用。 2）棒形绝缘子。可将它用于组合电器的母线筒作为母线的支持绝缘，也可用于输电管道作为导线的支持绝缘。 3）夹形绝缘。主要用于母线筒，在支持母线处和绝缘子的根部均带有屏蔽罩
3	引线绝缘	引线绝缘作为从 SF_6 电力设备高压引出线绝缘用，大致有以下三种结构： 1）SF_6 空气套管，即充气套管。用于组合电器及输电管道和用空气绝缘的母线或架空输电线之间的连接。若用一般电容型胶纸套管则经济性差，且没能充分发挥 SF_6 气体绝缘的作用，故目前都用 SF_6 的充气套管，其外绝缘是瓷，而内绝缘是 SF_6 气体。 2）SF_6 油套管。用于和变压器等充油电力设备相连接。 3）SF_6 电缆头。用于和电缆相连接，其结构和一般电缆头相似

3.2.5　变压器

变压器是一种静止的电器，是通过电磁感应原理把某种频率的交流电压变换成同频率的另一种（或几种）交流电压的传输装置。变压器接于电力网中，常将接受电力网电能一侧称为一次绕组，输出电能与负载连接的一侧称为二次侧绕组。

1. 变压器的用途

发电机的端口电压为 10～20kV，要把大功率的电能从发电厂输送到远方用户去，需要用升压变压器升高电压进行输电。用户的用电设备绝缘水平较低，一般只能承受 6kV 以下的电压，所以用户端必须装设降压变压器。故从发电、输电、配电到用电，需经过 3～5 次变换电压，以提高输电配电的效率，其中升高电压可降低线路损耗，降低电压可适应用户的需要。

2. 变压器工作原理

变压器是通过电磁感应将一侧的电能传递到另一侧的，所以必须具有电路和磁路两大部分。作为电路的是两个（或几个）匝数不同且彼此绝缘的绕组；作为磁路的是一个闭合铁芯。绕组套装在铁芯上，与铁芯之间是绝缘的。单相变压器工作原理如图 3-35 所示。

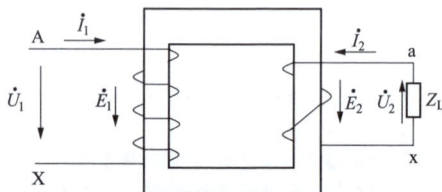

图3-35　单相变压器工作原理

3. 变压器分类

变压器的分类有多种方法：按用途不同可分为电力变压器、工业用变压器及其他特种用途的专用变压器；按绕组与铁芯的冷却介质不同可分为油浸式变压器与干式变压器；按铁芯的结构型式不同可分为芯式变压器与壳式变压器；按调压方式不同可分为无励磁调压变压器与有载调压变压器；按相数不同可分为三相变压器与单相变压器；按铁芯柱上的绕组数不同可分为双绕组变压器与多绕组变压器；按不同电压的绕组间是否有电的连接可分为独立绕组变压器与自耦变压器等。电力变压器分类如图 3-36 所示。

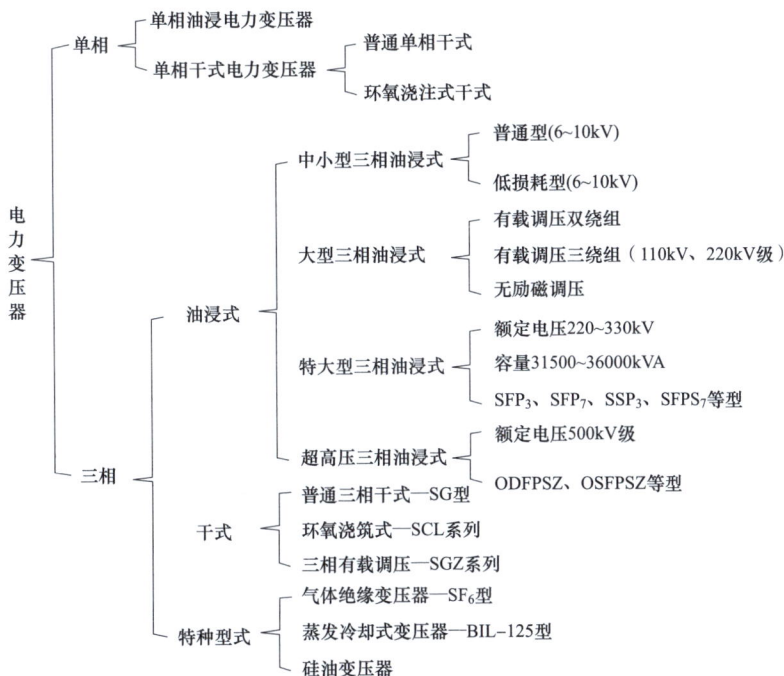

图 3-36 电力变压器分类

4. 变压器型号含义

变压器型号（国产）示例如图 3-37 所示。

图 3-37 变压器型号（国产）示例

图 3-37 中数字代表的含义如下：

（1）1 代表耦合方式：一般不标，O——自耦。

（2）2 代表相数：D——单相，S——三相。

（3）3 代表冷却方式：J——油浸自冷不标，G——干式空气自冷，C——干式浇注绝缘，F——油浸风冷，S——油浸水冷。

（4）4 代表循环方式：自然循环不标，P——强迫循环。

（5）5代表绕组数：双绕组不标。

（6）6代表导线材质：铜线不标。

（7）7代表调压方式：无励磁不标，2——有载调压。

（8）8代表设计序号：1、2、3等（下标）。

（9）9代表额定容量：kVA。

（10）10代表高压绕组额定电压等级：单位为kV。

（11）11代表防护代号：一般不标，TH——湿热，T——干热。

例如：OSFPSZ-250000/220，表示自耦三相强迫油循环风冷三绕组铜线有载调压，额定容量250000kVA，高压绕组额定电压220kV变压器。

5. 变压器基本结构

变压器基本结构有铁芯、绕组、器身绝缘、引线和油箱五大部分，变压器基本结构如图3-38~图3-41所示，变压器现场运行图如图3-42~图3-44所示。

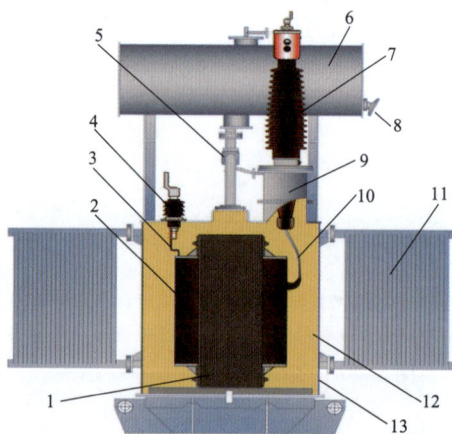

图3-38 变压器结构1

1—铁芯；2—绕组；3—低压引线；4—低压套管；5—气体继电器；6—储油柜；7—高压套管；
8—油位计；9—升高座；10—高压引线；11—散热器；12—变压器油；13—油箱

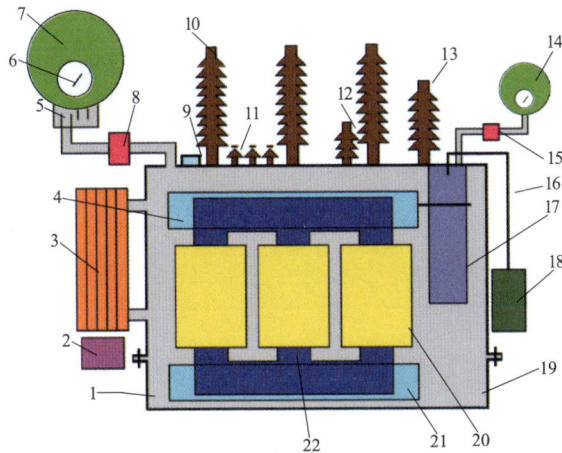

图 3-39 变压器结构 2

1—油箱；2—风扇；3—散热器；4—上夹件；5—集气装置；6—油位计；7—主储油柜；
8—变压器气体继电器；9—压力释放阀；10—高压套管；11—低压套管；12—铁芯引出线套管；
13—中性点套管；14—有载开关储油柜；15—有载开关气体继电器；16—有载开关传动杆；
17—有载开关；18—有载开关操动机构；19—变压器油；20—绕组；21—下夹件；22—铁芯

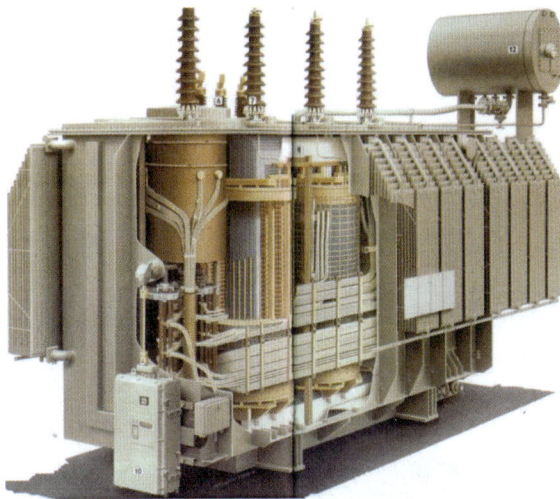

图 3-40 变压器结构 3（立体剖面图）

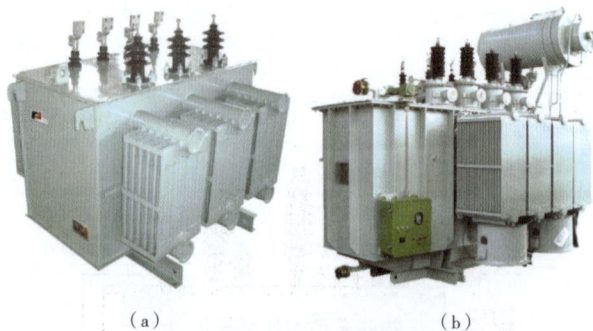

图 3-41　10kV 变压器结构

（a）油浸自冷；（b）油浸风冷

图 3-42　220kV 变压器（油浸风冷）现场运行图

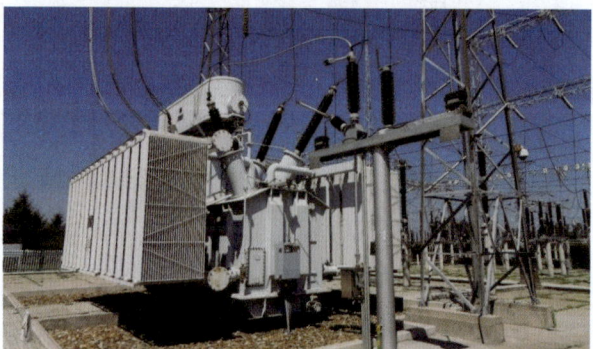

图 3-43　220kV 变压器（油浸自冷）现场运行图

图 3-44　550kV 变压器（单相）现场运行图

6. 变压器主要部件的作用

变压器主要部件的作用见表 3-11。

表 3-11　变压器主要部件的作用

序号	主要部件	描述
1	铁芯	变压器的铁芯是变压器的磁路部分，由磁导体、紧固装置及其必要的绝缘共同组成。它将一次电路（绕组）的电能转化为磁能，又由自己的磁能转化为二次电路（绕组）的电能，是能量转换的媒介。因此，导磁是变压器铁芯的主要作用。此外，铁芯的紧固装置使其在机械上成为一个完整的结构，构成了变压器内部的骨架，其上套装各个带有绝缘的绕组，支持着引线，安装着木件和其他一些变压器内部组件。其结构为框形闭合结构，其中套装绕组的部分称为芯柱，不套装绕组而只起闭合作用的部分称为铁轭
2	绕组	绕组是变压器的电路部分，是变压器的主要构成部件之一，是由电导率较高的铜导线或铝导线绕制而成的。它和铁芯构成的磁路一起实现能量的传递和转换
3	引线	变压器绕组外部连接绕组各引出端的导线称为引线，它将外部电源电能输入变压器，又将传输电能输出变压器。它包括绕组线端与套管连接的引出线，绕组端头间的连接及绕组与分接开关相连的分接引线

续表

序号	主要部件	描述
4	套管	套管是将电力变压器内部的高、低压引线引到变压器油箱外部的导引出线装置，承担着作为高、低压引线对地绝缘和固定引线的双重作用，因此，符合规定的电气强度和足够的机械强度是必要的。作为电力变压器的主要载流器件之一，套管在电力变压器投入运行后长期通过负载电流，同时又要承受短路时的瞬时过热，因此，又必须具备良好的热稳定性
5	分接开关	变压器的分接开关一般可分为无励磁分接开关和有载分接开关。无励磁分接开关是用于变压器在无励磁状态下进行分接变换的装置，它是通过变换变压器绕组的分接头，来改变变压器的电压比，达到电压调整的目的
6	变压器油	1）具有较大的介质常数，可增强绝缘作用； 2）通过油箱中油的自然对流或强迫油循环流动，使绕组及铁芯中因功率损耗而产生的热量得到散逸，起冷却作用
7	油箱	油浸式变压器的油箱是保护变压器器身的外壳和盛装变压器油的容器，又是配电变压器外部结构件的骨架，同时通过变压器油将器身损耗产生的热量以对流和辐射的方式扩散至大气中
8	散热装置	变压器的散热装置是将变压器在运行中由损耗产生的热量散发出去以保证变压器安全运行的装置。在电力系统实践中，一般自然油循环冷却的散热装置称为散热器，而通过风扇、潜油泵、水冷却管道等强制冷却的散热装置称为冷却器

3.3 日常业务

3.3.1 日常检修分类

按照工作的性质、内容和涉及的范围，一次设备检修类别分为 A 类检修、B 类检修、C 类检修、D 类检修四类。其中 A、B、C 类属停电检修，D 类属不停电检修。

（1）A 类检修。A 类检修是指整体性检修。检修项目：整体更换、解体检修。A 类检修如图 3-45 所示。

图 3-45　A 类检修

（a）1000kV 组合电器解体大修；（b）110kV 断路器解体大修；（c）500kV 变压器解体大修

（2）B 类检修。B 类检修指局部性检修。检修项目：部件解体检查、维修及更换；气体密封设备在维持气室密封情况下实施的局部性检修。B 类检修如图 3-46 所示。

图 3-46　B 类检修

（a）220kV 隔离开关导电回路解体大修；（b）220kV 断路器弹簧机构合闸弹簧更换；
（c）110kV 组合电器密度继电器更换

（3）C 类检修。C 类检修指例行检查及试验。检修项目：设备本体、操动机构等各部件的检查维护及整体调试，以及辅助设备的局部更换。C 类检修如图 3-47 所示。

（4）D 类检修。D 类检修指在不停电状态下进行的检修。检修项目：专业巡视、SF_6 气体补充、密度继电器校验及更换、压力表校验及更换、空气压缩机润滑油更换、部分辅助二次元器件更换、金属部件防腐处理、传动部件润滑处理、箱（柜）体维护、互感器二次接线检查维护、避雷器泄漏电流监视器（放电计数器）检查维护、带电水冲洗、冷却系统部件更换工作、带电

图 3-47　C 类检修

（a）110kV 断路器电气机械特性试验；（b）10kV 断路器机构例行检修；（c）110kV 隔离断路器整体调试

检漏、带电检测及堵漏处理等不停电工作。D 类检修如图 3-48 所示。

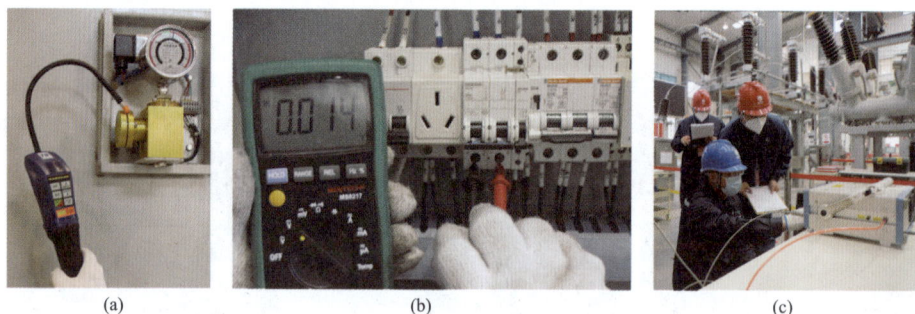

图 3-48　D 类检修

（a）110kV 组合电器 SF_6 气体压力记录；（b）开关柜局部放电检测；（c）一、二次设备红外测温检测

3.3.2　新技术

1. 六氟化硫气体替代气体

SF_6 是目前为止最优良的气体绝缘介质和灭弧介质，在电力等诸多领域得到了广泛的应用。但 SF_6 温室效应指数——全球变暖潜能值（GWP）是 CO_2 的 23900 倍，在大气中的存在寿命长达 3200 年，1997 年签订的《京都议定书》中明确将其列为限用或禁用的温室气体。

寻找 SF_6 替代气体成为近年来国内外研究的热点，对此，国内外开展了广泛研究，目前主要研究的替代气体有三类：常规气体、空气、N_2 及 CO_2、SF_6 混合气体和强电负性气体及其混合气体，如 SF_6-N_2 混合气体、SF_6-CO_2

混合气体、SF_6-CF_4 混合气体、八氟环丁烷（C-C_4F_8）、全氟丙烷、g3 气体（C_4F_7N+CO_2 混合气体）、C_5/C_6 气体（C_5F_{100}/C_6F_{120}+CO_2 混合气体）等。针对三类气体的研究，不仅有气体本身的理化性质研究，还有电气性能方面的试验和理论探究。

从研究来看，迄今为止仍没有一种单一气体或者气体混合物能在理化性质、耐电强度和灭弧性能等方面全面替代 SF_6。CF_3、C_4F_7N、C_5F_{100} 等特种气体具有较大的应用潜能，但相关研究仍不充分，尤其是复杂电场下的分解产物、灭弧性能等方面仍存在大量工作有待开展。如开展 CF_{31}、C_4FN、CF_{100} 等特种气体的绝缘性能、灭弧性能、分解产物、材料相容性研究；开展高电压等级、大容量真空开断技术研究；开展气—固复合绝缘技术研究，拓展常规气体在中高压设备中的应用空间，进一步合成、探索新型环保绝缘气体。

2. 光声光谱油色谱在线监测技术

变压器油气在线监测已提出多种方法，如油色谱技术、红外宽谱光源光声光谱气体检测技术。长期使用中，这些方法存在结构复杂、消耗载气、色谱柱受油污后精度下降，以及测量气体之间交叉干扰等弊端。激光光声光谱变压器油中气体在线监测系统是一种新型的油色谱在线监测技术，可以有效监测油中色谱溶解情况，进一步提高了主变压器初期缺陷发现率，降低了故障发生率和运维成本。

光声光谱技术是基于光声效应的一种光谱检测技术，光声效应是由气体分子吸收特定波长的电磁辐射（如红外光）所产生的。气体吸收辐射后导致温度上升，此时如将气体置于密闭容器，温升会导致气体压力增高。如采用脉冲光照射密闭气体，利用灵敏的微音器即可探测到与脉冲光频率相同的压力波动。光声光谱技术原理如图3-49所示。

将光声效应用于实际检测，首先，需要确定每种气体特定的分子吸收光谱，从而可对红外光源进行波长调制，使其能够激发某一特定气体分子；其次，要确定气体吸收能量后受激产生的压力波强度与气体浓度间的比例关系。因此，通过选取待检测气体的红外吸收波长的光信号激发气体并检测压力波

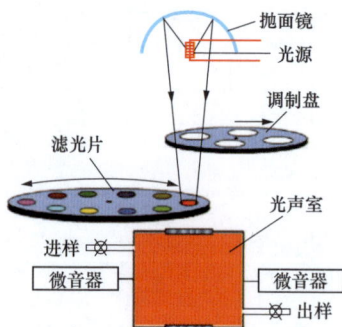

图 3-49　光声光谱技术原理

的强度，可验证某种气体是否存在并确定其浓度，甚至对某些混合物或化合物也可进行定性、定量分析。

3.4　相关制度

3.4.1　相关标准及规范

1. 主标准

主标准指的是设备的基础性技术标准，一般包括设备使用条件、额定参数、设计与结构、型式试验 / 出厂试验项目及要求、选用导则、订货和投标的资料、运输、储存、安装、运行和维修规则、安全等内容。下面介绍断路器、隔离开关、开关柜、组合电器、变压器的主标准。

（1）断路器主标准是指断路器的基础性技术标准，一般包括设备使用条件、额定参数、设计与结构、型式试验 / 出厂试验项目及要求等内容。断路器主标准共 4 项，断路器主标准清单见表 3-12。

（2）隔离开关主标准是指隔离开关的基础性技术标准，一般包括设备使用条件、额定参数、设计与结构、型式试验 / 出厂试验项目及要求等内容。隔离开关主标准共 2 项，隔离开关主标准清单见表 3-13。

（3）开关柜主标准是开关柜设备的技术规范、技术条件类标准，规定了设备额定参数值、设计与结构、型式试验出厂试验项目及要求、选用导则、订货和投标的资料、运输、储存、安装、运行和维修规则、安全等内容。开

表 3-12 断路器主标准清单

序号	标准号	标准名称
1	DL/T 402—2016	高压交流断路器
2	DL/T 593—2016	高压开关设备和控制设备标准的共用技术要求
3	GB/T 24838—2018	1100kV 高压交流断路器
4	GB/T 27747—2011	额定电压 72.5kV 及以上交流隔离断路器

表 3-13 隔离开关主标准清单

序号	标准号	标准名称
1	DL/T 486—2010	高压交流隔离开关和接地开关
2	DL/T 593—2016	高压开关设备和控制设备标准的共用技术要求

关柜主标准共 2 项,开关柜主标准清单见表 3-14。

表 3-14 开关柜主标准清单

序号	标准号	标准名称
1	DL/T 404—2018	3.6kV ~ 40.5kV 交流金属封闭开关设备和控制设备
2	DL/T 593—2016	高压开关设备和控制设备标准的共用技术要求

（4）组合电器主标准是指组合电器的基础性技术标准。一般包括设备使用条件、额定参数、设计与结构、型式试验 / 出厂试验项目及要求等内容。组合电器主标准共 3 项,组合电器主标准清单见表 3-15。

表 3-15 组合电器主标准清单

序号	标准号	标准名称
1	DL/T 617—2010	气体绝缘金属封闭开关设备技术条件
2	DL/T 593—2016	高压开关设备和控制设备标准的共用技术要求
3	GB/T 24836—2018	1100kV 气体绝缘金属封闭开关设备

（5）变压器（油浸式电抗器）主标准是设备的技术规范技术条件类标准，包括设备额定参数值、设计与结构、型式试验/出厂试验项目及要求等内容。变压器（油浸式电抗）主标准共13项，变压器（油浸式电抗）主标准清单见表3-16。

表 3-16　变压器（油浸式电抗）主标准清单

序号	标准号	标准名称
1	GB/T 1094.1—2013	电力变压器　第1部分：总则
2	GB/T 1094.2—2013	电力变压器　第2部分：液浸式变压器的温升
3	GB/T 1094.3—2017	电力变压器　第3部分：绝缘水平、绝缘试验和外绝缘空气间隙
4	GB/T 1094.4—2005	电力变压器　第4部分：电力变压器和电抗器的雷电冲击和操作冲击试验导则
5	GB/T 1094.5—2008	电力变压器　第5部分：承受短路的能力
6	GB/T 1094.7—2008	电力变压器　第7部分：油浸式电力变压器负载导则
7	GB/T 1094.10—2003	电力变压器　第10部分：声级测定
8	GB/T 6451—2015	油浸式电力变压器技术参数和要求
9	Q/GDW 1103—2015	750kV系统用油浸式变压器技术规范
10	GB/T 24843—2018	1000kV单相油浸式自耦电力变压器技术规范
11	GB/T 1094.6—2011	电力变压器　第6部分：电抗器
12	DL/T 271—2012	330kV~750kV油浸式并联电抗器使用技术条件
13	GB/T 24844—2018	1000kV交流系统用油浸式并联电抗器技术规范

2. 从标准

从标准是指设备开展运维检修、现场试验、技术监督等工作应执行的技术标准，一般包括以下类别：部件元件类、原材料类、运维检修类、现场试验类、状态评价类、技术监督类。下面介绍断路器、隔离开关、开关柜、组合电器、变压器的从标准。

（1）断路器从标准是指断路器开展运维检修、现场试验、技术监督等工作应执行的技术标准，一般包括以下类别：部件元件类、原材料类、运维检修类、现场试验类、状态评价类、技术监督类。断路器从标准共38项，断路器从标准清单见表3-17。

表 3-17 断路器从标准清单

标准分类	序号	标准号	标准名称
部件元件类	1	GB/T 4787—2010	高压交流断路器用均压电容器
	2	GB/T 20840.2—2014	互感器 第 2 部分：电流互感器的补充技术要求
	3	GB/T 20840.8—2007	互感器 第 8 部分：电子式电流互感器
	4	DL/T 486—2010	高压交流隔离开关和接地开关
	5	JB/T 11203—2011	高压交流真空开关设备用固封极柱
	6	JB/T 8738—2008	高压交流开关设备用真空灭弧室
	7	GB/T 4109—2008	交流电压高于 1000V 的绝缘套管
	8	GB/T 23752—2009	额定电压高于 1000V 的电器设备用承压和非承压空心瓷和玻璃绝缘子
	9	Q/GDW 10673—2016	输变电设备外绝缘用防污闪辅助伞裙技术条件及使用导则
	10	DL/T 1430—2015	变电设备在线监测系统技术导则
	11	JB/T 10549—2006	SF_6 气体密度继电器和密度表 通用技术条件
	12	GB/T 567.1—2012	爆破片安全装置 第 1 部分：基本要求
	13	Q/GDW 735.1—2012	智能高压开关设备技术条件 第 1 部分：通用技术条件
原材料类	1	JB/T 7052—1993	高压电器设备用橡胶密封件 六氟化硫电器设备密封件技术条件
	2	GB/T 12022—2014	工业六氟化硫
运维检修类	1	DL/T 969—2005	变电站运行导则
	2	Q/GDW 1124—2014	SF_6 断路器检修决策导则
	3	Q/GDW 172—2008	SF_6 高压断路器状态检修导则
	4	Q/GDW Z 211—2008	1000kV 特高压变电站运行规程
	5	Q/GDW 10208—2016	1000kV 变电站检修管理规范

续表

标准分类	序号	标准号	标准名称
运维检修类	6	Q/GDW 11651.2—2017	变电站设备验收规范 第2部分 断路器
现场试验类	1	Q/GDW 11447—2015	10kV~500kV 输变电设备交接试验规程
	2	Q/GDW 10 108-02-001—2014	输变电设备交接试验规程
	3	Q/GDW 1168—2013	输变电设备状态检修试验规程
	4	DL/T 664—2016	带电设备红外诊断应用规范
	5	Q/GDW 11003—2013	高压电气设备紫外检测技术导则
	6	Q/GDW 11305—2014	SF_6 气体湿度带电检测技术现场应用导则
	7	Q/GDW 11644—2016	SF_6 气体纯度带电检测技术现场应用导则
	8	Q/GDW 1896—2013	SF_6 气体分解产物检测技术现场应用导则
	9	Q/GDW 11059.1—2013	气体绝缘金属封闭开关设备局部放电带电测试技术现场应用导则 第1部分：超声波法
	10	Q/GDW 11059.2—2013	气体绝缘金属封闭开关设备局部放电带电测试技术现场应用导则 第2部分：特高频法
	11	Q/GDW 11366—2014	开关设备分合闸线圈电流波形带电检测技术现场应用导则
	12	Q/GDW 10310—2016	1000kV 电气装置安装工程电气设备交接试验规程
	13	GB/T 24846—2018	1000kV 交流电气设备预防性试验规程
状态评价类	1	DL/T 1687—2017	六氟化硫高压断路器状态评价导则
技术监督类	1	Q/GDW 11074—2013	交流高压开关设备技术监督导则
	2	DL/T 1424—2015	电网金属技术监督规程
	3	Q/GDW 11083—2013	高压支柱瓷绝缘子技术监督导则

（2）隔离开关从标准是指隔离开关开展运维检修、现场试验、技术监督等工作应执行的技术标准，一般包括以下类别：部件元件类、运维检修类、现场试验类、状态评价类、技术监督类。隔离开关从标准共 20 项，隔离开关从标准清单见表 3-18。

表 3-18   隔离开关从标准清单

标准分类	序号	标准号	标准名称
部件元件类	1	GB/T 8287.1—2008	标称电压高于 1000V 系统用户内和户外支柱绝缘子 第 1 部分：瓷或玻璃绝缘子的试验
	2	GB/T 8287.2—2008	标称电压高于 1000V 系统用户内和户外支柱绝缘子 第 2 部分：尺寸与特性
	3	Q/GDW 10673—2016	输变电设备外绝缘用防污闪辅助伞裙技术条件及使用导则
运维检修类	1	DL 969—2005	变电站运行导则
	2	DL/T 1700—2017	隔离开关及接地开关状态检修导则
	3	Q/GDW 11245—2014	隔离开关和接地开关检修决策导则
	4	Q/GDW Z 211—2008	1000kV 特高压变电站运行规程
	5	Q/GDW 10208—2016	1000kV 变电站检修管理规范
	6	Q/GDW 11651.4—2017	变电站设备验收规范 第 4 部分：隔离开关
现场试验类	1	Q/GDW 11447—2015	10kV~500kV 输变电设备交接试验规程
	2	Q/GDW 1168—2013	输变电设备状态检修试验规程
	3	Q/GDW 10 108-02-001—2014	输变电设备交接试验规程
	4	Q/GDW 1157—2013	750kV 电力设备交接试验规程
	5	Q/GDW 10310—2016	1000kV 电气装置安装工程电气设备交接试验规程
	6	Q/GDW 11003—2013	高压电气设备紫外检测技术导则
	7	GB/T 24846—2018	1000kV 交流电气设备预防性试验规程

续表

标准分类	序号	标准号	标准名称
状态评价类	1	DL/T 1701—2017	隔离开关及接地开关状态评价导则
技术监督类	1	Q/GDW 11074—2013	交流高压开关设备技术监督导则
	2	Q/GDW 11717—2017	电网设备金属技术监督导则
	3	Q/GDW 11083—2013	高压支柱瓷绝缘子技术监督导则

（3）开关柜从标准是指开关柜设备在运维检修、现场试验状态评价、技术监督等方面应执行的技术标准，开关柜从标准包括以下分类：部件元件类、原材料类、运维检修类、现场试验类、状态评价类、技术监督类。开关柜从标准共32项，开关柜从标准清单见表3-19。

表 3-19　开关柜从标准清单

标准分类	序号	标准号	标准名称
部件元件类	1	DL/T 402—2016	高压交流断路器
	2	DL/T 403—2017	12kV～40.5kV 高压真空断路器订货技术条件
	3	GB/T 3804—2017	3.6kV～40.5kV 高压交流负荷开关
	4	GB 1985—2014	高压交流隔离开关和接地开关
	5	GB 20840.2—2014	互感器　第2部分：电流互感器的补充技术要求
	6	GB 20840.3—2013	互感器　第3部分：电磁式电压互感器的补充技术要求
	7	GB/T 11032—2010	交流无间隙金属氧化物避雷器
	8	GB/T 15166.2—2008	高压交流熔断器　第2部分：限流熔断器
	9	GB/T 4109—2008	交流电压高于1000V 的绝缘套管
	10	JB/T 10305—2001	3.6kV～4.5kV 高压设备用户内有机材料支柱绝缘子技术条件

续表

标准分类	序号	标准号	标准名称
部件元件类	11	GB 25081—2010	高压带电显示装置（VPIS）
	12	JB/T 10549—2006	SF$_6$气体密度继电器和密度表通用技术条件
	13	JB/T 11203—2011	高压交流真空开关设备用固封极柱
	14	NB/T 42044—2014	3.6kV～40.5kV智能交流金属封闭开关设备和控制设备
	15	Q/GDW 671—2011	微机型防止电气误操作系统技术规范
原材料类	1	GB/T 12022—2014	工业六氟化硫
	2	GB/T 5585.1—2018	电工用铜、铝及其合金母线　第1部分：铜和铜合金母线
	3	GB/T 14978—2008	连续热镀铝锌合金镀层钢板及钢带
运维检修类	1	DL 969—2005	变电站运行导则
	2	Q/GDW 11477—2015	金属封闭开关设备检修决策导则
	3	Q/GDW 612—2011	12（7.2）kV～40.5kV交流金属封闭开关设备状态检修导则
	4	Q/GDW 11651.5—2017	变电站设备验收规范　第5部分：开关柜
现场试验类	1	Q/GDW 1168—2013	输变电设备状态检修试验规程
	2	GB 50150—2016	电气装置安装工程电气设备交接试验标准
	3	Q/GDW 11060—2013	交流金属封闭开关设备暂态地电压局部放电带电检测技术现场应用导则
	4	DL/T 664—2016	带电设备红外诊断应用规范
	5	Q/GDW 11305—2014	SF$_6$气体湿度带电检测技术现场应用导则
	6	Q/GDW 11644—2014	SF$_6$气体纯度带电检测技术现场应用导则
	7	Q/GDW 11366—2014	开关设备分合闸线圈电流波形带电检测技术现场应用导则

续表

标准分类	序号	标准号	标准名称
状态评价类	1	Q/GDW 613—2011	12（7.2）kV ~ 40.5kV 交流金属封闭开关设备状态评价导则
技术监督类	1	Q/GDW 11074—2013	交流高压开关设备技术监督导则
	2	Q/GDW 11717—2017	电网设备金属技术监督导则

（4）组合电器从标准是指组合电器开展运维检修、现场试验、技术监督等工作应执行的技术标准，一般包括以下类别：部件元件类、原材料类、运维检修类、现场试验类、状态评价类、技术监督类。组合电器从标准共 50 项，下面列举部分标准。组合电器从标准清单见表 3-20。

表 3-20　组合电器从标准清单

标准分类	序号	标准号	标准名称
部件元件类	1	NB/T 42025—2013	额定电压 72.5kV 及以上智能气体绝缘金属封闭开关设备
	2	GB/T 22383—2017	额定电压 72.5kV 及以上刚性气体绝缘输电线路
	3	DL/T 402—2016	高压交流断路器
	4	DL/T 486—2010	高压交流隔离开关和接地开关
	5	GB/T 20840.2—2014	互感器　第 2 部分：电流互感器的补充技术要求
	6	GB/T 20840.3—2013	互感器　第 3 部分：电磁式电压互感器的补充技术要求
	7	GB/T 20840.7—2007	互感器　第 7 部分：电子式电压互感器
	8	GB/T 20840.8—2007	互感器　第 8 部分：电子式电流互感器
	9	GB/T 11032—2010	交流无间隙金属氧化物避雷器
	10	Q/GDW 1307—2014	1000kV 交流系统用无间隙金属氧化物避雷器技术规范
	11	GB/T 4109—2008	交流电压高于 1000V 的绝缘套管

续表

标准分类	序号	标准号	标准名称
部件元件类	12	GB/T 22382—2017	额定电压 72.5kV 及以上气体绝缘金属封闭开关设备与电力变压器之间的直接连接
	13	DL/T 1408—2015	1000kV 交流系统用油–六氟化硫套管技术规范
	14	JB/T 10549—2006	SF_6 气体密度继电器和密度表通用技术条件

（5）变压器（油浸式电抗器）从标准是指设备在运维检修现场试验、状态评价、技术监督等方面应执行的技术标准。变压器（油浸式电抗器）从标准包括以下分类：部件元件类、原材料类、运维检修类、现场试验类、状态评价类、技术监督类。变压器（油浸式电抗器）从标准共 24 项，变压器（油浸式电抗器）从标准清单见表 3–21。

表 3–21　变压器（油浸式电抗器）从标准清单

标准分类	序号	标准号	标准名称
部件元件类	1	GB/T 4109—2008	交流电压高于 1000V 的绝缘套管
	2	GB/T 10230.2—2007	分接开关　第 1 部分：性能要求和试验方法
	3	GB/T 10230.1—2007	分接开关　第 2 部分：应用导则
	4	JB/T 5347—2013	变压器用片式散热器
	5	JB/T 8315—2007	变压器用强迫油循环风冷却器
	6	JB/T 8316—2007	变压器用强迫油循环水冷却器
	7	JB/T 6484—2016	变压器用储油柜
	8	DL/T 1498.2—2016	变电设备在线监测装置技术规范　第 2 部分：变压器油中溶解气体在线监测装置
原材料类	1	GB 2536—2011	电工流体变压器油和开关用的未使用过的矿物绝缘油
	2	DL/T 1388—2014	电力变压器用电工钢带选用导则

续表

标准分类	序号	标准号	标准名称
原材料类	3	DL/T 1387—2014	电力变压器用绕组线选用导则
	4	JB/T 8318—2007	变压器用成型绝缘件技术条件
运维检修类	1	DL/T 572—2010	电力变压器运行规程
	2	DL/T 573—2010	电力变压器检修导则
	3	DL/T 574—2010	变压器分接开关运行维修导则
	4	DL/T 1176—2012	1000kV 油浸式变压器、并联电抗器运行及维护规程
	5	Q/GDW 10207.1—2016	1000kV 变电设备检修导则 第 1 部分：油浸式变压器、并联电抗器
现场试验类	1	GB 50150—2016	电气装置安装工程电气设备交接试验标准
	2	GB/T 50832—2013	1000kV 系统电气装置安装工程电气设备交接试验标准
	3	Q/GDW1168—2013	输变电设备状态检修试验规程
	4	Q/GDW1322—2015	1000kV 交流电气设备预防性试验规程
	5	DL/T 1685—2017	油浸式变压器（电抗器）状态评价导则
状态评价类	1	DL/T 1684—2017	油浸式变压器（电抗器）状态检修导则
技术监督类	1	Q/GDW 11085—2013	油浸式电力变压器（电抗器）技术监督导则

3. 支撑标准

支撑标准是支撑上述主、从标准中相关条款的国标、行标、企标等相关标准。下面介绍断路器、隔离开关、开关柜、组合电器、变压器的支撑标准。

（1）断路器支撑标准是指支撑断路器主、从标准中相关条款执行指导意见的技术标准。断路器支撑标准共 8 项，其中主标准的支撑标准 1 项，从标准的支撑标准 7 项。断路器支撑标准清单见表 3-22。

表 3-22　断路器支撑标准清单

序号	标准号	标准名称	标准分类
1	GB/T 11022—2011	高压开关设备和控制设备标准的共用技术要求	主标准支撑
2	DL/T 1686—2017	六氟化硫高压断路器状态检修导则	运维检修
3	GB 50150—2016	电气装置安装工程电气设备交接试验标准	现场试验
4	DL/T 618—2011	气体绝缘金属封闭开关设备现场交接试验规程	现场试验
5	DL/T 393—2010	输变电设备状态检修试验规程	现场试验
6	DL/T 596—1996	电力设备预防性试验规程	现场试验
7	Q/GDW 10171—2016	SF$_6$高压断路器状态评价导则	状态评价
8	DL/T 595—2016	六氟化硫电气设备气体监督导则	技术监督

（2）隔离开关支撑标准是指支撑隔离开关相关标准条款执行指导意见的技术标准。隔离开关支撑标准共6项，其中主标准的支撑标准2项，从标准的支撑标准4项。隔离开关支撑标准清单见表3-23。

表 3-23　隔离开关支撑标准清单

序号	标准号	标准名称	标注分类
1	GB/T 1985—2014	高压交流隔离开关和接地开关	主标准支撑
2	GB/T 11022—2011	高压开关设备和控制设备标准的共用技术要求	主标准支撑
3	GB/T 772—2005	高压绝缘子瓷件　技术条件	部件元件
4	GB 50150—2016	电气装置安装工程电气设备交接试验标准	现场试验
5	GB/T 50832—2013	1000kV系统电气装置安装工程电气设备交接试验标准	现场试验
6	Q/GDW 450—2010	隔离开关状态评价导则	状态评价

（3）开关柜支撑标准是支撑上述主、从标准中相关条款的国标、行标、企标等相关标准。开关柜支撑标准共 4 项，其中主标准的支撑标准 2 项，从标准支撑标准 2 项。开关柜支撑标准清单见表 3-24。

表 3-24　开关柜支撑标准清单

序号	标准号	标准名称	标准分类
1	DL/T 1586—2016	12kV 固体绝缘金属封闭开关设备和控制设备	主标准支撑
2	GB 3906—2006	3.6kV～40.5kV 交流金属封闭开关设备和控制设备	主标准支撑
3	Q/GDW 13088.1—2014	12kV～40.5kV 高压开关柜采购标准　第 1 部分：通用技术规范	技术监督
4	DL/T 1424—2015	电网金属技术监督规程	技术监督

（4）组合电器支撑标准是指支撑组合电器相关标准条款执行指导意见的技术标准。组合电器支撑标准共 11 项，其中主标准的支撑标准 3 项，从标准的支撑标准 8 项。组合电器支撑标准清单见表 3-25。

表 3-25　组合电器支撑标准清单

序号	标准号	标准名称	标准分类
1	GB/T 11022—2011	高压开关设备和控制设备标准的共用技术要求	主标准支撑
2	GB/T 7674—2008	额定电压 72.5kV 及以上气体绝缘金属封闭开关设备	主标准支撑
3	Q/GDW 315—2009	1000kV 系统用气体绝缘金属封闭开关设备技术规范	主标准支撑
4	DL/T 969—2005	变电站运行导则	运维检修
5	DL/T 311—2010	1100kV 气体绝缘金属封闭开关设备检修导则	运维检修
6	GB 50150—2016	电气装置安装工程电气设备交接试验标准	现场试验

续表

序号	标准号	标准名称	标准分类
7	DL/T 618—2011	气体绝缘金属封闭开关设备现场交接试验规程	现场试验
8	GB/T 50832—2013	1000kV 系统电气装置安装工程电气设备交接试验标准	现场试验
9	DL/T 393—2010	输变电设备状态检修试验规程	现场试验
10	DL/T 1250—2013	气体绝缘金属封闭开关设备带电超声局部放电检测应用导则	现场试验
11	DL/T 1630—2016	气体绝缘金属封闭开关设备局部放电特高频检测技术规范	现场试验

（5）变压器（油浸式电抗器）支撑标准是支撑上述主、从标准中相关条款的国标、行标、企标等相关标准。变压器（油浸式电抗器）支撑标准共55项，其中主标准的支撑标准10项，从标准支撑标准45项。变压器（油浸式电抗器）支撑标准清单见表3–26。

表 3–26　变压器（油浸式电抗器）支撑标准清单

序号	标准号	标准名称	标准分类
1	GB/T 1094.101—2008	电力变压器　第 10.1 部分：声级测定应用导则	主标准支撑
2	Q/GDW 11306—2014	110（66）kV ~ 1000kV 油式电力变压器技术条件	主标准支撑
3	DL/T 272—2012	220kV ~ 750kV 油浸式电力变压器使用技术条件	主标准支撑
4	Q/GDW 312—2009	1000kV 系统用油浸式变压器技术规范	主标准支撑
5	Q/GDW 306—2009	1000kV 系统用并联电抗器技术规范	主标准支撑
6	Q/GDW 61794—2013	气体绝缘变压器技术条件	主标准支撑
7	GB/T 23755—2009	三相组合式电力变压器	主标准支撑
8	JB 9643—2014	防腐蚀型油浸式电力变压器	主标准支撑

续表

序号	标准号	标准名称	标准分类
9	GB/Z 34935—2017	油浸式智能化电力变压器技术规范	主标准支撑
10	GB/T 17468—2008	电力变压器选用导则	主标准支撑
11	DL/T 1539—2016	电力变压器（电抗器）用高压套管选用部件元件导则	部件元件
12	GB/T 24840—2018	1000kV 交流系统用套管技术规范	部件元件
13	DL/T 1538—2016	电力变压器用真空有载分接开关使用导则	部件元件
14	JB/T 9642—2013	变压器用风扇	部件元件
15	JB/T 10112—2013	变压器用油泵	部件元件
16	JB/T 7065—2015	变压器用压力释放阀	部件元件
17	JB/T 9647—2014	变压器用气体继电器	部件元件
18	JB/T 8317—2007	变压器冷却器用油流继电器	部件元件
19	JB/T 10430—2015	变压器用速动油压继电器	部件元件
20	JB/T 6302—2016	变压器用油面温控器	部件元件
21	JB/T 8450—2016	变压器用绕组温控器	部件元件
22	JB/T 5345—2016	变压器用蝶阀	部件元件
23	JB/T 11493—2013	变压器用闸阀	部件元件
24	JB 10319—2014	变压器用波纹油箱	部件元件
25	Q/GDW 1894—2013	变压器铁心电流在线监测装置技术规范	部件元件
26	DL/T 1498.1—2016	变电设备在线监测装置技术规范　第 1 部分：通则	部件元件
27	Q/GDW 736.1—2012	智能电力变压器技术条件　第 1 部分：通用技术条件	部件元件
28	Q/GDW 736.3—2012	智能电力变压器技术条件　第 3 部分：有载分接开关控制 IED 技术条件	部件元件
29	Q/GDW 736.4—2012	智能电力变压器技术条件　第 4 部分：冷却装置控制 IED 技术条件	部件元件

续表

序号	标准号	标准名称	标准分类
30	Q/GDW 736.9—012	智能电力变压器技术条件　第9部分：非电量保护IED技术条件	部件元件
31	Q/GDW 11071.1—2013	110（66）kV~750kV智能变电站通用一次设备技术要求及接口规范　第1部分：变压器	部件元件
32	DL/T 1094—2018	电力变压器用绝缘油选用指南	原材料
33	Q/GDW 11423—2015	超、特高压变压器现场工厂化检修技术规范	运维检修
34	DL/T 264—2012	油浸式电力变压器电抗器现场密封性试验导则	运维检修
35	DL/T 310—2010	1000kV油浸式变压器、并联电抗器检修导则	运维检修
36	DL/T 911—2016	电力变压器绕组变形的频率响应分析法	现场试验
37	DL/T 1093—2018	电力变压器绕组变形的电抗法检测判断导则	现场试验
38	DL/T 265—2012	变压器有载分接开关现场试验导则	现场试验
39	DL/T 1275—2013	1000kV变压器局部放电现场测量技术导则	现场试验
40	Q/GDW 11447—2015	10kV~500kV输变电设备交接试验规程	现场试验
41	GB/T 24846—2018	1000kV交流电气设备预防性试验规程	现场试验
42	Q/GDW 11368—2014	变压器铁心接地电流带电检测技术现场应用导则	现场试验
43	DL/T 1534—2016	油浸式电力变压器局部放电的特高频检测方法	现场试验
44	DL/T 1807—2018	油浸式电力变压器、电抗器局部放电超声波检测与定位导则	现场试验
45	DL/T 722—2014	变压器油中溶解气体分析和判断导则	现场试验

续表

序号	标准号	标准名称	标准分类
46	GB/T 7595—2017	运行中变压器油质量	现场试验
47	DL/T 1096—2018	变压器油中颗粒度限值	现场试验
48	DL/T 984—2018	油浸式变压器绝缘老化判断导则	原材料
49	Q/GDW 170—2008	油浸式变压器（电抗器）状态检修导则	状态评价
50	Q/GDW 10169—2016	油浸式变压器（电抗器）状态评价导则	状态评价
51	Q/GDW 604—2011	35kV油浸式变压器（电抗器）状态检修导则	状态评价
52	Q/GDW 10605—2016	35kV油浸式变压器（电抗器）状态评价导则	状态评价
53	Q/GDW 11247—2014	油浸式变压器（电抗器）检修决策导则	状态评价
54	Q/GDW 11651.1—2017	变电站设备验收规范　第1部分：油浸式变压器（电抗器）	技术监督
55	GB/T 14542—2018	变压器油维护管理导则	技术监督

3.4.2　国家电网公司十八项电网重大反事故措施

《国家电网公司十八项电网重大反事故措施（修订版）》（国家电网生〔2012〕352号，简称2012年版《十八项反措》）自2012年3月修订实施，2017年6月6日全面启动修订工作，2018年3月形成报批稿。2012年版《十八项反措》以防止重大电网事故、重大设备损坏事故和人身伤亡事故为重点，以提高电网安全生产为目标，在全面总结公司系统各类事故教训基础上制定针对性条款，从规划可研、工程设计、设备采购、设备制造、设备验收、设备安装、设备调试、竣工验收、运维检修和退役报废10个阶段提出反措和要求。

3.5 实习注意事项

3.5.1 一次检修总体流程

根据国家电网公司变电检修管理规范的要求，变电检修工作应始终把安全放在首位，严格遵守国家及公司各项安全法律和规定，严格执行《国家电网公司电力安全工作规程》，认真开展危险点分析和预控，严防人身、电网和设备事故。结合设备运行状态及运行周期开展一次设备的检修项目具体实施，通常一个检修项目的总体过程包含计划编制、前期勘察、检修方案及作业指导卡编制、检修机具及备品准备、现场检修实施、检修验收及检修总结编制六个阶段，通常检修工作基本流程如图 3-50 所示。

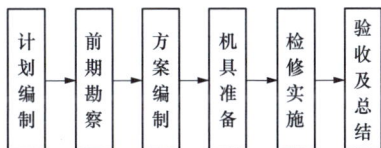

图 3-50 通常检修工作基本流程

3.5.2 检修实习各阶段注意事项

1. 计划编制阶段

计划编制阶段主要是确定设备检修的必要性，结合设备的运行状况及检修周期开展设备的检修计划编制。实习人员需要掌握编制设备计划的依据和必要性，计划的报送及审批节点，年度、月度、周计划的合理优化。

2. 前期勘察阶段

为全面掌握检修设备状态、现场环境和作业需求，检修工作开展前应按检修项目类别组织合适人员开展设备信息收集和现场勘察，并填写勘察记录。勘察记录应作为检修方案编制的重要依据，为检修人员、工机具、物资和施工车辆的准备提供指导。检修工作负责人应参与检修前勘察。现场勘察时，严禁改变设备状态或进行其他与勘察无关的工作，严禁移开或越过遮栏，并注意与带电部位保持足够的安全距离。

勘察内容包括：①核对检修设备台账、参数；②确定停电范围、相邻带电设备；③明确作业流程，分析检修、施工时存在的安全风险，制定安全保障措施；④确定特种作业车及大型作业工机具的需求，明确现场车辆、工机具、备件及材料的现场摆放位置。

3. 方案编制

检修方案是检修项目现场实施的组织和技术指导文件，检修方案的编制应包括编制依据、工作内容、组织措施、安全措施、技术措施、物资采购保障措施、进度控制保障措施、检修验收要求、作业方案等各种专项方案。多作业面同时开展或涉及重大项目的检修，必要时按作业面或重大项目分别编制专项方案，作为附件与检修方案共同审批。因停电计划临时变更、设备突发故障或缺陷等原因导致检修内容变化时，应结合实际内容补充完善检修方案，并重新履行审批流程。

4. 检修机具及备品准备阶段

检修前，检修人员应确认检修作业所需工机具、试验设备是否齐备，并按照规程进行检查和试验；检修单位应提前将检修作业所需工机具、试验设备运抵现场，完成安装调试，分区定置摆放；检修机具应指定专人保管维护，执行领用登记制度。

5. 现场检修实施阶段

现场检修实施过程中工作负责人负责作业现场生产组织与总体协调。工作负责人首先要和工作许可人完成现场检修工作任务及安全措施的确认检查并办理工作票许可工作；工作负责人（分工作负责人）每日需组织开工会并向工作班成员、外包施工人员等交代工作内容、人员分工、安全风险辨识与控制措施，当日工作结束后组织收工会并进行工作点评总结。工作负责人（分工作负责人）对本专业的现场作业全过程安全、质量、进度和文明施工负责。

在检修实施过程中，工作负责人需实时关注班组人员工作状况及工作范围，严禁工作班成员超出作业审批范围的工作，及时制止班组成员的习惯性的违章行为。

6. 检修验收及检修总结编制阶段

检修验收阶段是检修工作全部完成或关键环节阶段性完成后，对所检修的项目进行的总体验收。

验收首先要完成班组自验收，班组负责人对检修工作的所有工序进行全面检查验收。对验收不合格的工序或项目，检修班组应重新组织检修，直至验收合格。在所有检修项目全部验收合格后，检修负责人组织完成现场的清扫、整理，再向运维人员交代检修项目、发现问题、检修结论及存在问题等，履行好工作票终结手续，完成此次的检修工作。检修完成后需编制检修总结。对于具有典型性或施工过程中遇到的问题值得总结项目内容及检修经验，进行检修总结，出具最终的检修报告及结论。

3.5.3 检修实习现场通用危险点分析与预控措施

在一次检修实习现场通常有危险点，一次检修危险点分析与预控措施见表 3-27。

表 3-27 一次检修危险点分析及预控措施

序号	危险点	控制措施
1	现场安全措施不合理或遗漏	核对确认现场安全措施与工作票所列安全措施一致
2	施工期间发生触电事故	确认主变压器各侧所连隔离开关、断路器均处于分闸状态，并挂"禁止合闸，有人工作"标示牌。确认主变压器各侧接地，确认主变压器四周已装设围栏并挂"在此工作"标示牌
3	安全工器具隐患造成触电	安全工器具使用前做好检查，严禁使用不合格的安全工器具进行现场作业，避免因安全工器具的缺陷隐患造成人员触电伤亡
4	使用吊车时，吊臂与相邻带电设备距离过近，会引起放电	注意吊臂与带电设备保持足够的安全距离：500kV 电压等级应不小于 8m，220kV 电压等级应不小于 6m，110kV 电压等级应不小于 4m，35kV 电压等级应不小于 3.5m
5	起吊时指挥不规范或监护人员不到位，易引起误操作	起重指挥及监护人员应是起重专业培训合格人员

续表

序号	危险点	控制措施
6	吊臂回转引起起吊重心偏移和失稳	任务、分工明确，起重专人指挥使用统一标准信号、专人监护吊臂回转方向
7	登高设备使用不正确，会引起设备损坏或人员伤亡	上、下主变压器用的梯子应用绳子扎牢或派人扶住，梯子不能搭靠在绝缘支架、不牢靠及转动的设备结构件上
8	检修电源设备损坏或接线不规范，有可能导致低压触电	现场使用的电动设备的电源功率选择合适的电源、接线盘和电源线。接线应根据设备使用说明书进行复核
9	高空作业（瓷套外观检查及搭头检查等工作）时高空坠落	高空作业时注意防滑，工作人员必须系保险带工作，若使用高架车，工作人员应将保险带拴在高架车作业斗上
10	拆卸、装配附件等野蛮操作造成损坏	拆装套管搭头时，套管上表面应覆盖，防止螺栓及工具跌下打破套管
11	工作人员间不协调好，电气试验升压误伤人员	针对电气试验工作，检修人员需要全部撤离方可升压，对于不便监护的对侧被试品需要安排专人监护，升压过程全程呼唱
12	细小物件落入设备中	全体工作人员必须正确、合理使用劳保和安全防护用品，不允许带金属物品（如戒指、手表等）上一次设备进行器身检查
13	物品遗留在现场	设立现场工器具管理专职人员，做好发放及回收清点工作，并做记录

3.6　新员工实操项目示例：10kV 开关柜"五防"验证及吸湿器异常检查与处理

3.6.1　10kV 开关柜"五防"验证

1. 任务描述

针对 KYN1B 型系列中置柜进行开关柜的"五防"闭锁功能校验；能发现并排除 1～2 个简单的"五防"闭锁功能故障。

2. 工作基本要求

工作必须遵守《国家电网公司电力安全工作规程（变电站和发电厂电气

部分）》的有关规定，按照工作票上安全措施进行，防止操作、检修及排故中触电，防止操作、检修及排故中机械伤人，工作全程符合高压开关柜检修工艺流程及标准。

工作要求：①要求单独操作；②对 KYN1B 型中置柜，进行开关柜的"五防"闭锁功能校验；③发现并排除 1～2 个简单的"五防"闭锁功能故障。

注意事项：①严格遵守安全操作规程；②不得在操作中野蛮作业或出现人身及设备事故；③按规定着装，如戴安全帽、穿工作服等。

3. 工作流程及其要求

工作流程及要求见表 3–28。

表 3–28　工作流程及要求

序号	计分项	质量要求
1	工作准备	
1.1	办理许可手续	检查现场安全措施并计算修正
1.2	办理开工会	作为负责人办理开个会
2	操作项目	
2.1	校验防止带接地线送电	检查当接地开关在合上位置时，操作断路器手车，断路器无法从试验位置移动到工作位置；检查手车断路器在中间位置，手车断路器无法操作
2.2	校验防止误入带电间隔	检查在后柜门未可靠关闭的情况下，操作接地开关，无法操作；检查接地开关分闸位置，后柜门无法打开；检查接地开关合闸位置，后柜门可以打开
2.3	校验防止带负荷拉、合隔离开关	检查断路器在合闸位置，手车无法从试验位置移动到工作位置；检查断路器在合闸位置，手车无法从工作位置移动到试验位置；检查手车断路器在中间位置，断路器无法合闸操作
2.4	校验防止带电挂接地线	检查手车断路器在工作位置时，接地开关操作孔小活门无法打开；检查按压带电显示器自检按钮，接地开关操作孔小活门无法打开
2.5	校验防止误分误合断路器	检查断路器远近控开关、分合闸操作开关有专用钥匙锁定，且不可互换

续表

序号	计分项	质量要求
3	工作结束	
3.1	自我验收	将设备恢复至许可前状态；工作完后做到"工完、料尽、场地清"
3.2	收工后	以负责人身份进行收工
3.3	填写检修报告	正确填写检修报告，格式、内容完整

3.6.2 吸湿器异常检查与处理

1. 吸湿器的检查要求

（1）玻璃罩杯无破损，密封完好无进水，呼或吸状态下，内油面或外油面应高于呼吸管口，油杯内油位不应过高，能起到长期呼吸作用。

（2）吸湿剂的潮解变色不应超过 2/3，硅胶应保留 1/6~1/5 高度的空隙。

（3）吸湿剂上部不应被油浸润，无碎裂、粉化现象。

（4）连通管应整体清洁、无堵塞、无锈蚀，与储油柜旁通阀门位置应正确。

（5）免维护吸湿器电源应完好，加热器工作正常启动定值小于 60%（相对湿度）或按厂家规定。

2. 吸湿器的异常特征及原因

（1）异常特征。吸湿器内硅胶快速受潮变色，或从上至下变色。

（2）异常原因。

1）吸湿器滤网堵塞。

2）密封垫损坏（密封不严）。

3）吸湿器油杯内油面低于呼吸管口。

3. 硅胶更换或吸湿器更换

（1）吸湿剂宜采用无钴变色硅胶，应经干燥，颗粒度不小于 3mm。

（2）拆卸前检查吸湿器的呼吸情况。

（3）拆卸中需有专人扶持，防止吸湿器滑落损坏。

（4）更换吸湿器及吸湿剂期间，应将相应重瓦斯保护改投信号，工作结束后恢复。

（5）将干燥的吸湿剂装入吸湿器内，并在顶盖下面留出 1/6 ～ 1/5 高度的空隙。

（6）更换密封垫，密封垫压缩量为 1/3（胶棒压缩 1/2）。

（7）油杯注入干净变压器油，加油至正常油位线，油面应高于呼吸管口。

（8）将吸湿器从变压器上卸下的四个螺栓装到呼吸管法兰上。吸湿器法兰螺栓要从对角线的位置起依次紧固。

（9）检查密封良好，无渗漏。

（10）新装吸湿器，应将内口密封垫拆除，并检查吸湿器呼吸是否畅通。

【思考与练习】

1. 简述变压器小修内容和流程。

2. 一次变电检修专业主要负责检修变电站内哪些设备？

3. 一次设备的检修类别有哪些？各有什么特点？

4. 10kV 开关柜"五防"验证安全注意点有哪些？

5. 吸湿器异常检查与处理的步骤有哪些？

4 变电二次检修 *

4.1 专业概述

4.1.1 变电二次检修在电网中的作用

电力系统二次设备是对一次设备进行监视、测量、控制、保护、调节的辅助设备，由继电保护装置、安全自动装置、变电站自动化系统、站内一体化电源系统等组成。

继电保护装置的作用是当被保护的元件发生异常时能及时发出告警信号；当被保护的元件发生故障时，能快速、灵敏、可靠、有选择性地将故障元件从电力系统中切除，保证其他无故障元件迅速恢复正常运行。

安全自动装置的作用是当电力系统本身发生异常时能及时发出告警信号，自动调节或作用于跳闸，以防止电力系统失去稳定性和避免发生电力系统大面积停电事故。

变电站自动化系统的作用是将变电站内二次设备经过功能的组合和优化设计，利用计算机技术、现代电子技术、通信技术，实现对变电站的全部运行设备情况进行自动监视、测量、自动控制、保护及与调度通信等综合性的自动化功能。变电站自动化系统取代了常规的测量和监视仪表、常规控制屏、常规中央信号系统和远动屏，为变电站的小型化、智能化、无人值班提供基础保证。

站内一体化电源系统的作用是给变电站内的一、二次设备提供交直流电源，包括交流电源系统、直流电源系统、UPS、直流通信电源系统。共享电池组、开关模块化、统一远程监控，实现站内电源的安全化、网络化、智能化和一体化。

变电二次检修是对变电站内所有二次设备开展定期校验、消缺、改造、

---

* 此章面板图中涉及旧术语不作修改。

验收、资料管理等维护工作，以确保变电站内二次设备状态良好，为电力系统的安全稳定运行保驾护航。

4.1.2 变电二次检修人员工作模式及职责

负责管辖范围内变电站的变电二次检修工作，包括定期开展二次检修专业巡视、二次设备检修，负责二次设备及回路技术改造，开展变电二次设备消缺、隐患排查治理和反事故措施落实工作，保障二次设备健康稳定运行。

4.1.3 专业分类

1. 继电保护员（500kV 及以上）

从事 500kV 及以上继电保护装置、安全自动装置及相关二次回路的安装、调试和检修的人员。

2. 继电保护员（220kV 及以下）

从事 220kV 及以下继电保护装置、安全自动装置及相关二次回路的安装、调试和检修的人员。

3. 电网调度自动化厂站端调试检修工

从事安装、调试、维护电网调度自动化厂站端设备的人员。

4.1.4 岗位能力提升要求

1. 中级工技能要求

继电保护员（220kV 及以下）中级工应掌握常规继电保护屏基本操作，电压互感器、电流互感器等辅助设备的安装试验检查，智能变电站基本操作，执行二次安全措施管理和常规管理，继电保护装置及安全自动装置单一功能调试等工作的基本工作能力。

电网调度自动化厂站端调试检修工中级工应掌握变电站自动化运维基础、变电站自动化日常工作、测控装置简单运维、后台监控系统简单运维等工作的基本工作能力。

2. 高级工技能要求

继电保护员（220kV 及以下）高级工应掌握 110kV 及以下保护装置验收、110kV 及以下辅助设备验收、智能变电站装置功能调试、继电保护相关设备的使用、二次回路施工、继电保护装置及安全自动装置关联功能调试等工作的基本工作能力。

电网调度自动化厂站端调试检修工高级工应掌握测控装置运维、后台监控系统运维、数据通信网关机运维、变电站自动化设备简单异常处理、调度数据网及安防设备运维等工作的基本工作能力。

3. 技师技能要求

继电保护员（220kV 及以下）技师应掌握继电保护装置及安全自动装置简单缺陷处理、其他相关设备及功能使用、智能变电站软硬件设计、安全措施实施、继电保护相关设备使用、单一二次回路调试安装、继电保护装置及安全自动装置单一缺陷处理、事故分析及二次设备缺陷处理等工作的基本工作能力。

电网调度自动化厂站端调试检修工技师应掌握变电站自动化设备异常处理、自动化设备安全加固、变电站自动化系统其他设备运维、变电站自动化专业基础管理、智能变电站二次系统调试与检修等工作的基本工作能力。

4.2 专业基础知识

4.2.1 变电站二次系统结构

1. 常规变电站典型网络架构（220kV 变电站）

常规变电站网络架构由站控层设备、间隔层设备组成。站控层设备包括后台监控主机、远动通信装置等，间隔层设备包括测控装置、保护装置、电能量设备等。间隔层与站控层之间通过站控层网络进行通信，实现一次设备状态信息上传、遥控命令下发等功能。常规变电站典型网络架构如图 4-1 所示。

2. 智能变电站典型网络架构（220kV 变电站）

智能变电站在常规变电站的基础上，增加了过程层设备和过程层网络。智能变电站的站控层设备包括后台监控主机、数据通信网关机、综合应用服

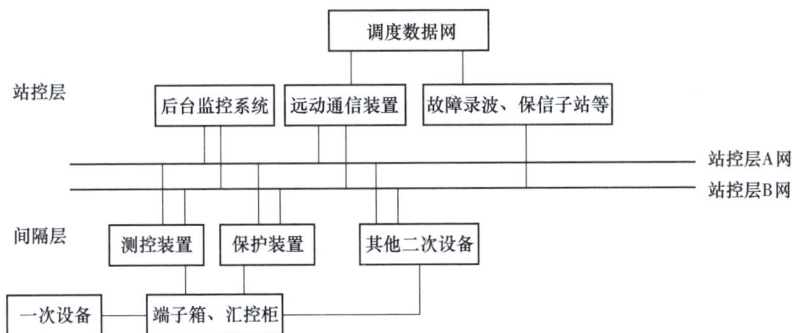

图 4-1　常规变电站典型网络架构

务器等；间隔层除了测控装置、保护装置外，增加了同步相量测量（PMU）等设备；过程层设备主要包括智能终端与合并单元；过程层网络一般采用光纤通信。智能变电站典型网络架构如图 4-2 所示。

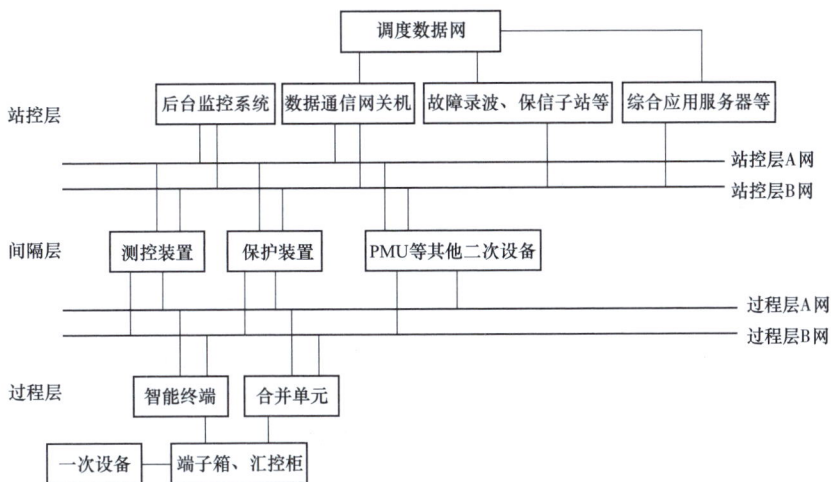

图 4-2　智能变电站典型网络架构

4.2.2　变电站二次设备介绍

1.继电保护装置及安全自动装置

（1）线路保护装置。电力系统故障大多是输电线路（特别是架空线路）的故障，主要故障类型包括三相短路故障、相间短路故障、相间接地短路故障、单相接地短路故障和线路断线故障。输电线路发生故障轻则会降低电力系统供电可靠性，造成电网局部供电紧张，或直接造成用户停电，重则会进一步引起电网事故，造成更大范围的停电。因此需要设置线路保护，在输电线路发生故障时正确动作将故障段线路与系统隔离开，保证非故障区域的正常运行。

线路保护的范围应包括输电线路全段。当输电线路内部发生故障时，输电线路根据不同电压等级配置不同的保护。对于 35kV 及以下的线路，保护配置主要以电压、电流保护为主；对于 110kV 及以下线路，每条配置一套线路保护，以电流保护、距离保护及零序电流保护为主，后备保护一般以远后备方式，采用三相一次重合闸；对于 220kV 及以上电压等级的线路，应设置两套完整、独立的全线速动保护，可以采用以纵联电流差动保护、纵联距离保护和纵联方向保护为主保护，以相间距离保护、接地距离保护、快速距离保护、零序方向过流电流保护为后备保护。PCS-931 线路保护装置如图 4-3 所示。

（a）

（b）

图 4-3　PCS-931 线路保护装置

（a）面板图；（b）背板图

（2）变压器保护装置。变压器的故障类型主要分内部故障、外部故障和不正常工作状态三种类型。变压器的内部故障指的是箱壳内部发生的故障，有绕组的相间短路故障、绕组的匝间短路故障、绕组与铁芯间的短路故障、变压器绕组引线与外壳发生的单相接地短路，此外，还有绕组的断线故障；变压器的外部故障指的是箱壳外部引出线间的各种相间短路故障、引出线因绝缘闪络或破碎通过箱壳发生的单相接地短路；变压器的不正常运行状态主要有过负荷、油箱漏油造成的油面降低，外部短路故障（接地故障和相间故障）引起的过电流，此外，还可能出现过励磁、中性点不直接接地变压器的中性点电压过高、变压器油温过高和压力过高的现象。因此，需要设置变压器保护，在变压器发生故障或不正常工作状态时能够正确动作，将故障变压器从系统中隔离开，保障非故障区域正常运行。

变压器的保护配置分为电量保护和非电量保护。电量保护又分为主保护和后备保护，其中主保护包括比率差动保护和差动速断保护，后备保护包括复合电压方向过电流、零序电压方向过电流、零序过电压、间隙保护、过负荷保护。非电量保护主要包括有载的瓦斯保护，按照故障轻重分为轻瓦斯保护和重瓦斯保护，还有压力释放保护、冷却器全停保护、本体和有载的油位保护。PCS-978 变压器保护装置如图 4-4 所示。

（3）母线保护装置。在大型发电厂和枢纽变电站，母线连接的元件十分多。运行实践表明，在众多的连接元件中，由于绝缘老化、污秽引起的闪络接地故障

（a）

图 4-4　PCS-978 变压器保护装置（一）

（a）面板图

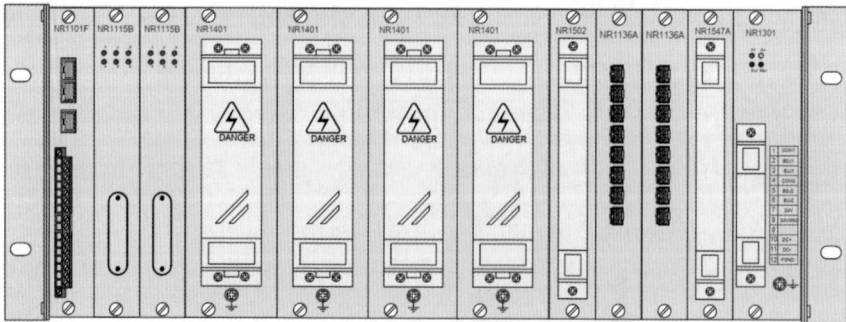

（b）

图 4-4　PCS-978 变压器保护装置（二）

（b）背板图

和雷击造成的短路故障次数较多；母线电压和电流互感器的故障、运行人员的误操作也有发生，如带负荷拉隔离开关、带地线合断路器造成的母线短路故障。

当母线发生故障时，如果不及时切除故障母线，将会损坏众多电力设备及破坏系统的稳定性，从而造成全变电站停电，乃至全电力系统瓦解。因此需要设置动作可靠的母线保护，在发生母线故障时能够正确动作，将故障母线从系统中隔离开，保障非故障区域的正常运行。

220kV 母线保护功能一般包括母线差动保护、母联相关的保护（包括母联失灵保护、母联死区保护、母联充电保护等）、断路器失灵保护。500kV 母线往往采用 3/2 接线，相当于单母线接线，其母线保护相对简单，一般仅配置母线差动保护，而断路器失灵保护往往配置在专门的断路器保护中。对于 220kV 及以上电压等级的母线，都要求实现双重化保护配置，即配置两套母线保护。PCS-915 母线保护装置如图 4-5 所示。

（4）安全自动装置。电力系统对发电厂、变电站用电的供电可靠性要求很高，因为发电厂、变电站用电一旦供电中断，可能造成整个发电厂停电或者变电站无法正常运行，后果十分严重。因此，发电厂、变电站用电均设置有备用电源。此外，一些重要的工矿企业用户为了保证其供电可靠性，也设置了备用电源（或备用设备）。当工作电源（或工作设备）因故障被断开以后，能自动而迅速地将备用电源（或备用设备）投入工作，保证用户连续供电的一种装置称为备用电源自动投入装置。备用电源自动投入装置主要用于

110kV 以下的中、低压配电系统，是保证电力系统连续可靠供电的重要设备之一。PCS-9651 备用电源自动投入装置如图 4-6 所示。

（a）

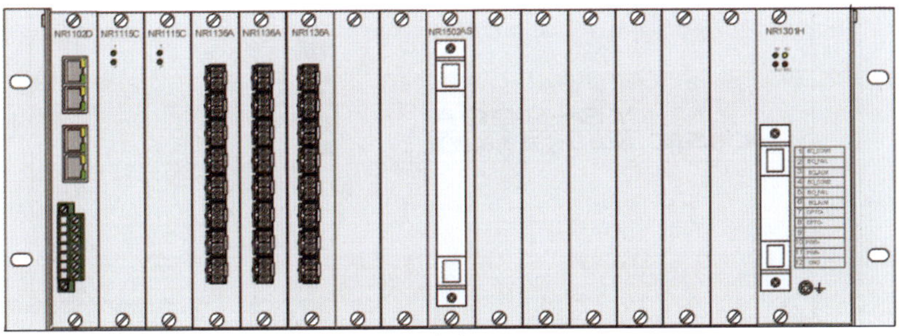

（b）

图 4-5 PCS-915 母线保护装置

（a）面板图；（b）背板图

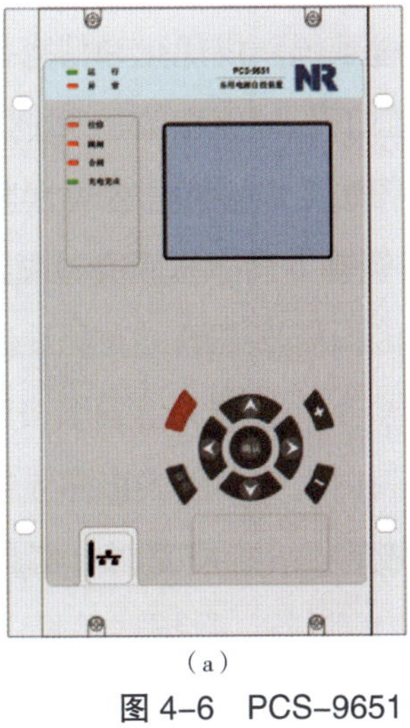

（a） 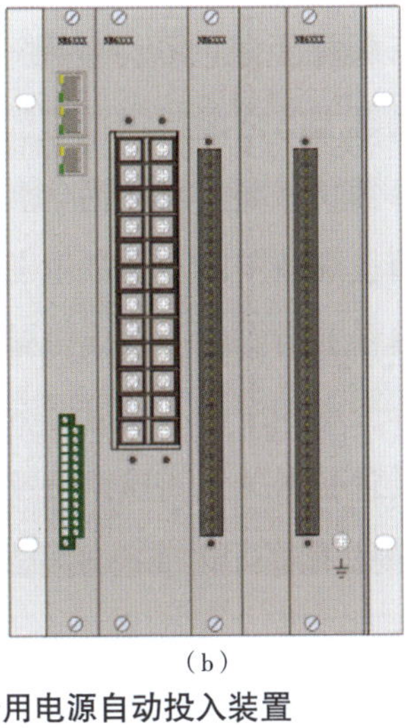　　　　　　　　　（b）

图 4-6 PCS-9651 备用电源自动投入装置

（a）面板图；（b）背板图

（5）故障录波装置。故障录波装置用于记录电网中各种扰动（主要是电力系统故障）发生的过程，为分析故障和检测电网运行情况提供依据。系统正常运行时，故障录波装置不动作（不录波）；当系统发生故障及振荡时，通过起动装置迅速自动起动录波，直接记录下反映到故障录波装置安装处的系统故障电气量。故障录波装置所记录的电气量为与系统一次值有一定比例关系的电流互感器和电压互感器的二次值，是分析系统振荡和故障的可靠数据。YS-900A 故障录波装置面板如图 4-7 所示。

图 4-7　YS-900A 故障录波装置面板

2. 变电站自动化系统

（1）监控系统。变电站监控系统通过系统集成优化和信息共享，实现电网和设备运行信息、状态监测信息、辅助设备监测信息、计量信息等变电站信息的统一接入、统一存储和统一管理，实现变电站运行监视、操作与控制、综合信息分析与智能告警、运行管理和辅助应用等功能，并为调度、生产等主站系统提供统一的变电站操作和访问服务。监控系统主接线如图 4-8 所示。

（2）远动通信装置。它是一种通信装置，实现变电站与调度、生产等主站系统之间的通信，为主站系统实现变电站监视控制、信息查询和远程浏览等功能提供数据、模型和图形的传输服务。数据通信网关机装置面板如图 4-9 所示。

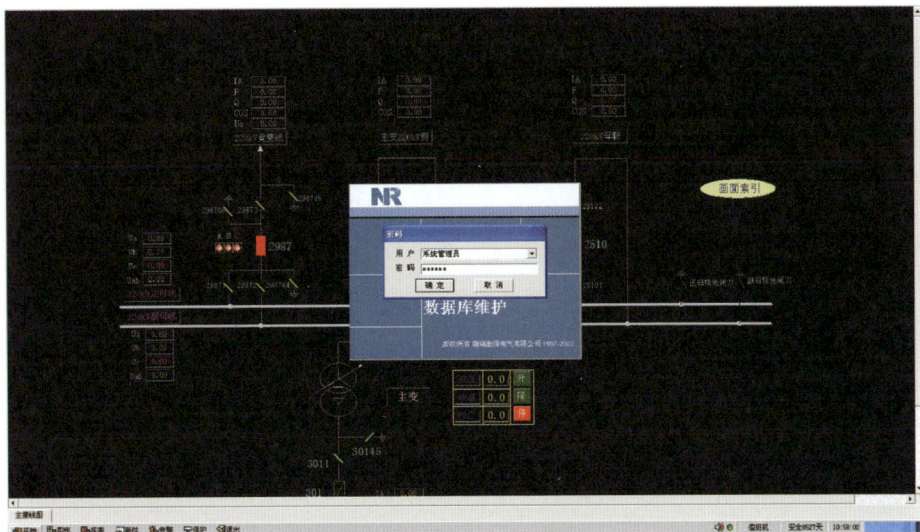

图 4-8　监控系统主接线

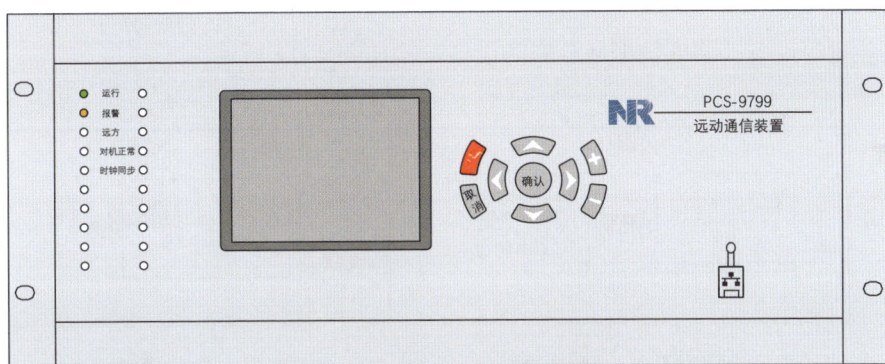

图 4-9　数据通信网关机装置面板

（3）测控装置。变电站自动化系统间隔层的智能电子设备，实现一、二次设备信息采集处理和信息传输，接收控制命令，实现对受控对象的控制。常规变电站内测控装置直接采集电压、电流，实现常规光耦遥信采集、常规遥控节点输出，而智能变电站测控装置支持 SV 数字采样和 GOOSE 发布 / 订阅，主要通过过程层交换机与合并单元、智能终端进行数据传输和遥控控制，测控装置的电气二次回路大大减少。智能站单间隔测控装置面板如图 4-10 所示。

图 4-10　智能站单间隔测控装置面板

（4）调度数据网及安防设备。调度数据网是传输电网自动化系统、调度指挥指令、继电保护装置与安全自动装置等电力生产实时信息的网络，调度数据网主要有交换机、路由器等设备。安防设备则为电力监控系统提供安全防护，其设备主要有纵向加密装置、防火墙、正反向隔离装置、网络安全监测装置等设备。调度数据网及安防设备架构如图 4-11 所示。

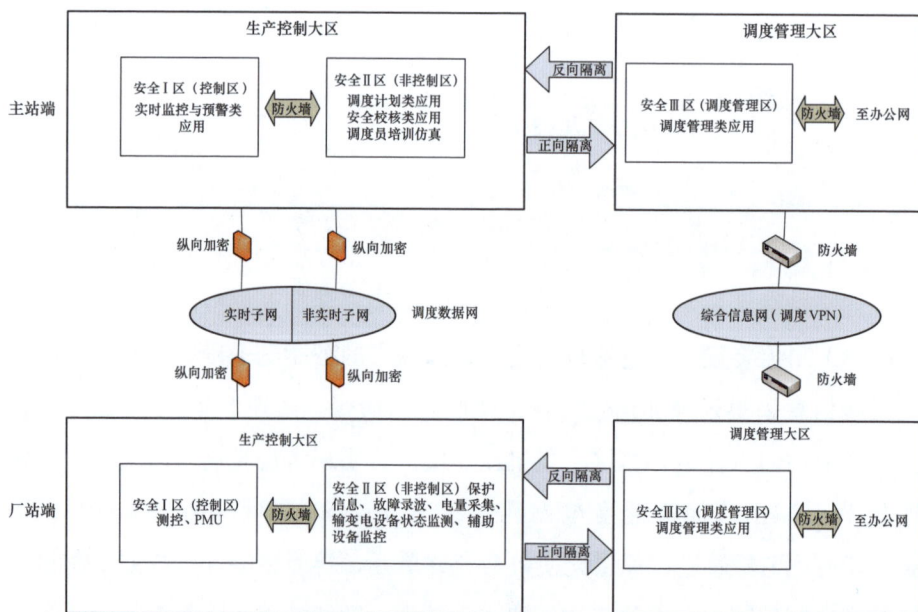

图 4-11　调度数据网及安防设备架构

3. 智能终端

智能终端是一种智能变电站内的智能组件，与一次设备采用电缆连接，与保护、测控等二次设备采用光纤连接，实现对一次设备（如断路器、隔离开关、主变压器等）的测量、控制等功能。智能终端根据控制对象的不同，可分为断路器智能终端和本体智能终端。断路器智能终端与断路器、隔离开关及接地开关等一次设备就近安装，完成对一次设备、环境等的信息采集和分合控制等。本体智能终端与主变压器、高压电抗器等一次设备就近安装，包含如非电量动作、调档及测温等完整的本体信息交互功能，同时还具备完成中性点接地开关控制、本体非电量保护等功能。智能站断路器智能终端面板如图 4-12 所示。

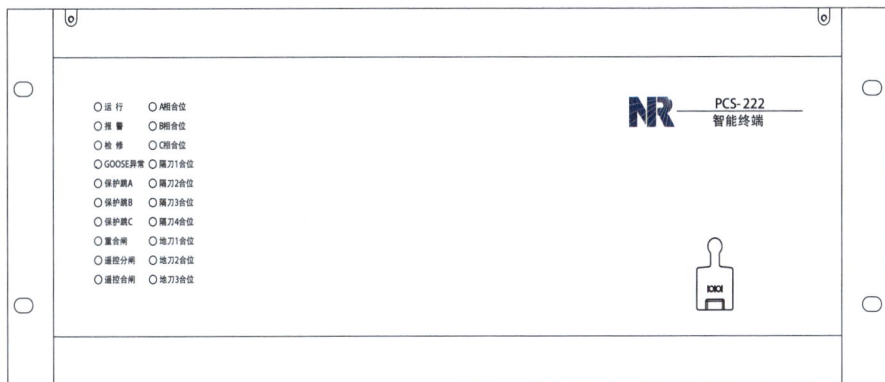

图 4-12 智能站断路器智能终端面板

4. 合并单元

合并单元（Merging Unit，MU）的基本功能是对多组外部电压、电流信号量采集汇总，并输出 IEC 61850 标准报文。

根据合并单元采集对象和用途的差异，可分为母线合并单元和间隔合并单元。母线合并单元可接收至少 2 组电压互感器数据，支持向其他合并单元提供级联母线电压数据，并具备母线电压并列功能。间隔合并单元用于单间隔内模拟量的采集，向间隔层设备提供本间隔电压、电流数据，并具备电压切换功能。智能站间隔合并单元面板如图 4-13 所示。

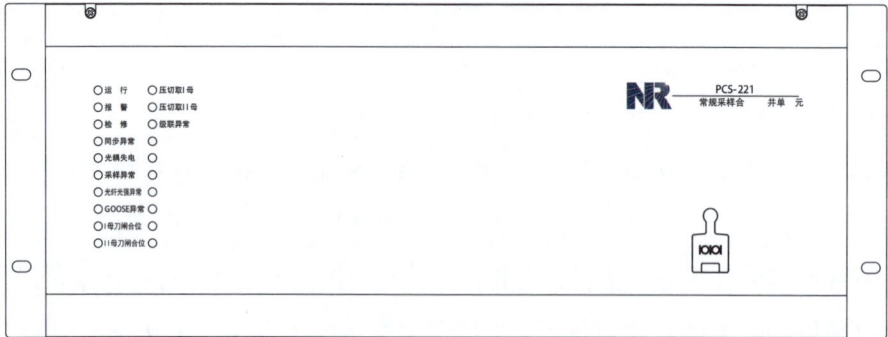

图 4-13　智能站间隔合并单元面板

5. 站内一体化电源系统

变电站站用电源系统的作用是为站内低压设备提供所需的电源，包括380V（或220V）交流电（如照明、风机）、220V直流电（如保护、测控装置）、48V直流电（如通信设备）等。因此，站用电源系统的重要性不言而喻。站用电源系统主要由交流电源、直流电源、电力用交流不间断电源（UPS）、通信用直流变换电源（DC/DC）、蓄电池组等部分组成。传统站用电源系统采用各子系统分散设计的形式，存在自动化程度低、兼容性欠佳、维护不方便等缺点。一体化电源系统是将各类装置组合为一体，共享直流电源的蓄电池组，并统一监控的成套设备，提高了整体性和可靠性。变电站一体化电源结构如图4-14所示。

4.2.3　仪器仪表的使用

二次检修工作中需要用到许多仪器仪表进行辅助工作，常用的仪器仪表包括万用表、继电保护测试仪、钳形表、绝缘电阻测试仪、光功率计等，下面简要介绍其使用方法。

1. 万用表的使用

在二次专业日常运维过程中，数字式万用表是最常用的仪器仪表之一，是现场工作必备的工具，用于测试电压、电流、电阻等电气参数，因此掌握数字式万用表的使用方法尤为重要。数字式仪表灵敏度高、准确度高、显示清晰、过载能力强、便于携带、使用简单，万用表如图4-15所示。下面以

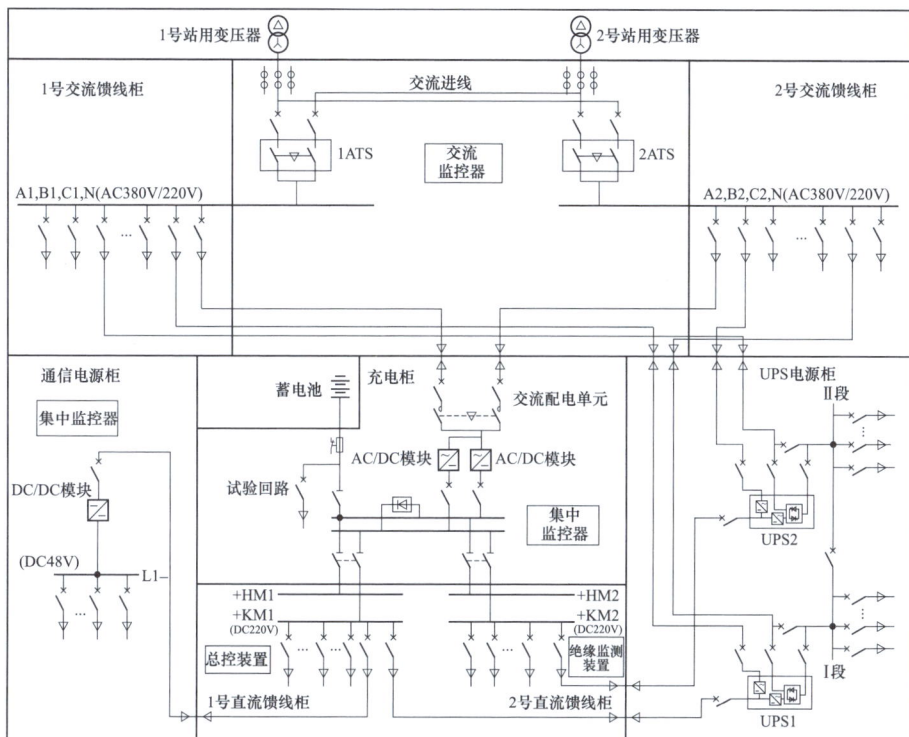

图 4–14　变电站一体化电源结构

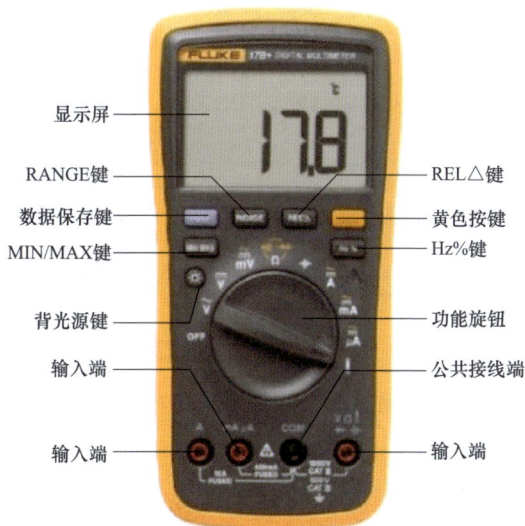

图 4–15　万用表

FLUKE 17B 型数字万用表为例介绍其功能。

（1）测量交流电压或直流电压。将功能旋钮转至 ṽ、v̄、或 m̃v 选择交流电或直流电测量相应电压。万用表测量电压如图 4-16 所示。

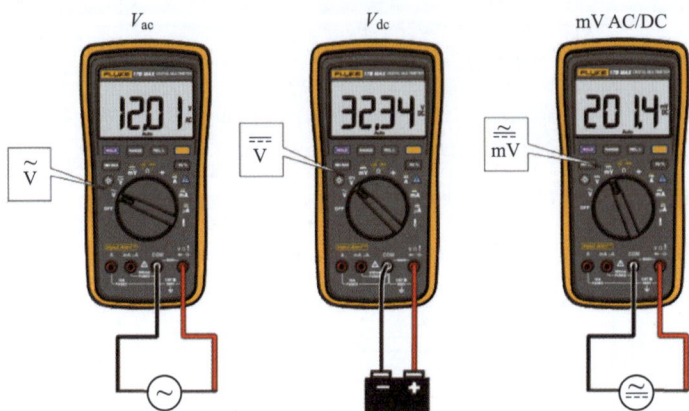

图 4-16　万用表测量电压

（2）测量交流或直流电流。将功能旋钮转至 Ã、m̃A 或 μ̃A 测量相应电流。万用表测量电流如图 4-17 所示。

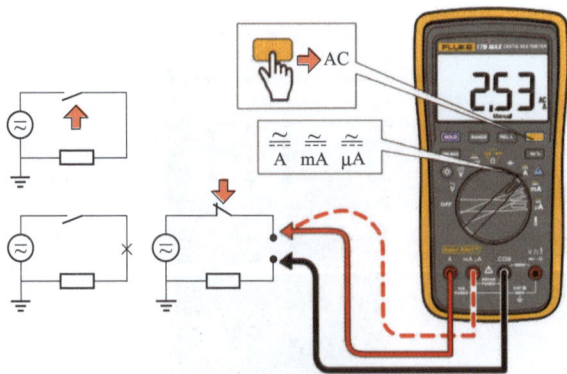

图 4-17　万用表测量电流

（3）测量电阻。将功能旋钮转至 Ω，将探针接触想要的电路测试点，测量电阻。万用表测量电阻如图 4-18 所示。

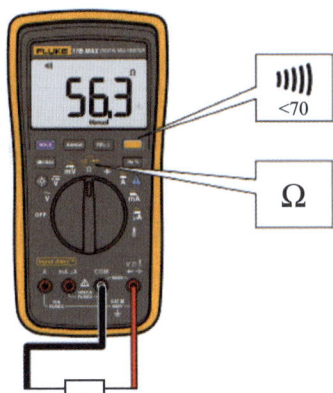

图 4-18　万用表测量电阻

（4）通断性测试。选择电阻模式后，按一次 ▬▬ 以激活通断性蜂鸣器。如果电阻低于 70Ω，蜂鸣器将持续响起，表明出现短路。

除此之外，万用表还具备测试二极管极性、测量电容量、测量温度、测量频率等功能。

（5）使用注意事项。测量前先检查红黑表笔连接的位置是否正确。在表笔连接被测电路前，一定要查看所选挡位与测量对象是否相符，否则用错挡位和量程不仅得不到正确的测量结果，还会损伤万用表。测量时，手指不要接触表笔的金属部分和被测元器件。测量中如需转换量程，必须在表笔离开电路后才能进行，否则选择开关转动产生的电弧易烧坏选择开关的触点，造成触点接触不良的问题。测量完毕后功能开关应置于交流电压最大量程挡或 OFF 挡。

2. 继电保护测试仪的使用（常规 + 数字 + 钳形）

继电保护测试装置是保证电力系统安全可靠运行的一种重要测试工具。可对微机保护装置及其他自动装置进行校验。ONLLY-AQ 系列计算机继电保护测试仪是目前现场常用的继电保护测试仪。继电保护测试仪如图 4-19 所示。下面介绍继电保护测试仪可实现的功能。

（1）6 路 125V 电压 +6 路 35A 电流功放输出，所有电压、电流相均可同时带载输出。

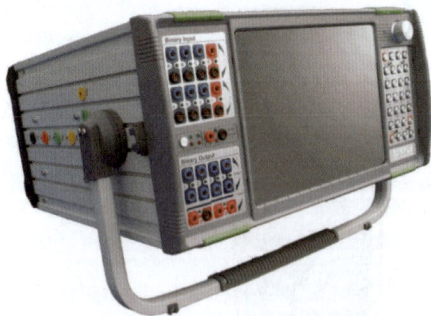

图 4-19 继电保护测试仪

（2）软件测试功能丰富，包括电压电流（交流，6U6I；直流，1U1I）、状态序列（12U12I）、谐波试验、时间测量、整组试验、线路保护定值校验、差动试验（6路电流）等试验功能，能够对线路保护、母线保护、变压器保护、发电机-变压器组保护等各种微机保护装置，以及备用电源自动投入装置等装置进行测试。下面简要介绍其常用功能中的状态序列（6U6I）功能，具体如下：

1）该功能下可自由定制试验方式。

2）可根据需要模拟故障前状态、故障状态、跳闸后状态、重合状态、永跳状态等，对保护装置的动作时间、返回时间和重合闸，特别是多次重合闸进行测试。

3）最多允许输入 60 个状态，所有状态可自由设置。

4）最多可提供 12 通道（6U+6I）的模拟量信号同时输出，各通道幅值、角度和频率互相独立，交、直流任意设置，且各通道的幅值、频率可按设定的滑差进行变化。

5）提供了 6 种状态切换方式：按键触发，时间触发，GPS 分脉冲触发，开关量输入触点翻转触发（可带最大输出限时），幅值触发，频率触发；各状态下 8 对开关量输出的断开和闭合能自由控制，可用于模拟保护出口触点的动作情况。

6）试验过程可分 n 个状态：状态 $1 \rightarrow \cdots \rightarrow$ 状态 n，$1 \leqslant n \leqslant 60$，具体的状态个数根据试验需要设定。各状态之间的切换由"结束方式"实现。

继电保护测试仪状态序列（6U6I）功能显示界面如图4-20所示。

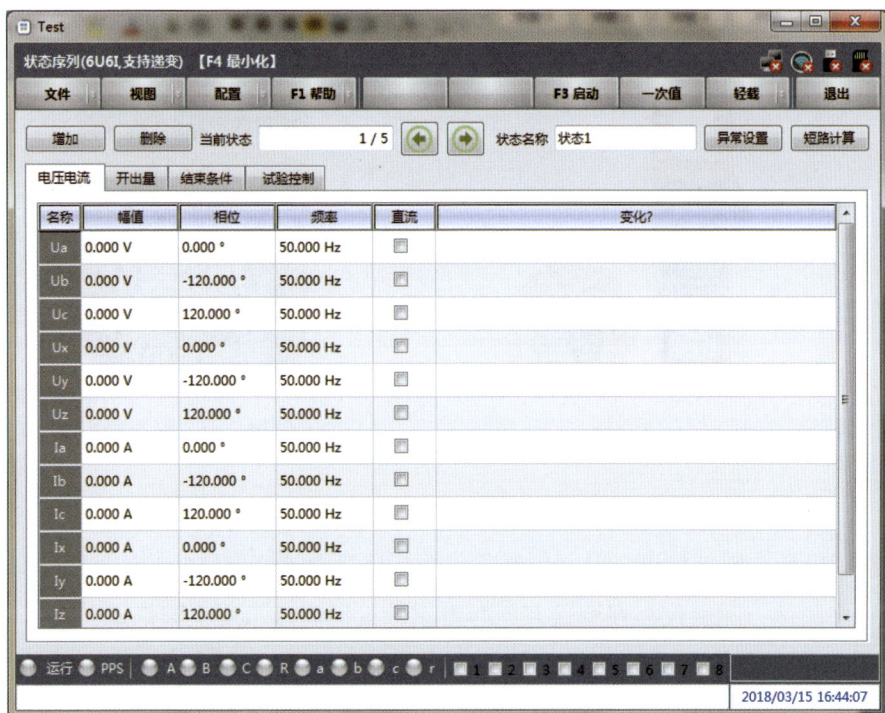

图4-20 继电保护测试仪状态序列（6U6I）功能显示界面

3.钳形表

钳形表也是二次专业日常运维过程中必备的测试工具之一，主要用于测试电压、电流、频率等相关参数，要求其具有较高的测试分辨率、测试精度和较多的测试功能，其最大优点是可以在不断开被测量线路情况下，测量线路中的电流。下面以FLUKE 301为例，介绍其功能。将功能旋钮旋至Ã，用钳口钳住导线，即可测量交流电流。使用测试导线并选择相应功能旋钮，即可测量交流电压、直流电压、电阻、通断性、电容等。钳形表如图4-21所示。

4.绝缘电阻测试仪

绝缘电阻测试仪一般指绝缘电阻表，是二次专业日常运维过程中常用的一种测量仪表，主要用来检查电气设备或电气线路对地及相间的绝缘电阻，以保证这些设备和线路工作在正常状态，避免发生触电伤亡及设备损坏等事故。以 FLUKE 1550C 为例，介绍其功能。绝缘电阻测试仪如图 4-22 所示。

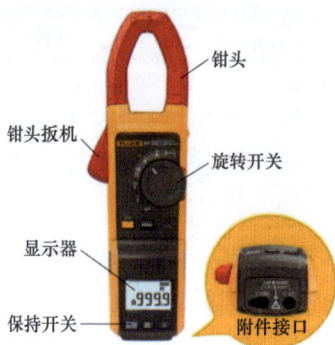

图 4-21　钳形表

图 4-22　绝缘电阻测试仪

（1）使用方法。使用时，首先设置可用测量参数，以符合测试需求，包括测试电压、斜坡测试、时间限制。将探头连接至被测电路，按住 ⊙ 1s 来启动绝缘测试。测试仪会在测试开始时嘟三次，同时显示屏上闪烁 ⚠ 符号，以指示测试端子上可能存在危险电压。待电路稳定后，显示屏将指示绝缘电阻测量值。

（2）使用注意事项。

1）测量前必须将被测设备电源切断，并对地短路放电。

2）决不能让设备带电进行测量，以保证人身和设备的安全。

3）对可能感应出高压电的设备，必须消除这种可能性后，才能进行测量。

4）使用时应放在平稳、牢固的地方，且远离大的外电流导体和外磁场。

5. 光功率计

光功率计是用来测量光功率大小的仪器，既可用于光功率的直接测量，也可用于光衰减量的相对测量，是光纤通信系统中研究、开发、生产、施工和维修等部门必备的基本测试仪器。光功率计如图 4-23 所示。

使用光功率计时为了结果的准确性，在使用前先用光纤清洁器对光纤接口和光功率计的接口进行清洁。具体步骤如下：

图 4-23 光功率计

（1）先对一段光纤跳线进行检测，按下 λ 按钮选择合适的波长后，将跳线的一端连上光源，另一端连上光功率计，此时光功率计的屏幕上会出现该段跳线的损耗值。

（2）按下光功率计的 REF 按钮将测试数据清空，然后通过相对应的耦合器接头把跳线与待测光纤连接，静等几秒，光功率计会出现一个稳定的数值。屏幕上出现的稳定数值便是被测光纤的损耗值。

4.3 日常业务

4.3.1 设备校验

1. 线路保护装置校验

新安装的线路保护装置一年内进行一次全部检验，以后每 6 年进行一次全部检验，每 2~4 年进行一次部分检验。线路保护装置的校验包括开工前准备工作、二次安全措施执行、绝缘试验、屏柜及装置检验、保护功能校验、定值核对、恢复现场七个部分。线路保护装置校验工作流程如图 4-24 所示。

```
┌──────────┐   ┌──────────┐   ┌──────────┐   ┌──────────┐
│开工前准备工作│──▶│二次安全措施│──▶│  绝缘试验  │──▶│屏柜及装置检验│
│          │   │   执行    │   │          │   │          │
└──────────┘   └──────────┘   └──────────┘   └──────────┘
                                                    │
                                                    ▼
┌──────────┐   ┌──────────┐   ┌──────────┐
│  恢复现场  │◀──│  定值核对  │◀──│保护功能校验│
└──────────┘   └──────────┘   └──────────┘
```

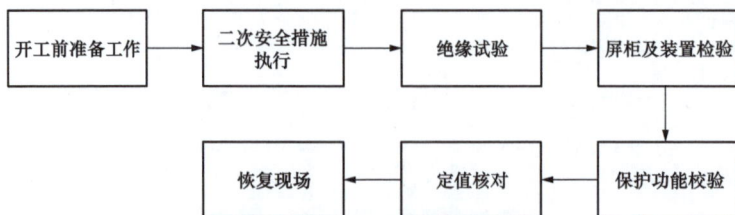

图 4-24　线路保护装置校验工作流程

（1）开工前准备工作。继电保护微机校验仪、工器具、相关图纸及资料、经审批的二次安措票。

（2）二次安全措施执行。按规范执行经审批的二次安措票，断开被校验装置与运行设备的联系。

（3）绝缘试验。用 1000V 的绝缘电阻表分别测试交流电压对地、直流电压对地、交直流之间、开关量输入对地、远动信号对地、出口触点对地、出口触点之间的绝缘电阻，要求大于 $1M\Omega$（新安装设备绝缘电阻要求大于 $10M\Omega$）。

（4）屏柜及装置检验。

1）外观及接线检查。装置外观检查范围内的设备标志应正确、完整、清晰；压板把手、按钮的安装应端正牢固，接触良好；装置外观检查范围内各设备及端子牌的螺钉应紧固可靠，无严重灰尘，无放电痕迹；装置外观检查范围内端子排上内外部连接线和电缆标号应正确完整，并与图纸资料相符。

2）上电检查。装置上电，检查指示灯、液晶屏、对时、失电保持、打印机、软件版本和 CRC 码。

3）通道检查。包括：①零漂检查：装置交流回路不加任何激励量，检查交流电压回路、交流电流回路的零漂值是否合格；②采样检查：用测试仪给装置交流电压回路和交流电流回路分别通入大小不同的三相正序电压和三相正序电流，查看装置显示的电压值与电流值是否合格。

（5）保护功能校验。220kV 线路保护需校验的功能包括纵联差动保护、距离保护、零序电流保护、重合闸试验和整组传动试验。

试验时，投入相应功能软压板及硬压板，根据装置定值分别在各电流、电压通道上加入电流、电压，满足相应保护功能动作条件，并查看动作报告，分析动作行为是否正确。下面以距离保护为例进行展示，距离保护校验试验接线如图 4-25 所示，距离保护校验试验动作报告如图 4-26 所示。

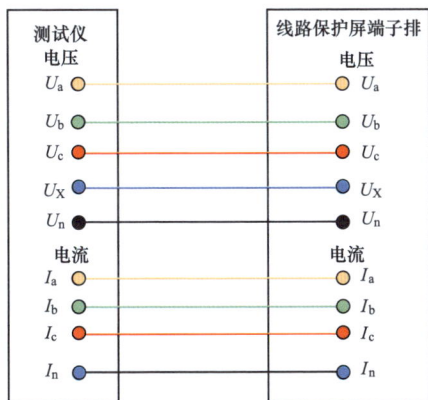

图 4-25　距离保护校验试验接线

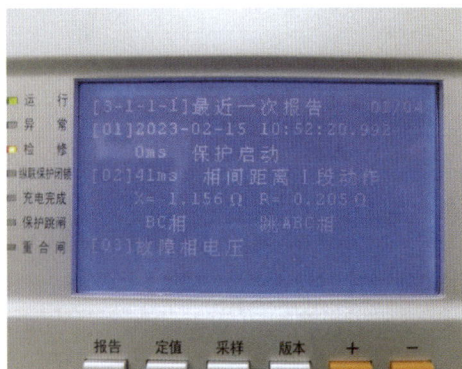

图 4-26　距离保护校验试验动作报告

（6）定值核对。按最新定值单核对装置定值，包括装置系统参数定值、保护定值，核对系统参数与现场实际参数相符合。

（7）恢复现场。检查试验项目齐全，试验结论正确。复归信号，装置无异常报警，后台机无异常信号，恢复二次安全措施。

2. 变压器保护装置校验

新安装的变压器保护装置一年内进行一次全部检验，以后每 6 年进行一次全部检验，每 2 ~ 4 年进行一次部分检验。变压器保护装置的校验包括开工前准备工作、二次安全措施执行、绝缘试验、屏柜及装置检验、保护功能校验、定值核对、恢复现场七个部分，具体描述参见线路保护装置校验，此处不再赘述。

220kV 变压器保护需校验的功能包括平衡试验、差动保护、二次谐波闭锁试验、复合电压方向过电流保护、零序保护和整组传动试验。

试验时，投入相应功能软压板及硬压板，根据装置定值分别在各电流、电压通道上加入电流、电压，满足相应保护功能动作条件，并查看动作报告，分析动作行为是否正确。下面以高压侧复合电压方向过电流保护试验为例进行展示，变压器高压侧复合电压方向过电流保护接线如图 4-27 所示，动作报告如图 4-28 所示。

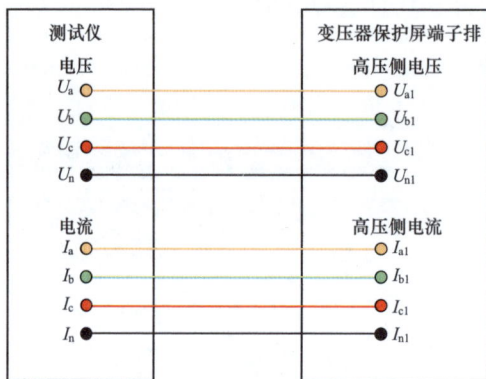

图 4-27　变压器高压侧复合电压方向过电流
保护接线

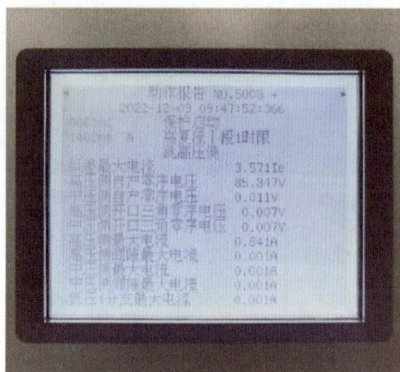

图 4-28　变压器高压侧复合电压方向
过电流保护接线动作报告

3. 母线保护装置校验

新安装的母线保护装置一年内进行一次全部检验，以后每 6 年进行一次全部检验，每 2～4 年进行一次部分检验。母线保护装置的校验包括开工前准备工作、二次安全措施执行、绝缘试验、屏柜及装置检验、保护功能校验、定值核对、恢复现场七个部分，具体描述参见线路保护装置校验，此处不再赘述。

220kV 母线保护需校验的功能包括差动保护、复合电压闭锁试验、死区保护、充电至死区保护和整组传动试验。

试验时，投入相应功能软压板及硬压板，根据校验需要调整运行方式，根据装置定值分别在各电流、电压通道上加入电流、电压，满足相应保护功能动作条件，并查看动作报告，分析动作行为是否正确。下面以差动保护试验，且运行方式为支路 6 运行在 I 母、支路 9 运行在 II 母为例进行展示，母线差动保护校验接线如图 4-29 所示，母线差动保护校验动作报告如图 4-30 所示。

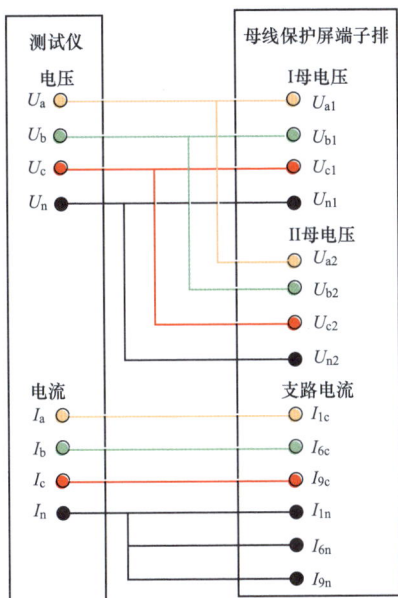

图 4-29 母线差动保护校验接线

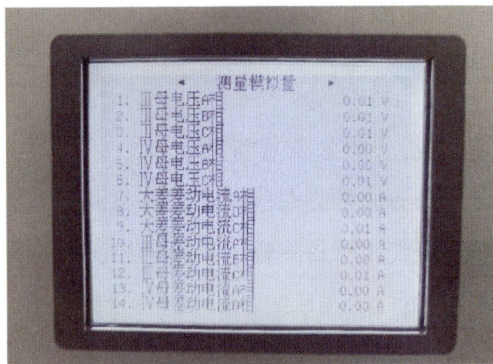

图 4-30 母线差动保护校验动作报告

4. 备用电源自动投入装置校验

新安装的备用电源自动投入装置一年内进行一次全部检验，以后每 6 年进行一次全部检验，每 2～4 年进行一次部分检验。备用电源自动投入装置的校验包括开工前准备工作、二次安全措施执行、绝缘试验、屏柜及装置检验、保护功能校验、定值核对、恢复现场七个部分，具体描述参见线路保护装置校验，此处不再赘述。

220kV 备用电源自动投入装置需校验的功能包括过电流保护、充电保护、零序保护、分段（桥）断路器备投、进线断路器备投和整组传动试验。

试验时，投入相应功能软压板及硬压板，根据装置定值分别在各电流、电压通道上加入电流、电压，满足相应保护功能动作条件，并查看动作报告，分析动作行为是否正确。下面以分段备投方式下过电流保护为例进行展示，备用电源自动投入装置分段备投方式下过电流保护接线如图 4-31 所示，备用电源自动投入装置校验动作报告如图 4-32 所示。

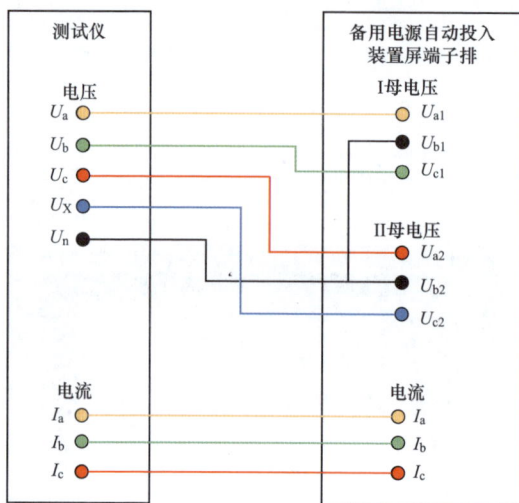

图 4-31　备用电源自动投入装置分段备投方式下过电流保护接线

图 4-32　备用电源自动投入装置校验动作报告

5. 故障录波装置校验

新安装的变压器保护装置一年内进行一次全部检验，以后每 6 年进行一次全部检验，每 2~4 年进行一次部分检验。故障录波装置的校验包括开工前准备工作、二次安全措施执行、绝缘试验、屏柜及装置检验、保护功能校验、定值核对、恢复现场七个部分，具体描述参见线路保护装置校验，此处不再赘述。

故障录波装置需校验的功能包括突变量启动检查、越限量启动检查、开关量启动检查和通信上传检查。

以开关量启动检查为例进行说明。试验时，应根据实际使用的开关量，短接（接入的开关量为动合触点）或断开（接入的开关量为动断触点）公共端和各开关量输入端子（也可以用测试仪开关量输出触点控制公共端和各开关量输入端子之间的通断），装置启动录波，查看波形，核对装置显示的各开关量名称与实际是否一致，分析波形是否正确。开关量启动检查试验接线如图 4-33 所示，开关量启动检查动作报告如图 4-34 所示。

6. 测控装置精度测试

（1）交流模拟量输入精度校验。通过标准测试仪器向测控遥测回路加入

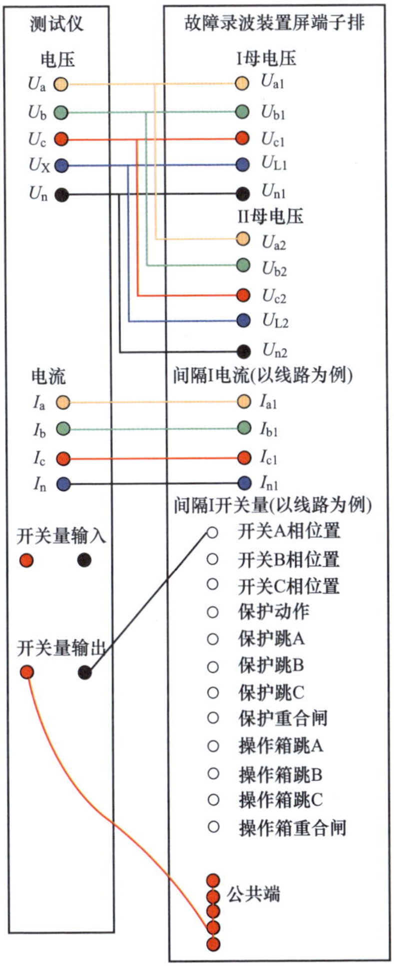

图 4-33 开关量启动检查试验接线

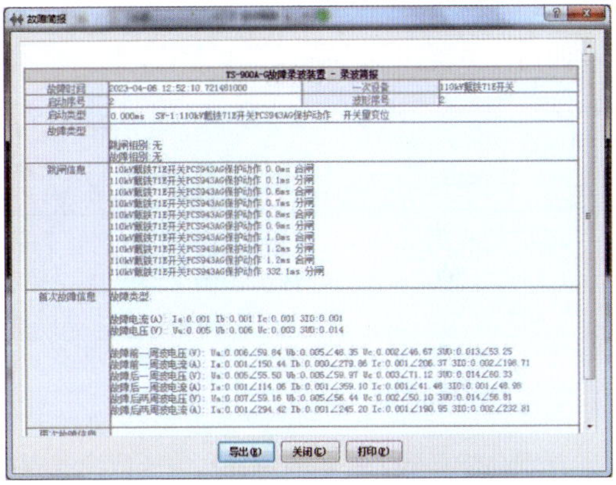

图 4-34 开关量启动检查动作报告

交流电压与交流电流。通过将标准仪器输出遥测量与测控装置面板遥测量读数相比较，可以计算出测控装置的遥测精度。测控装置遥测精度指标为：①电压、电流：0.2%；②功率：0.5%；③频率：0.005Hz。

（2）事件顺序记录（SOE）站内分辨率的试验。将脉冲信号模拟器的两路输出信号至测控装置的任意两路遥信输入端（具有 SOE 功能），对两路脉冲信号设置一定的时间延迟，该值不大于 1s。启动脉冲模拟器工作，这时在显示屏上显示出遥信名称、状态及动作时间，其中断路器动作应正确，分辨率应符合标准规定。重复上述试验不少于 5 次。

测控装置精度测试仪如图 4-35 所示。

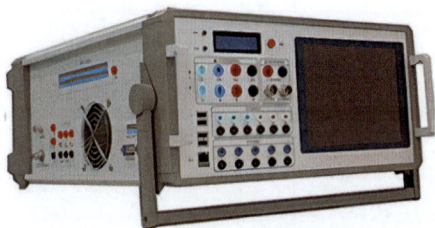

图 4-35 测控装置精度测试仪

7. 站内"四遥"功能测试

站内"四遥"功能测试描述见表 4-1。

表 4-1 站内"四遥"功能测试描述

"四遥"功能测试	描述
遥信功能测试	1）在测控装置或保护屏、开关机构的遥信端子排模拟遥信位置和保护信号的开合，要求在监控后台、各调度端响应正确，SOE 和语音报警、告警记录正常。 2）实际操作断路器和隔离开关，检查断路器、隔离开关在监控后台、各调度端响应正确，SOE 和语音报警、告警记录正常。 3）配合保护传动试验检查保护信号在监控后台、各调度端响应正确，SOE 和语音报警、告警记录正常
遥测功能测试	通过交流源依次按照（0%、40%、60%、80%、100%、120%）额定电流、电压值测试测控装置采样精度，要求误差不大于 0.2%，并与监控后台、地调核对数据正确性
遥控功能测试	1）监控后台对可控制断路器、隔离开关进行遥控试验，并实现远方 / 就地的解锁 / 闭锁功能，要求遥控正确，系统响应时间要求不超过 3s。 2）集控中心对可控制断路器、隔离开关进行遥控试验，并实现远方 / 就地的解锁 / 闭锁功能，要求遥控正确，系统响应时间要求不超过 3s
遥调功能测试	1）监控后台对主变压器挡位进行升挡和降挡遥调试验，并实现远方 / 就地的解锁 / 闭锁功能，要求从最低挡位至最高挡位显示正确，不能出现滑挡、跳挡。并具备挡位急停功能。 2）集控中心分别对主变压器挡位进行升挡和降挡遥调试验，并实现远方 / 就地的解锁 / 闭锁功能，要求从最低挡位至最高挡位显示正确，不能出现滑挡、跳挡。并具备挡位急停功能

4.3.2 专业巡视（巡视项目及标准）

1. 户内二次屏柜巡视

户内继电保护、自动化屏柜通用巡视项目及标准见表 4–2。

表 4–2　户内继电保护、自动化屏柜通用巡视项目及标准

编号	巡视项目	巡视标准	结果 （是否合格）	处理要求
1	柜内运行环境	1）柜内无异常响声、气味、烟雾和振动； 2）柜内安装微机继电保护装置的，柜内温度应为 5～30℃；湿度小于 75%	□是　□否	24h 内处理
2	设备编号、标示	齐全规范、清晰、无损坏	□是　□否	按一般缺陷时间要求处理
3	各类空气断路器	操作电源空气断路器、交流电压空气断路器、装置电源空气断路器等各类空气断路器均按运行方式要求正确投入	□是　□否	24h 内处理
4	出口压板和功能压板	压板压接紧固，结合一次设备运行状态，判断出口压板、功能压板的投退是否正确	□是　□否	24h 内处理
5	电流切换压板	1）电流切换压板应连接紧固； 2）与相邻压板有足够的距离； 3）红外测温无异常发热现象，无异常放电声	□是　□否	24h 内处理
6	各类控制开关、切换把手	结合一次设备运行状态，判断控制开关、切换把手位置是否正确	□是　□否	24h 内处理
7	打印机	能够正常工作，无告警信号，打印色带良好，打印纸足够	□是　□否	按一般缺陷时间要求处理
8	端子排	端子片无老化、严重积灰，端子无严重锈蚀	□是　□否	一个月内处理
9	二次接线	连接牢固、接触良好，红外测温无异常发热现象	□是　□否	24h 内处理

续表

编号	巡视项目	巡视标准	结果（是否合格）	处理要求
10	二次接地	1）公用电压互感器的二次回路只允许在控制室内有一点接地，各电压互感器的中性线不得接有可能断开的断路器或熔断器等。 2）电缆屏蔽层应接地，使用截面积不小于 $4mm^2$ 的多股铜质软导线可靠连接到等电位接地网上。 3）屏内装置外壳应接地	□是　□否	24h 内处理
		1）屏柜下部应设有截面积不小于 $100mm^2$ 的接地铜排。屏柜上装置的接地端子应用截面积不小于 $4mm^2$ 的多股铜线和接地铜排相连。 2）接地铜排应用截面积不小于 $50mm^2$ 的铜电缆与保护室内的等电位接地网相连。二次电缆屏蔽线、各机箱接地线、交流回路需要在屏内接地的零线等与屏柜内二次接地铜排连接牢固。 3）主变压器、母差保护屏内多间隔电流回路零线端子接地的，各间隔零线端子应分别独立接至二次接地铜排，不能各间隔零线端子串联后再一起接至二次接地铜排	□是　□否	按一般缺陷时间要求处理
11	电缆	外观无破损	□是　□否	一个月内处理
		标识清晰正确，备用芯防护帽无破裂、脱落	□是　□否	按一般缺陷时间要求处理
12	光缆（尾缆、光纤）	1）外观无破损； 2）折弯半径应满足 YD/T 981.2 和 YD/T 981.3 的要求（静态折弯半径大于 15 倍光缆外径、动态折弯半径大于 30 倍光缆外径均是安全的）	□是　□否	一个月内处理
		1）备用纤芯接头防护帽无破裂、脱落； 2）光缆（尾缆、光纤）标牌标识清晰正确，标识中需标明线路名称、保护型号、收发信用途	□是　□否	按一般缺陷时间要求处理

续表

编号	巡视项目	巡视标准	结果（是否合格）	处理要求
13	光纤法兰盘及法兰连接头	法兰盒安装牢固。光纤法兰连接头接触可靠，各法兰头排列整齐，固定牢靠，备用头法兰盖完整，清洁	□是　□否	一个月内处理
14	柜门	1）密封良好，开关自如，无锈蚀，接地良好； 2）屏柜与门用软铜导线可靠连接	□是　□否	按一般缺陷时间要求处理
15	柜内	无凝露、无积水，柜内干净整洁，无杂物	□是　□否	24小时内处理
16	封堵情况	电缆孔洞和盘面之间的缝隙必须采用合格的不燃或阻燃材料封堵，封堵完好	□是　□否	一个月内处理

2. 汇控柜/智能控制柜二次部分巡视

汇控柜/智能控制柜二次部分巡视项目及要求如下：

（1）柜门接地良好无锈蚀，开关自如。

（2）柜内无凝露、温度应为5～30℃、湿度小于75%，无异响。

（3）设备编号和标示齐全。

（4）封堵完好。

（5）各类空气断路器和切换把手投入正确。

（6）光字牌、指示灯计数器显示正确。

（7）端子排无老化锈蚀。

（8）二次接线牢固无发热现象，二次接地符合反事故措施要求。

（9）电缆和光缆外观无破损、标识清晰、备用芯防护帽无破裂。

（10）法兰盒安装牢固；光纤法兰连接头接触可靠，备用法兰头盖完整、清洁。

3. 二次电缆层/地网巡视

二次电缆层/地网巡视项目及要求如下：

（1）电缆敷设应经电缆支架并可靠紧固。

（2）封堵完好。

（3）在电缆层用截面积大于 $100mm^2$ 的铜排做一环形接地网，所有测控屏、保护屏内的接地端子（铜排）用 $50mm^2$ 的导线与电缆层接地铜网连接。

（4）保护屏间应用专用接地铜排（或铜缆）直接连通，再经铜排与电缆层环形接地网相连。

（5）开关现场沿电缆沟内电缆敷设截面积大于 $100mm^2$ 的铜排，与主接地网要有一个牢固、可靠的接地点。

4. 互感器二次接线巡视

互感器二次接线巡视项目及要求如下：

（1）互感器二次电流端子测温无异常。

（2）二次电缆应经金属管从一次设备接线盒引进电缆沟，并将金属管上端与互感器底座或外壳良好焊接。

（3）二次电缆屏蔽层在互感器本体接线盒处不接地，在就地端子箱处单端使用截面积不小于 $4mm^2$ 多股铜质软线可靠连接至等电位接地网铜排上。

5. 继电保护装置巡视

继电保护装置巡视项目及要求如下：

（1）背板插件无异常，液晶屏显示正常，指示灯显示正常且无告警。

（2）开关量输入压板投退正确。

（3）保护版本及校验码与最新定值单一致。

（4）对时正确，光纤通道无告警，开关量输入与实际位置相符，采样正常。

（5）操作箱断路器及母线电压切换隔离开关位置指示灯无并列或失电情况。

（6）500kV 保护的开关置检修切换开关应与一次运行方式一致，500kV保护的 DTT（远跳）"投入 / 退出"开关位置应符合调度运行要求。

6. 安全自动装置巡视

安全自动装置巡视项目及要求如下：

（1）背板插件无异常，液晶屏显示正常，指示灯显示正常且无告警。

（2）开关量输入压板投退正确。

（3）保护版本及校验码与最新定值单一致。

（4）对时正确，采样正常。

（5）备用电源自动投入装置充电方式与一次运行状态一致，充电灯显示充电显示正常，投入功能转换开关与一次设备状态及最新定值单一致。

（6）安稳装置光纤通道无告警，接口装置通信良好。

7. 故障录波装置巡视

故障录波装置巡视项目及要求如下：

（1）背板插件无异常，液晶屏显示正常，指示灯显示正常且无告警。

（2）装置版本及校验码与最新定值单一致。

（3）对时正确，采样正常，装置接口装置通信良好。

（4）手动录波应能正常启动装置，正确录波。

（5）各间隔名称应与实际对应，显示无告警及未复归信号。

8. 监控系统巡视

监控系统巡视项目及要求如下：

（1）监控主机运行正常，键盘、鼠标、显示器、主机等硬件能够正常使用，装置对时准确。

（2）监控系统主菜单中各个子菜单完备，检查有关数据正确显示，各遥测、遥信量正确无误。

（3）系统告警窗无异常告警信号。

9. 远动装置巡视

远动装置巡视项目及要求如下：

（1）装置运行指示灯显示正常，网口灯闪烁正常，装置无通道异常、装置异常等告警信号。

（2）液晶屏显示正常，无花屏、模糊不清等现象。

（3）装置网线正确插入，连接良好。

（4）无破损，标识清晰正确，无破裂、脱落。

10. 测控装置巡视

测控装置巡视项目及要求如下：

（1）装置运行指示灯显示正常，无 TV 断线、对时异常、通道异常、装置异常等告警信号。

（2）液晶屏显示正常，无花屏、模糊不清等现象。

（3）远方／就地切换开关在断路器运行时应置于远方位置；闭锁／解锁切换开关正常时应置于闭锁位置；屏柜上切换开关与装置上切换开关位置应一致。

（4）遥控压板和置检修压板投退正确。

（5）背板插件插入位置正确，无松动，内部无异声及放电声，无异味，红外测温无异常发热，无异常声音。

（6）各变送器、继电器固定牢固，无异声、严重发热、触点抖动等异常现象。

11. 数据网及安防设备巡视

数据网及安防设备巡视项目及要求如下：

（1）装置运行指示灯显示正常，网口灯闪烁正常，无通道异常、装置异常等告警信号。

（2）网线正确插入，连接良好。

（3）无破损，标识清晰正确，无破裂、脱落。

12. 智能终端巡视

智能终端巡视项目及要求如下：

（1）装置运行指示灯显示正常，无通道异常、对时异常、装置异常等告警信号。

（2）光纤通道无告警，相关数据正常，光纤标识清晰正确，连接处无松动，无损坏、过度弯折、挤压、拉扯现象。

（3）插入位置正确，无松动，内部无异声及放电声，无异味，红外测温无异常发热、异常声音。

13. 合并单元巡视

合并单元巡视项目及要求如下：

（1）装置运行指示灯显示正常，无通道异常、对时异常、装置异常等告警信号。

（2）光纤通道无告警，相关数据正常，光纤标识清晰正确，连接处无松动，无损坏、过度弯折、挤压、拉扯现象。

（3）插入位置正确，无松动，内部无异声及放电声，无异味，红外测温无异常发热、异常声音。

（4）母线电压切换开关位置指示灯指示状况与实际对应，无并列或失电情况。

14. 交直流系统巡视

交直流系统巡视项目及要求如下：

（1）装置运行指示灯显示正常，无通道异常、对时异常、装置异常等告警信号。

（2）液晶屏显示正常，无花屏、模糊不清等现象；无即时告警信号。

（3）电压、电流表显示正常，电压、电流读数都在正常范围。

（4）蓄电池单体电压、浮充电压均在正常范围，蓄电池极柱、安全阀周围无渗液和酸雾；蓄电池之间连接线连接紧密，无腐蚀松动；不间断电源（UPS）运行正常，装置负载在正常范围内。

（5）馈线开关位置正确，指示灯显示正常。

（6）屏柜内无异声及放电声，无异味，红外测温无异常发热。

4.3.3　缺陷处理

1. 缺陷分类

投入运行的继电保护装置和安全自动装置缺陷按严重程度共分为三级，即危急缺陷、严重缺陷、一般缺陷。

危急缺陷是指继电保护装置和安全自动装置自身或相关设备及回路存在问题，导致失去主要保护功能，直接威胁安全运行并需立即处理的缺陷。

严重缺陷是指继电保护装置和安全自动装置自身或相关设备及回路存在问题，导致部分保护功能缺失或性能下降，但在短时间内尚能坚持运行，需尽快处理的缺陷。

一般缺陷是指除上述危及严重缺陷以外的，不直接影响设备安全运行和供电能力，继电保护装置和安全自动装置功能未受到实质性影响，性质一般，程度较轻，对安全运行影响不大，可暂缓处理的缺陷。

2. 缺陷处理要求

危急缺陷消缺时间不超过 24h，严重缺陷消缺时间不超过 72h，一般缺陷消缺时间不宜超过一个月。运维检修单位应在继电保护装置和安全自动装置缺陷处理后五个工作日内完成缺陷管理信息填报。

3. 缺陷处理方法

缺陷处理要具体问题具体分析，下面以"保护装置运行异常"缺陷为例进行分析。

根据保护装置的各类告警信息进行检查，若为定值原因，则认真检查装置定值，如重合闸压板 / 控制字错误、补偿参数设置错误、定值超范围、定值区无效等。对于运行状态类异常，一般需检查外部保护跳闸开关量输入触点长期闭合、跳位无效、双位置输入不一致、TV 断线、长期有差流、TA 断线、远跳异常、长期启动、过负荷等。对于通信类异常，一般需检查 SV/GOOSE 异常、线路保护两侧识别码不一致、光纤接口不牢固等情况。

4.3.4　隐患排查

施工、调试单位在保护装置安装调试过程中发现疑似家族性缺陷后，应立即报告相应调控中心。保护装置厂家应在接到疑似家族性缺陷信息后，三日内向国调中心或相应省调提供缺陷分析报告，初步确认结论和涉及的保护装置数量及分布情况。保护装置厂家自行发现家族性缺陷后，应立即报告相应调控中心。

1. 装置类隐患排查

以某变电站关于主变压器保护内存单 BIT 变位情况及整改方案为例来说明装置隐患排查的过程及注意事项。

（1）总体概述。在其他电网某 220kV 变电站运行中，变压器中压侧线路发生故障时，中压侧零序过电流保护在未到达动作延时情况下保护动作。经分析，现场问题定位为零序过电流保护计数器指针发生单 BIT 变位，从而导致保护动作时间异常。国网公司的部分 PRS-778 型变压器保护装置也存在此风险，建议对存在风险的装置进行整改。

经过排查，存在风险的变压器需整改的保护装置约 1849 套，其中 220kV 约 1533 套，330kV 及以上约 316 套，涉及装置型号及版本见表 4-3。

表 4-3 涉及装置型号及版本

序号	装置型号	版本	版本说明
1	PRS-778	V3.00 及以下	六统一前装置
2	PRS-778S	V3.00 及以下	六统一前装置
3	PRS-778-D	V3.00 及以下	六统一前数字化装置
4	PRS-778T2	V1.20 及以下	六统一前、六统一、新六统一装置
5	PRS-778T3	V2.10 及以下	六统一前、六统一、新六统一装置
6	PRS-778T5	V1.10 及以下	六统一前、六统一、新六统一装置
7	PRS-778T7	V1.10 及以下	六统一、新六统一装置
8	PRS-778T10	V1.00	新六统一装置

现场可根据上述涉及整改的型号及版本进行缺陷排查并整改，建议对于 500kV 及以上设备优先整改。

（2）整改方案。针对此问题，整改方案为在装置上电时，管理板通过内通信读取保护板内存区信息并计算 CRC。管理板实时计算 CRC 结果并与上电时计算的 CRC 进行对比。当二者不一致时，管理板下发指令给保护板底层驱动，提示 CRC 检查出现异常。保护板底层驱动接收到管理板下发的 CRC 比较异常指令后，记录异常并复位自恢复。

上述整改方案在其他电网已进行检测，现场设备已开展整改，并有成熟的工程应用。该完善方案对保护逻辑、配置文件、通信点表、定值清单及外部回路等均无影响。

现场整改时，无须一次设备停电，仅需退出变压器保护装置进行整改，整改完毕后装置无须进行保护功能验证。

2. 回路类隐患排查

以 220kV 及以上断路器本体三相不一致保护回路优化调整为例来说明回

路类隐患排查的过程及注意事项。

为防止因继电器损坏，或受干扰、强磁场和运行环境等因素影响，导致断路器三相不一致保护误动作，决定优化调整断路器本体三相不一致保护二次回路。优化原则及要求如下：在三相不一致保护跳闸出口触点与正电源回路之间，串接断路器动断辅助触点，保证在断路器至少一相断开时三相不一致保护才能出口，回路中仅设置一块三相不一致保护功能投退压板（三相不一致时间继电器及出口继电器线圈回路共用），出口继电器具备自保持功能。三相不一致回路优化前、优化后电路分别如图 4-36、图 4-37 所示。

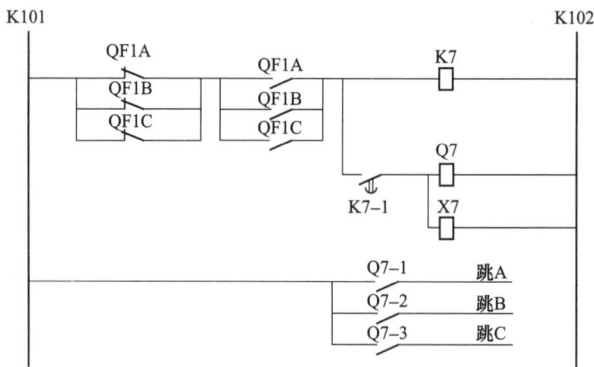

图 4-36 三相不一致回路优化前电路

K7—三相不一致时间继电器；Q7—三相不一致出口继电器；X7—三相不一致信号继电器

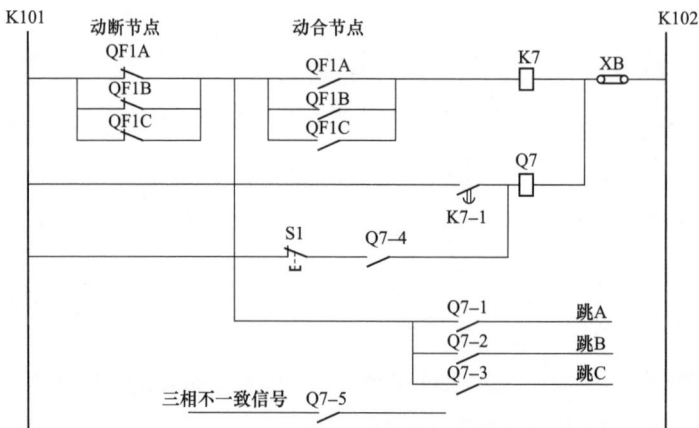

图 4-37 三相不一致回路优化后电路

K7—三相不一致时间继电器；Q7—三相不一致出口继电器；XB—三相不一致保护投入压板；
S1—复归按钮

4.3.5　项目验收

1. 新建工程验收内容

变电站新建工程验收包括可研初设审查、场内验收、到货验收、隐蔽工程验收、中间验收、竣工（预）验收、启动验收七个主要关键环节。

2. 改扩建项目验收内容

（1）验收内容。变电站技改工程验收包括可研初设审查、场内验收、到货验收、隐蔽工程验收、中间验收、竣工验收六个主要关键环节。

各环节均按照验收细则来验收，继电保护装置和安全自动装置验收内容为资料验收、专业检测一致性验收、安装及工艺验收、二次回路验收、装置验收、整组传动试验验收、带负荷试验。

（2）验收细则示例：变压器保护装置的系统功能验收。变压器保护装置的系统功能验收包括装置电源自启动和带载能力、定值整定切换功能、软件版本和 CRC 码与继电保护职能管理部门认证一致、时钟与授时时钟一致、采样精度和零漂误差小于 5%、开关量检查正确、保护功能逻辑正确并且满足定值要求、整组传动试验正确，以及是否满足最新文件及反措要求。

4.3.6　新技术应用

随着智能变电站数量逐年增加，变电站电气设备的操作也变得更加复杂，运维人员的工作量剧增，现有的智能变电站控制方式已不能满足电网发展及运维要求。变电站一键顺控技术，可由系统自动核对操作前设备运行状态，提高变电站倒闸操作智能化，减轻运维人员的工作强度，提高对变电站电气设备操作的准确性、有效性和快捷性，帮助运维人员由传统操作员向综合性专业工程师转变。

变电站一键顺控是利用变电站自动化系统中的程序化控制模块对变电站传统操作票和操作程序进行描述，结合完善的防误操作闭锁逻辑，通过变电站自动化系统服务器、测控装置、通信装置进行变电站电气一二次设备的自动控制，从而实现对应间隔设备的倒闸操作，是目前较为先进的操作方式，能够显著提升倒闸操作效率，极大地避免和降低人为因素造成操作失误的可能性。变电站一键顺控功能原理架构如图 4-38 所示。

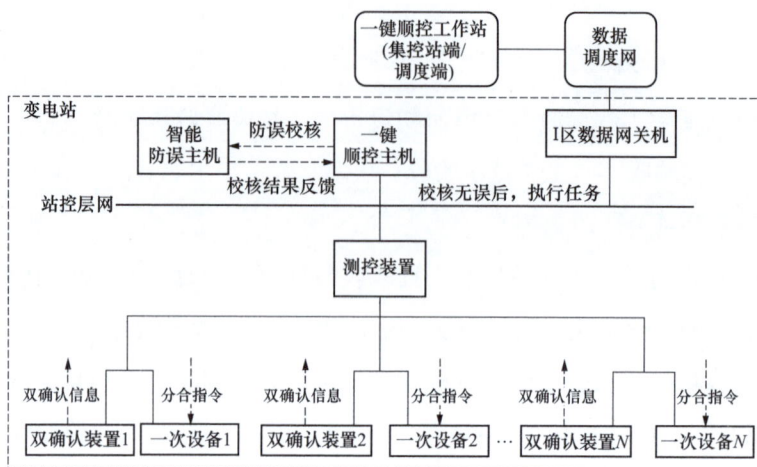

图 4-38　变电站一键顺控功能原理架构

4.4　相关制度

在变电站内二次设备上进行工作，需要严格遵循国家和公司发布的各类规程规范，包括安全规程、运行规程、检验规程、验收规程。

4.4.1　安全规程

为加强电力生产现场管理，规范各类工作人员的行为，保证人身、电网和设备安全，依据国家有关法律、法规，结合电力生产的实际，制定了《国家电网公司电力安全工作规程（变电部分）》。《国家电网公司电力安全工作规程（变电部分）》主要包括通用部分、专用部分。

1. 通用部分

通用部分规定了从事变电工作要遵守的基本要求，以及关键的组织措施和技术措施。组织措施包括现场勘察制度、工作票制度、工作许可制度、工作监护制度、工作间断、转移制度和工作终结制度；技术措施包括停电、验电、接地和悬挂标示牌和装设遮栏（围栏）。

2. 专业部分

根据具体类型工作，规定了在二次系统上工作时的安全规程。

（1）二次系统上的工作内容可包含继电保护装置、安全自动装置、仪表和自动化监控等系统及其二次回路，以及在通信复用通道设备上运行、检修及试验等。

（2）二次回路变动时应防止误拆或产生寄生回路。

（3）工作中应确保电流互感器和电压互感器的二次绕组应有且仅有一点保护接地。

（4）在带电的电磁式电流互感器二次回路上工作时，应防止二次侧开路。

（5）在带电的电磁式或电容式电压互感器二次回路上工作时，应防止二次侧短路或接地。

（6）不应在二次系统的保护回路上接取试验电源。

（7）二次回路通电或耐压试验前，应通知有关人员，检查回路上确无人工作后，方可加压。

（8）继电保护装置、安全自动装置及自动化监控系统做一次设备通电试验或传动试验时，应通知设备运行方和其他相关人员。

（9）试验工作结束后，应恢复同运行设备有关的接线，拆除临时接线，检查装置内无异物，屏面信号及各种装置状态正常，各相关压板及切换开关位置恢复至工作许可时的状态。

4.4.2 运行规程

运行规程规定了变电站二次设备在职责分工、运行管理、技术管理和检验管理等方面的要求。

1. 职责分工

变电二次检修工作人员的职责包括以下内容：

（1）负责保护装置的日常维护、检验、输入定值和新装置投产验收工作。

（2）定期编制管辖范围内继电保护装置整定方案和处理日常运行工作。

（3）贯彻执行有关保护装置规程、标准和规定，负责为本单位和现场运行人员编写保护装置现场运行规程。

（4）制定、修订直接管辖范围内保护装置标准化作业书。

（5）管理直接管辖范用内保护装置的软件版本，及时将保护装置软件缺陷报告上级调控部门。

（6）负责对现场运行人员进行有关保护装置的培训。

（7）保护装置发生不正确动作时，应调查不正确动作原因，并提出改进措施。

（8）熟悉保护装置原理及二次回路，负责保护装置的异常处理。

2. 运行管理

（1）保护装置出现异常时，运行值班人员（监控人员）应根据该装置的现场运行规程进行处理，并立即向主管调度汇报，及时通知继电保护人员。

（2）对于继电保护装置投入运行后发生的第一次区内、区外故障，继电保护人员应通过分析继电保护装置的实际测量值来确认交流电压、交流电流回路和相关动作逻辑是否正常。既要分析相位，也要分析幅值。

3. 技术管理

（1）运行资料，如保护装置的缺陷记录、装置动作及异常时的打印报告、检验报告、软件版本应由专人管理，并保持齐全、准确。

（2）各级电网调控机构和保护装置的运行维护单位应对各类（型）保护装置的动作情况进行统计分析，并对装置本身进行评价。对不正确的动作应分析原因，提出改进对策，并及时报主管部门。

（3）对智能变电站配置文件（SCD、ICD、CID 等）等电子文档建立规范化管理制度及相应技术支持体系。宜建立配置文件管理系统，确保各智能电子设备使用的配置文件版本的一致性。

4.4.3　检验规程

校验规程规定了变电站二次装置及其二次回路各类检验的周期、内容及要求。检验分为三种，即新安装装置的验收检验、运行中装置的定期检验（简称定期检验）、运行中装置的补充检验（简称补充检验）。

1. 新安装装置的验收检验

新安装装置的验收检验，在下列情况进行：①当新安装的一次设备投入运行时；②当在现有的一次设备上投入新安装的装置时。

2. 运行中装置的定期检验

定期检验分为以下三种：①全部检验；②部分检验；③用装置进行断路器跳、合闸试验。

3. 运行中装置的补充检验

补充检验分为以下五种：①对运行中的装置进行较大的更改或增设新的回路后的检验；②检修或更换一次设备后的检验；③运行中发现异常情况后的检验；④事故后检验；⑤已投运行的装置停电一年及以上，再次投入运行时的检验。

4.4.4 验收规程

变电站新（改、扩）建工程在移交生产运行前，应开展竣工验收，包括继电保护装置、安全自动装置、合并单元、智能终端、过程层交换机等二次设备。

1. 验收组织

保护装置验收工作应成立验收工作组，由工程建设管理单位、调控中心、运检部门、安监部门、运行维护单位、技术监督单位、监理单位等相关单位人员组成，运行维护单位是现场验收的责任主体。

2. 验收条件

（1）应具备完整并符合工程项目实际的纸质及电子版图纸、SCD 配置文件、保护装置配置文件、VLAN 配置表、软件工具及各类电子文档资料。

（2）现场安装工作应全部完成，保护装置及二次回路均调试完毕，具备完整的调试记录。

（3）保护装置及二次回路缺陷及隐患应全部整改完毕，安装调试单位自验收合格。

（4）应提供工程监理报告，对于不能直观查看的二次电缆、光缆、通信线、等电位接地网、二次专用铜排（缆）敷设等隐蔽工程，应提供影像资料。

（5）验收所使用的试验仪器、仪表应齐备且检验合格。

3. 验收要求

（1）应按照验收细则开展验收工作，对于集成联调阶段发现的缺陷和隐患，应结合现场验收进行复验。

（2）智能变电站 SCD 文件应遵循"源端修改，过程受控"的原则。

（3）安装及施工工艺验收完毕且问题全部解决后，方能开展保护装置验收。

（4）建设管理单位应在隐蔽工程开工前通知运行维护单位开展随工验收，对隐蔽工程的施工工艺及质量进行监督。隐蔽工程包括二次电缆埋管敷设、光缆及网线敷设、电缆沟及电缆竖井处电缆布置、电缆终端头制作、等电位接地网安装、变压器和电抗器等设备套管接线盒接线等项目。

（5）验收过程中发现存在安装调试报告与实际不符或缺陷过多影响验收进度等情况，验收工作组有权终止验收并向施工单位提出整改要求，施工单位整改完毕后应重新履行验收手续。

4.4.5　工作制度（两票三制）

1.工作票制度

在电气设备上的工作，应填用工作票或事故紧急抢修单。工作票要求见表 4-4。

表 4-4　工作票要求

工作票制度	具体描述
工作票填用方式	1）填用变电站（发电厂）第一种工作票。 2）填用电力电缆第一种工作票。 3）填用变电站（发电厂）第二种工作票。 4）填用电力电缆第二种工作票。 5）填用变电站（发电厂）带电作业工作票。 6）填用变电站（发电厂）事故紧急抢修单
工作票的填写与签发	1）工作票应使用黑色或蓝色的钢（水）笔或圆珠笔填写与签发，一式两份，内容应正确，填写应清楚，不得任意涂改。如有个别错、漏字需要修改，应使用规范的符号，字迹应清楚。 2）用计算机生成或打印的工作票应使用统一的票面格式，由工作票签发人审核无误，手工或电子签名后方可执行。 　工作票一份应保存在工作地点，由工作负责人收执；另一份由工作许可人收执，按值移交。工作许可人应将工作票的编号、工作任务、许可及终结时间记入登记簿。 3）一张工作票中，工作许可人与工作负责人不得互相兼任。若工作票签发人兼任工作许可人或工作负责人，应具备相应的资质，并履行相应的安全责任。 4）工作票由工作负责人填写，也可以由工作票签发人填写。 5）工作票由设备运维管理单位（部门）签发，也可由经设备运维管理单位（部门）审核合格且经批准的检修及基建单位签发。检修及基建单位的工作票签发人及工作负责人名单应事先送有关设备运维管理单位（部门）备案

续表

工作票制度	具体描述
工作票的有效期与延期	1）第一、二种工作票和带电作业工作票的有效时间，以批准的检修期为限。 2）第一、二种工作票需办理延期手续，应在工期尚未结束以前由工作负责人向运维负责人提出申请（属于调控中心管辖、许可的检修设备，还应通过值班调控人员批准），由运维负责人通知工作许可人给予办理。第一、二种工作票只能延期一次。带电作业工作票不准延期

2. 三种人制度

三种人是指工作票签发人、工作负责人、工作许可人。三种人的资格和职责见表 4-5。

表 4-5　三种人的资格和职责

三种人		具体描述
工作票签发人	资格	应是熟悉人员技术水平、熟悉设备情况、熟悉本部分，并具有相关工作经验的生产领导人、技术人员或经本单位分管生产领导批准的人员。工作票签发人员名单应书面公布
	职责	1）工作必要性和安全性。 2）检查工作票上所填安全措施是否正确完备。 3）检查所派工作负责人和工作班人员是否适当和充足
工作负责人	资格	应是具有相关工作经验，熟悉设备情况和本部分，经车间（工区、公司、中心）生产领导书面批准的人员。工作负责人还应熟悉工作班成员的工作能力
	职责	1）正确安全地组织工作。 2）负责检查工作票所列安全措施是否正确完备、是否符合现场实际条件，必要时予以补充。 3）工作前对工作班成员进行危险点告知，交代安全措施和技术措施，并确认每一个工作班成员都已知晓。 4）严格执行工作票所列安全措施。 5）督促、监护工作班成员遵守规程规定，正确使用劳动防护用品和执行现场安全措施。 6）核查工作班成员精神状态是否良好，变动是否合适
工作许可人	资格	应是经车间（工区、公司、中心）生产领导书面批准的有一定工作经验的运维人员或检修操作人员（进行该工作任务操作及做安全措施的人员）；户用变电站、配电站的工作许可人应是持有效证书的高压电气工作人员

续表

三种人		具体描述
工作 许可人	职责	1）负责审查工作票所列安全措施是否正确、完备，是否符合现场条件。 2）检查工作现场布置的安全措施是否完善，必要时予以补充。 3）负责检查检修设备有无突然来电的危险。 4）对工作票所列内容即使发生很小疑问，也应向工作票签发人询问清楚，必要时应要求作详细补充

4.5 实习注意事项

4.5.1 着装要求

（1）工作人员工作服不应有可能被转动的机械绞住的部分，工作时必须穿工作服，衣服和袖口必须扣好；禁止戴围巾和穿长衣服。工作服禁止使用尼龙、化纤或棉化纤混纺的衣料制作，以防工作服遇火燃烧，引起较重程度燃烧。

（2）工作人员进入生产现场禁止穿拖鞋、凉鞋，女工作人员禁止穿裙子、穿高跟鞋，长发必须盘在工作帽内。做接触高温物体的工作时，应戴手套和穿专用的防护工作服。

（3）任何人进入生产现场（变电站），必须戴安全帽，穿绝缘靴。

（4）工作人员的服装应整洁、完好、协调、无污渍。扣子齐全，不漏扣、错扣。

4.5.2 安全距离

设备不停电时的安全距离见表4-6。

表 4-6　设备不停电时的安全距离

电压等级（kV）	安全距离（m）	电压等级（kV）	安全距离（m）
10 及以下（13.8）	0.70	63（66）、110	1.50
20、35	1.00	220	3.00

续表

电压等级（kV）	安全距离（m）	电压等级（kV）	安全距离（m）
330	4.00	± 50 及以下	1.50
500	5.00	± 500	6.00
750	7.20	± 660	8.40
1000	8.70	± 800	9.30

4.5.3 安全工器具使用及注意事项

安全工器具领用、归还应严格履行交接和登记手续。领用时，保管人和领用人应共同确认安全工器具有效性，确认合格后，方可出库；归还时，保管人和使用人应共同进行清洁整理和检查确认，检查合格的返库存放，不合格或超试验周期的应另外存放，做出"禁用"标识，停止使用。

4.6 新员工实操项目示例：网线、二次控制电缆头制作

4.6.1 网线制作

二次设备、数据网设备、安防设备之间需要使用网线进行信息传输，网线制作是二次检修人员需要具备的基本技能。网线制作实训任务书见表 4-7。

表 4-7 网线制作实训任务书

操作类型	实操
建议时长	20min
任务描述	1）制作一条合格的直通网线； 2）制作一条合格的交叉网线
工作要求	1）提前准备好网线制作的主要材料和工具； 2）按照规范步骤进行直通线 / 交叉线的制作； 3）制作完成后做好实训现场整理

续表

操作类型	实操
否决项说明	考核中出现以下情况之一，本次考核得 0 分： 1）考试过程中违反安全规程，可能导致考生自身或他人人身伤害的； 2）考试过程中违章操作，可能导致设备、工器具损坏等财产损失的
资料提供	每工位配备网线制作工具、实训指导手册
注意事项	1）训练时间到应立即停止操作，整理工具材料离开操作场地； 2）严格遵守安全操作规程

网线制作完成后，应通信正常，测试仪检测指示灯依照排线标准依次闪亮，网线成品及检测如图 4-39 所示。此外，还应满足美观性要求。

图 4-39　网线成品及检测

4.6.2　二次控制电缆头制作

二次回路施工是二次检修人员需要具备的核心技能，控制电缆头制作是其中的关键工作内容。二次控制电缆头制作实训任务书见表 4-8，表中列出了实训过程中学员需要完成的任务。

表 4-8　二次控制电缆头制作实训任务书

操作类型	实操
建议时长	15min

续表

操作类型	实操
任务描述	完成保护屏内一根控制电缆的剥切和电缆头制作
工作要求	1）要求独立操作，完成保护屏内一根控制电缆的剥切和电缆头制作，二次电缆终端制作工艺符合要求。具体操作如下：剥除不短于30cm的电缆外层护套，将4mm² 黄绿多股软铜屏蔽接地线与屏蔽层用绞接的方式紧密缠绕，同时用聚氯乙烯带进行缠绕，确保连接可靠，用与电缆直径配套的热缩管进行烘缩保护露出部位。 2）工具及附属材料，根据要求自选。 3）注意安全文明操作，防止事故发生
否决项说明	考核中出现以下情况之一，本次考核得0分： 1）考试过程中违反安全规程或使用工具方法不正确，可能导致考生自身或他人人身伤害。 2）考试过程中违章操作或使用工具方法不正确，可能导致设备、工器具损坏等财产损失的。 3）自备电缆型号与要求不一致或关键工艺项不符合运行、检修标准。 4）在规定的时间内，未完成全部作业
资料提供	每工位配备常用二次耗材及二次电缆头制作工具
注意事项	1）训练时间到应立即停止操作，整理工具材料离开操作场地。 2）严格遵守安全操作规程

　　控制电缆头制作完成后，应满足绝缘要求，此外，还应满足美观性要求。二次控制电缆头制作如图4-40所示。

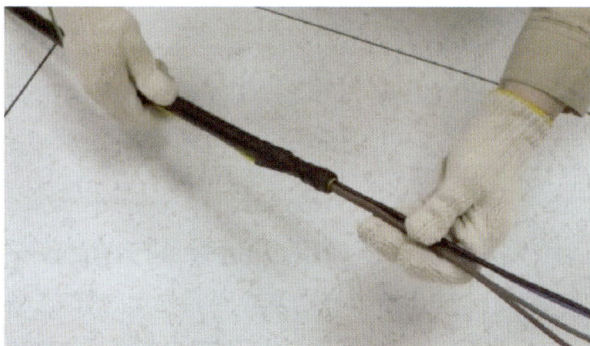

图4-40　二次控制电缆头制作

【思考与练习】

1. 变电二次检修人员需要掌握哪些知识和技能?

2. 变电二次检修在电网中的作用有哪些?

3. 分别简述不同电压等级下线路、母线、变压器保护的配置。

4. 万用表的使用注意事项有哪些?

5. 与常规站相比,智能变电站使用的智能终端、合并单元有何优点?

6. 如果在后台监控系统中发现某台测控装置通信中断,可能的原因有哪些?

7. 继电保护装置的校验包括哪些内容?

8. 二次检修专业装置巡视项目包括什么?

9. 在进行遥测功能测试时,如果发现后台监控系统显示的遥测量与试验仪输出数值存在较大差异,应该如何排查故障原因?

10. 变电站二次设备为何要统一进行对时?

11. 专职监护人属于三种人吗? 三种人有哪些职责?

12. 工作票可以涂改吗? 工作票签发人可以兼任工作负责人吗?

13. 现场工作人员的着装要求有哪些?

14. 使用安全工器具的注意事项有哪些?

5 电气试验

5.1 专业概述

5.1.1 电气试验在电网中的作用

电气试验是电网企业变电检修中心电气试验班或变电修试班的核心生产岗。电气试验是使用各类仪器和通过各种方法对变电一次设备进行试验检查，通过试验结果分析评估设备的状态，及时发现设备缺陷，消除设备绝缘老化、劣化、电气和机械性能变化等各类影响电网安全运行的隐患。因绝大多数试验都需要升高压，电气试验通常也叫作高压试验。

5.1.2 电气试验班工作模式及职责

1. 工作职责

负责公司系统 35kV 及以上电压等级变电站内所有变电一次设备的预防性试验、设备故障诊断性试验、本部门自主实施的技改项目交接试验，以及新设备投运前的出厂和交接试验验收等。

2. 工作模式

电气试验班工作模式包括电气试验的实施、电气试验的验收、数字化平台的应用、仪器仪表的维护、安全管理、文档资料管理、技术培训等。其中，电气试验的实施和电气试验的验收是在变电站现场工作。

（1）电气试验的实施。负责公司系统 35kV 及以上电压等级变电站内所有变电一次设备的预防性试验、设备故障诊断性试验、本部门自主实施的技改项目交接试验。

预防性试验是指按照规程规定的试验周期和试验项目，开展试验工作。

诊断性试验是指当设备有缺陷时，开展一些针对性的试验项目进行综合分析，查找缺陷位置和发生缺陷原因。

交接试验是指本部门自主实施的技改项目安装结束后、投运前，按照规程规定的试验项目，开展试验工作。

全面执行标准化作业，应实现对作业风险、关键环节的有效控制，确保作业全过程安全和质量的可控、能控、在控。

（2）电气试验的验收。电气试验的验收包括出厂验收、交接试验验收，以旁站或视频形式对设备的一些重要试验进行验收。验收工作必须携带验收标准卡，形成验收记录并存档。

（3）数字化平台的应用。数字化平台的应用包括 PMS（电脑）、移动办公App（手机）。

电气试验班组对 PMS 的常用模块包括试验计划、检修方案、工作票、作业准备、作业执行、试验报告、缺陷记录等。

电气试验班组对移动办公 App "i 国网" 的常用模块包括安全管控、变电运检等。

电气试验工作前必须通过 PMS 开票，工作中通过移动办公 App 上报现场安全管控，工作后通过 PMS 录入试验报告。

（4）仪器仪表的维护。仪器仪表的维护指班组建立仪器仪表台账，妥善保管，按规定周期送至校验单位进行校验。

（5）安全管理。安全管理是指班组应设立安全员，负责班组全员安规考试、安全学习、安全日活动，负责安全管控平台管理、安全工器具管理、班组生产安全督查等。

（6）文档资料管理。文档资料管理包括参与试验方案、作业指导书、试验报告、验收记录等文档的编制、审核、记录与存档。

（7）技术培训。技术培训指员工参加各类技术培训，包括入职培训、技能等级单元制培训，各级部门举办的各类线上或线下技能提升培训。

5.1.3　专业分类

电气试验可分为电气试验、油化验。其中，电气试验是对变电一次设备进行试验；油化验是对油浸式变电设备取油样进行油试验分析。

（1）电气试验。

1）工作对象：变电站内所有一次设备。

2）工作地：一般在变电站内。

3）工作目标：结合各种试验手段，采用不同的试验仪器对设备进行综合性能试验，考察设备绝缘或电气、机械等特性，以试验结果评估设备状态，判定设备是否能可靠运行。

4）工作内容：对运行中的设备进行常规预防性试验，对设备投运前进行交接试验，对有故障的设备进行诊断性试验。常见的试验项目有绝缘电阻、介质损耗及电容量、交流耐压、直流电阻等。

5）工作特点：试验电压高，安全风险高，高压试验人员不得少于2人。

（2）油化验。

1）工作对象：充油变电一次设备内部油样，以变压器油为主。

2）工作地点：油试验室。

3）工作目标：对充油设备取油样后及时送至油试验室，采用油试验仪器对油样进行综合性能试验，以检测结果考察油样性能或断充设备故障类型。

4）工作内容：对运行中的充油设备进行周期性取油样检测，对新投运设备油样进行取油样检测，对有故障的设备进行取油样诊断。常见的油试验项目有油中溶解气体检测、油含气量、油中水分、击穿电压等。

5.1.4 岗位能力提升要求

1. 中级工技能要求

熟悉 35kV 及以下电压等级变电一次设备的基本结构，掌握 35kV 及以下电压等级变电一次设备的常规预防性试验的原理、目的、接线、仪器操作和试验步骤；熟练使用各类安全工器具，熟练使用电流表、电压表、功率表、绝缘电阻测试仪、介质损耗测试仪、直流电阻测试仪、直流试验成套装置等仪器仪表。

2. 高级工技能要求

熟悉变电一次设备的基本结构，掌握各类变电一次设备的常规预防性试验的原理、目的、接线、仪器操作和试验步骤；掌握 35kV 及以下电压等级变电一次设备复杂预防性试验的原理、目的、接线、仪器操作和试验步骤；能独立编写常规预防性试验的作业指导书。

3. 技师技能要求

掌握变电一次设备的基本结构及原理，掌握各类变电一次设备的复杂预防性试验的原理、目的、接线、仪器操作和试验步骤；掌握各类变电一次设备的常规诊断性试验的原理、目的、接线、仪器操作和试验步骤；能独立编写各类型试验的作业指导书；能对试验异常结果进行基本的缺陷分析和故障诊断。

电气试验中级工、高级工、技师的岗位能力提升要求见表 5-1。

表 5-1　电气试验中级工、高级工、技师的岗位能力提升要求

设备	试验项目		
	中级工	高级工	技师
变压器	35kV 及以下电压等级绝缘电阻试验、35kV 及以下电压等级介质损耗和电容量试验、35kV 及以下电压等级直流电阻试验	绝缘电阻试验、介质损耗和电容量试验、直流电阻试验、套管绝缘电阻试验、套管介质损耗和电容量试验、铁芯和夹件接地电流测量、35kV 及以下电压等级交流耐压试验、35kV 及以下电压等级短路阻抗试验、35kV 及以下电压等级空载电流和空载损耗试验	绕组频率响应试验、短路阻抗试验、空载电流和空载损耗试验、各分接位置电压比试验、直流泄漏电流试验、交流耐压试验、有载分接开关试验
电压互感器	35kV 及以下电压等级绝缘电阻试验、电磁式电压互感器直流电阻试验	绝缘电阻试验、介质损耗和电容量试验、励磁特性试验、35kV 及以下电压等级交流耐压试验	交流耐压试验、局部放电测试、35kV 及以下电压等级电磁式电压互感器感应耐压试验、电磁式电压互感器支架介质损耗测量、电磁式电压互感器电压比校验

续表

设备	试验项目		
	中级工	高级工	技师
电流互感器	35kV 及以下电压等级绝缘电阻试验	绝缘电阻试验、介质损耗和电容量试验、励磁特性试验、35kV 及以下电压等级交流耐压试验	交流耐压试验、局部放电测试
避雷器	110kV 及以下绝缘电阻试验、110kV 及以下电压等级直流 1mA 下电压及泄漏电流试验、放电计数器检查试验	绝缘电阻试验、直流 1mA 下电压及泄漏电流试验、运行电压下的持续电流试验	工频参考电流下的工频参考电压测试
断路器	真空断路器绝缘电阻试验、主回路电阻测试	机械特性试验、35kV 及以下电压等级交流耐压试验	交流耐压试验、分合闸线圈直流电阻试验、分合闸线圈绝缘电阻试验
隔离开关	主回路电阻测试	—	—
GIS 设备	—	—	主回路电阻测量、交流耐压试验、特高频局部放电检测、超声波局部放电检测
开关柜	柜体内一次设备参考对应试验项目	暂态地电压局部放电测试、超声波局部放电测试	—
电抗器	绝缘电阻试验	介质损耗和电容量试验、直流电阻试验、电抗值测试	—
消弧线圈	—	绝缘电阻试验、直流电阻试验	—
电容器	电容器绝缘电阻试验	并联电容器电容量测量、并联电容器耐压试验	—
接地网	—	接地引下线导通试验	接地阻抗测试、跨步电压和接触电压测试、开挖检查

续表

设备	试验项目		
	中级工	高级工	技师
绝缘子	—	—	现场污秽度评估、绝缘子憎水性试验、复合绝缘子和室温硫化硅橡胶涂层的状态评估、孔隙性试验、工频湿耐受电压试验
绝缘油	—	油中溶解气体分析	酸值检测、抗氧化剂含量检测、体积电阻率检测、油泥与沉淀物检测、颗粒数检测、铜金属含量数量检测、水溶性酸 pH 值检测、闪点检测、油中含气量检测、界面张力检测
SF$_6$ 设备	—	SF$_6$ 气体湿度检测、SF$_6$ 气体成分检测	气体密封性检测、密度表校验、SF$_6$ 气体成分分析及气体纯度检测

注 未标明电压等级的试验项目包含所有电压等级。

5.2 专业基础知识

5.2.1 电气试验的意义

由于电力设备在设计和制造过程中，不免存在一些质量问题，而且在安装过程中也可能出现损坏，因此将会存在一些潜伏性缺陷。又由于电力设备在运行中经常受到热、化学、机械振动和其他因素的影响，因此其绝缘易出现劣化，甚至失去绝缘性能，造成事故。

有关统计显示，电力系统 60% 以上的停电事故是由设备绝缘缺陷引起的。设备绝缘的劣化都有一个发展期，在这个发展期，绝缘材料会发出一些物理、化学信息，这些信息反映出绝缘状态的变化情况。

电气试验人员需要通过电气试验，了解掌握绝缘情况，以便在故障发生初期就能够及时准确发现并处理缺陷。

5.2.2 电气试验类型

按照试验性质分类，电气试验主要包括型式试验、出厂试验、交接试验、预防性试验和诊断性试验五类。按照试验的作用和要求不同，可以分为绝缘试验与特性试验两类。按照试验条件来划分，电气试验又分为停电试验与带电检测。

1. 按照试验性质分类

按照试验性质分类的试验类型、定义和项目见表5-2。

表 5-2　按照试验性质分类的试验类型、定义和项目

类型	定义	项目
型式试验	根据一个或多个代表生产产品的样本所进行的符合性试验	雷电冲击耐压试验、短路阻抗和负载损耗测量等
出厂试验	产品出厂之前电力设备生产厂家根据有关标准和产品技术条件规定的试验项目对产品进行检验	密封性能试验、交流电压试验等
交接试验	新设备安装投运前，为确定设备状态性能而进行的试验，或对旧设备核心部件或主体进行解体性检修后重新投运的设备进行的试验	交流耐压试验、励磁特性试验等
预防性试验	为了评估设备状态、及时发现设备隐患，定期进行的各种停电试验和带电检测	绝缘电阻试验、介质损耗试验、直流电阻试验等
诊断性试验	巡检、在线监测、预防性试验等发现设备状态不良，或经受了不良工况，或受家族缺陷警示，或持续运行了较长时间，为进一步评估设备状态进行的特定试验项目	绕组变形可进行频响试验、介质损耗试验等。接头发热可进行回路电阻试验等

2. 按照试验的作用和要求分类

按照试验的作用和要求分类的试验类型、定义和项目见表5-3。

表 5-3　按照试验的作用和要求分类的试验类型、定义和项目

类型	定义	项目
绝缘试验	考察设备绝缘水平，是否存在缺陷或老化等缺陷： 1）破坏性试验：使试验对象全部或部分损坏的试验，一般是在高于设备工作电压下进行。 2）非破坏性试验：不会损伤试验对象性能的试验，一般是在较低电压（不大于设备额定电压、额定电流）下进行的试验。 应遵循先进行非破坏性试验，在确定设备无绝缘等缺陷后，再进行破坏性试验的顺序，避免设备故障扩大，造成不必要的修复或修复困难	绝缘电阻试验、泄漏电流试验、耐压试验等
特性试验	除了绝缘试验以外的其他试验，通常统称为特性试验，反映设备电气和机械方面的某些特性	变比试验、极性试验、导电回路电阻、分合闸时间试验等

3. 按照试验条件分类

按照试验条件分类的试验类型、定义和项目见表 5-4。

表 5-4　按照试验条件分类的试验类型、定义和项目

类型	定义	项目
带电检测	运行状态对设备状态进行的试验	变压器取油样分析、避雷器带电检测、红外热像检测等
停电试验	退出运行条件下，对设备状态进行试验	除带电检测之外的所有试验

5.2.3　电气设备缺陷的分类

电气设备缺陷的分类如图 5-1 所示。

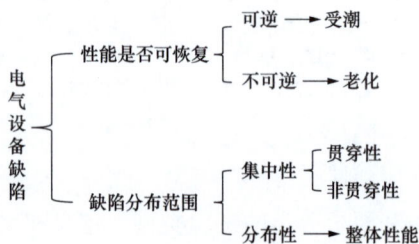

图 5-1　电气设备缺陷的分类

5.2.4 常规试验项目

常规试验项目包括绝缘电阻试验、泄漏电流试验、直流电阻试验、交流耐压试验、介质损耗试验。

1. 停电试验

（1）试验周期。330kV 及以上电压等级的设备试验周期通常不大于 3 年，220kV 及以下电压等级的设备试验周期通常不大于 6 年。新投运的间隔或单独设备在投运 2 年内应进行首次试验，首次试验日期是计算未来试验日期的基准。

（2）常规试验项目。具体实施应依照电压等级、设备状态、相关规程等增减试验项目。常规试验项目见表 5-5。

表 5-5 常规试验项目

设备	分类	项目
电流互感器	油浸式（电容式）	1）绝缘电阻（一次绕组对二次绕组及地、末屏对地）。 2）介质损耗 $\tan\delta$ 和电容量试验（主绝缘、末屏）
	浇注式、SF_6	绝缘电阻（一次绕组对二次绕组及地）
电压互感器	电磁式	1）绝缘电阻（一次绕组对二次绕组及地）。 2）介质损耗 $\tan\delta$ 和电容量试验（一次绕组对二次绕组及地、串级式电压互感器绝缘支架）
	电容式	1）绝缘电阻（分压器、分压电容低压端对地）。 2）介质损耗 $\tan\delta$ 和电容量试验（主电容、分压电容）
	浇注式	绝缘电阻（一次绕组对二次绕组及地）
避雷器	氧化锌	1）绝缘电阻（高压端对地、底座）。 2）直流 1mA 参考电压 U_{1mA} 和 $0.75U_{1mA}$ 下的泄漏电流试验。 3）放电计数器动作性能（如有）
断路器	SF_6	1）回路电阻。 2）机械特性。 3）SF_6 湿度检测
	真空	1）机械特性。 2）交流耐压（分闸、合闸）

续表

设备	分类	项目
断路器	GIS 设备	1）回路电阻。 2）SF₆湿度检测
	开关柜	1）回路电阻。 2）机械特性。 3）交流耐压（分闸、合闸）。 4）柜内电流互感器、电压互感器、避雷器等设备参照本表执行
主变压器	本体绝缘试验	1）绕组连同套管的绝缘电阻、吸收比或极化指数（各绕组对其他绕组及地）。 2）绕组连同套管的介质损耗 $\tan\delta$ 和电容量试验（各绕组对其他绕组及地）。 3）铁芯及夹件绝缘电阻
	本体特性试验	1）绕组变形（频率响应检测）。 2）短路试验（低电压法）。 3）直流电阻（绕组连同套管）
	套管（电容式）	1）绝缘电阻（主绝缘对地、末屏对地）。 2）介质损耗 $\tan\delta$ 和电容量试验（主绝缘）
	有载分接开关	1）查动作顺序和动作角度。 2）有载调压切换过程试验

2. 带电检测

目前很多变电站对设备安装了在线监测装置，如变压器油色谱在线监测、铁芯接地电流在线监测、GIS 特高频局部放电在线监测、SF₆ 气体检测等，对未安装在线监测装置的设备应采用带电检测，其中油化验需配合变压器专业进行。规程给出了试验周期，可作为计划参考，各单位可根据情况缩短或延长试验周期。通常主变压器铁芯接地电流检测与取油样（油中溶解气体检测）同时进行，两种局部放电检测同时进行，GIS 和开关柜的局部放电检测、避雷器带电检测宜在迎峰度夏期间进行。

常规带电检测项目和周期见表 5-6。

表 5-6 常规带电检测项目和周期

设备	项目	周期（建议）
主变压器	油中溶解气体检测	1）500kV 以上电压等级：1 个月。 2）500kV 电压等级：3 个月。 3）220kV 电压等级：半年。 4）110kV 及以下电压等级：1 年
	铁芯接地电流检测	1 个月
GIS	特高频局部放电检测	1 年或必要时
	超声波局部放电检测	1 年或必要时
	SF_6 气体分析	3 年或必要时
开关柜	暂态地电压局部放电检测	1 年或必要时
	超声波局部放电检测	1 年或必要时
避雷器	运行电压下的交流泄漏电流检测	1）330kV 及以上电压等级：6 个月。 2）220kV 及以下电压等级：1 年
接地装置	接地引下线导通检测	1）330kV 及以上电压等级：3 年。 2）220kV 及以下电压等级：6 年

5.3 日常业务

电气设备试验日常业务分为停电试验和带电检测。

5.3.1 停电试验

1. 绝缘电阻试验

以 110kV 变压器绕组绝缘电阻试验为例进行说明。

（1）试验目的。测量变压器绕组绝缘电阻、吸收比或极化指数，能有效地检查出变压器绝缘整体受潮、部件表面受潮或脏污，以及贯穿性的集中性缺陷。

（2）试验准备。

1）资料。试验前，准备设备出厂试验数据、历年数据、记录本、工作票。

2）仪器、仪表。绝缘电阻试验所需仪器、仪表见表 5-7。

表 5-7　绝缘电阻试验所需仪器、仪表

序号	名称	型号	单位	数量
1	万用表	—	块	1
2	绝缘电阻表	—	块	1
3	温湿度计	—	块	1

3）工具。绝缘电阻试验所需工具见表 5-8。

表 5-8　绝缘电阻试验所需工具

序号	名称	型号	单位	数量
1	一字螺钉旋具	5×75mm	把	1
2	十字螺钉旋具	5×75mm	把	1
3	绝缘手套	—	双	1
4	验电器	110kV	根	1
5	放电棒	110kV	根	1
6	绝缘杆	110kV	根	1
7	绝缘垫	—	块	1
8	安全遮栏	—	个	10
9	标示牌	—	套	1
10	活扳手	250mm	把	1
11	试验导线	—	套	1
12	短路线	编织软裸铜线	根	2
13	安全带（五点式）	—	套	1
14	工具车	—	个	1

（3）危险点及控制措施。绝缘电阻试验危险点及控制措施见表 5-9。

表 5-9　绝缘电阻试验危险点及控制措施

危险点	控制措施
高处坠落	应使用变压器专用爬梯上下，在变压器上作业应系好安全带，严禁徒手攀爬变压器高压套管
高处落物伤人	高处作业使用工具袋，上下传递物件用绳索拴牢传递，严禁抛掷
人员触电	拆、接试验接线，应将被试设备对地充分放电，以防止剩余电荷、感应电压伤人及影响测量结果。试验接线正确、牢固，试验人员精力集中。试验人员之间应分工明确，测量时应加强配合，测量过程中要高声呼唱

（4）试验接线。

1）拆除或断开变压器套管的一切连线。

2）测量时，绝缘电阻表的电压端子"L"接于被试设备的高压导体上，接地端子"E"接于被试设备的外壳或接地点上，屏蔽端子"G"接于设备的屏蔽环上，以消除表面泄漏电流的影响。被试品上的屏蔽环接在接近加压的高压端而远离接地部分，减少屏蔽对地的表面泄漏，以免造成绝缘电阻表过负荷。屏蔽环可以用熔丝或软铜线紧绕几圈而成。

3）110kV 变压器绝缘电阻试验接线见图 5-2。

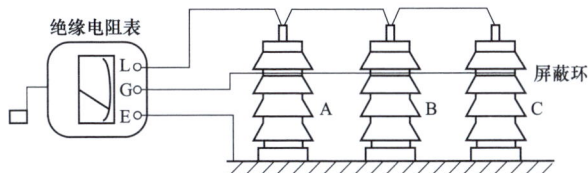

图 5-2　110kV 变压器绝缘电阻试验接线
L—电压端子；G—屏蔽端子；E—接地端子；A、B、C—绝缘瓷套

（5）试验。

1）试验时应站在绝缘垫上，执行呼唱制。

2）在变压器顶层油温低于 50℃时进行测量。

3）将被试品充分放电并有效接地。

4）选择被试设备相应的测量电压挡位。

5）按不同的检测项目要求进行接线，注意由绝缘电阻表到被试品的连线应尽量短。

6）经检查确认无误，绝缘电阻表到达额定输出电压后，待读数稳定或60s时，读取绝缘电阻的阻值并记录。若测量绝缘电阻阻值大于10000MΩ，不需要测量吸收比和极化指数。

7）需要测量吸收比和极化指数时，分别在15s、60s、10min读取绝缘电阻值 R_{15s}、R_{60s}、R_{10min}，并做好记录，并计算吸收比和极化指数。

$$吸收比 = R_{60s}/R_{15s} \tag{5-1}$$

$$极化指数 = R_{10min}/R_{60s} \tag{5-2}$$

8）读取绝缘电阻值后，如使用仪表为手摇式绝缘电阻表，应先断开接至被试品高压端的连接线，然后将绝缘电阻表停止运转。如使用仪表为全自动式绝缘电阻表，应等待仪表自动完成所有工作流程后，断开接至被试品高压端的连接线，然后将绝缘电阻表停止工作。

9）测量结束时，被试品还应对地进行充分放电，对电容量较大的被试品，应先经过电阻放电再直接放电，其放电时间应不小于5min。

10）记录顶层油温；对于 SF_6 气体绝缘变压器及干式变压器，记录绕组温度。

（6）试验数据分析和判断。

1）油浸式电力变压器、电抗器、SF_6 气体变压器绝缘电阻试验。

a.铁芯绝缘电阻应不小于100MΩ（新投运1000MΩ），且与以前试验结果比较无明显变化。

b.绕组绝缘电阻应无显著下降，吸收比不小于1.3或极化指数不小于1.5或绝缘电阻不小于10000MΩ。

2）绝缘电阻的数值。所测得的绝缘电阻的数值不应小于一般允许值，若低于一般允许值，应进一步分析，查明原因。对电容量较大的高压电气设备的绝缘状况，主要以吸收比和极化指数作为判断的依据。如果吸收比和极化指数有明显下降，说明其绝缘受潮或油质严重劣化。

3）试验数值的相互比较。在设备未明确规定最低值的情况下，将结果与有关数据比较，包括同一设备的各相数据、同类设备间的数据、出厂试验数据、耐压前后数据、与历次同温度下的数据比较等，结合其他试验综合判断。

4）由于温度、湿度、脏污等条件对绝缘电阻的影响很明显，所以对试验结果进行分析时，应排除这些因素的影响，特别应考虑温度的影响。

2. 泄漏电流试验

以 110kV 避雷器直流 1mA 电压（U_{1mA}）及 $0.75U_{1mA}$ 下的泄漏电流试验为例来进行说明。

（1）试验目的。直流泄漏试验与绝缘电阻试验在原理上是一致的，根据泄漏电流测量值可以换算出相应的绝缘电阻值，但是直流泄漏试验有其独特的优点：

1）加在试品上的直流电压要比绝缘电阻表的工作电压高得多，因而能发现绝缘电阻试验所不能发现的某些缺陷。

2）可以绘制出泄漏电流随电压变化的曲线、泄漏电流随加压时间变化的曲线，这些曲线可以辅助判断试品的绝缘状况。

（2）试验准备。

1）资料。试验前，准备设备出厂试验数据、历年数据、记录本、工作票。

2）仪器、仪表。泄漏电流试验所需仪器、仪表见表 5-10。

表 5-10　泄漏电流试验所需仪器、仪表

序号	名称	型号	单位	数量
1	万用表	—	块	1
2	温湿度计	—	块	1
3	直流耐压试验装置	—	套	1

3）工具。泄漏电流试验所需工具见表 5-11。

表 5-11　泄漏电流试验所需工具

序号	名称	型号	单位	数量
1	一字螺钉旋具	5×75mm	把	1
2	十字螺钉旋具	5×75mm	把	1
3	绝缘手套	—	双	1
4	验电器	110kV	根	1
5	放电棒	110kV	根	1
6	绝缘杆	110kV	根	1
7	安全遮栏	—	个	10
8	标示牌	—	套	1
9	活扳手	250mm	把	1
10	线轴	AC 220V	个	1
11	短路线	编织软裸铜线	根	2
12	安全带（五点式）	—	套	1
13	绝缘垫	—	块	1
14	工具车	—	个	1

（3）危险点及控制措施。泄漏电流试验危险点及控制措施见表 5-12。

表 5-12　泄漏电流试验危险点及控制措施

危险点	控制措施
高处坠落	人员在拆、接避雷器一次引线时，必须系好安全带。在使用梯子时，必须有人扶持或绑牢
高处落物伤人	高处作业使用工具袋，上下传递物件用绳索拴牢传递，严禁抛掷
人员触电	拆、接试验接线前，应将被试品对地充分放电，以防止剩余电荷、感应电压伤人及影响测量结果。试验仪器的外壳应可靠接地。为防止感应电压伤人，在拆除引线前、接引线时先在避雷器上悬挂接地线

（4）试验接线。

1）将 110kV 氧化锌避雷器首端与其他设备解开、末端接地良好，清洁避雷器表面，进行试验接线。

2）直流耐压试验装置的专用屏蔽线接 110kV 氧化锌避雷器首端，屏蔽线与被试避雷器夹角应尽量大。

3）检测仪的外壳应可靠接地。

4）避雷器直流泄漏电流试验接线如图 5-3 所示。

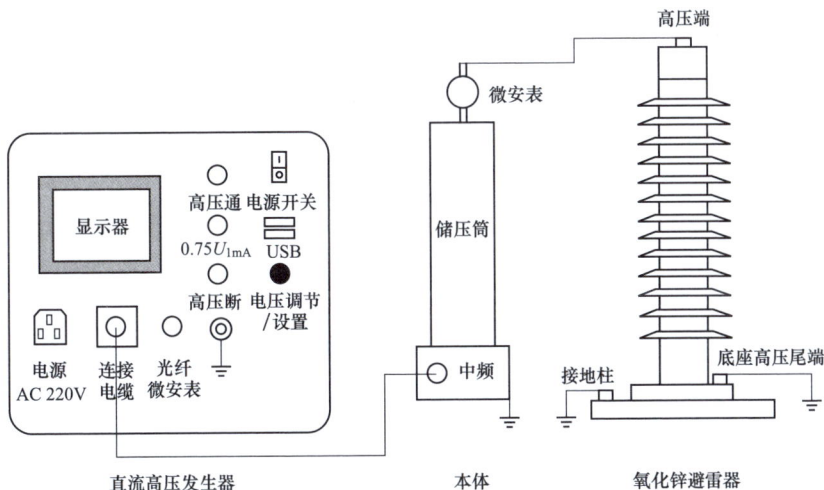

图 5-3　避雷器直流泄漏电流试验接线

（5）试验。

1）用干净清洁柔软的布擦去被试品表面的污垢。

2）被试品一端接高压线，下法兰可靠接地，检查试验接线正确后，拆除被试品放电时的接地线，准备试验。通知其他人员远离被试品并监护。

3）确认电压输出在零位，进行高声呼唱，接通电源，然后缓慢升高电压到规定的试验电压。升压过程中注意观察检测进度，随时警戒异常情况的发生。当电流达到 1mA 时，读取并记录 U_{1mA}，之后降压至零。

4）计算 $0.75U_{1mA}$。

5）测量 $0.75U_{1mA}$ 下的泄漏电流。重新接通电源，然后缓慢升高电压，升压过程中注意观察检测进度，随时警戒异常情况的发生，重新升压至 $0.75U_{1mA}$（U_{1mA} 应选用 U_{1mA} 初始值或制造厂给定的 U_{1mA}），读取并记录泄漏电流，降压至零。

6）待电压表指示基本为零时，断开试验电源，用带限流电阻的放电棒对避雷器充分放电，挂接地线。分析试验数据。

7）拆除试验所接的引线，整理现场。

（6）试验数据分析和判断。

1）金属氧化物避雷器的 U_{1mA} 直流参考电压初值差不大于 ±5%。

2）$0.75U_{1mA}$ 泄漏电流初值差不大于 30% 或不大于 50μA。

3）检测数据超标时应考虑被试设备表面污秽、环境湿度等因素，必要时可对被试设备表面进行清洁或干燥处理，在外绝缘表面靠近加压端装设屏蔽环后重新测量。

3. 直流电阻试验

以 110kV 变压器绕组连同套管直流电阻试验为例进行说明。

（1）试验目的。检测变压器绕组连同套管的直流电阻，可以检查出绕组内部导线接头、引线与绕组接头的焊接质量、电压分接开关各个分接位置及引线与套管的接触是否良好、并联支路连接是否正确、变压器载流部分有无断路、接触不良，以及绕组有无短路现象。

（2）试验准备。

1）资料。试验前，准备设备出厂试验数据、历年数据、记录本、工作票。

2）仪器、仪表。直流电阻试验所需仪器、仪表见表 5-13。

表 5-13　直流电阻试验所需仪器、仪表

序号	名称	型号	单位	数量
1	直流电阻检测仪	—	套	1
2	万用表	—	块	1
3	温湿度计	—	块	1

3）工具。直流电阻试验所需工具见表 5-14。

表 5-14　直流电阻试验所需工具

序号	名称	型号	单位	数量
1	一字螺钉旋具	5×75mm	把	1
2	十字螺钉旋具	5×75mm	把	1
3	绝缘手套	—	双	1
4	验电器	110kV	根	1
5	放电棒	110kV	根	1
6	绝缘杆	110kV	根	1
7	绝缘垫	—	块	1
8	安全遮栏	—	个	10
9	标示牌	—	套	1
10	活扳手	250mm	把	1
11	线轴	AC 220V	个	1
12	短路线	编织软裸铜线	根	2
13	安全带（五点式）	—	套	1

（3）危险点及控制措施。直流电阻试验危险点及控制措施见表 5-15。

表 5-15　直流电阻试验危险点及控制措施

危险点	控制措施
高处坠落	应使用变压器专用爬梯上下，在变压器上作业系好安全带，严禁徒手攀爬变压器高压套管
高处落物伤人	高处作业使用工具袋，上下传递物件用绳索拴牢传递，严禁抛掷
人员触电	拆、接试验接线前，应将被试设备对地充分放电。在充、放电过程中，严禁人员触及变压器套管金属部分。测量引线要连接牢固，试验仪器的金属外壳应可靠接地
试验仪器损坏	防止方向感应电动势损坏检测仪。对无载调压变压器测量时，若需要切换分接挡位，必须停止检测，待检测仪提示"放电"完毕后，方可切换分接开关。在测量过程中，不能随意切断电源及更换接在被试品两端的测量连接线

（4）试验接线。

1）拆除变压器高压套管引线。

2）将110kV变压器高、低压绕组与其他设备断开。

3）变压器各绕组的电阻应分别在各绕组的线端上检测，具体如下：

a. 三相变压器绕组为星形联结无中性点引出时，应检测其线电阻，如AB、BC、CA。如有中性点引出时，应检测其相电阻，如AO、BO、CO。

b. 三相变压器绕组为三角形联结时，首末端均引出的应检测其相电阻。封闭三角形联结的应检测其线电阻。

4）检测110kV变压器高压绕组直流电阻时，检测仪"C1、C2、P1、P2"端依次接高压绕组AO、BO、CO或AB、BC、CA，具体接线如图5-4～图5-6所示。

5）检测110kV变压器低压绕组直流电阻时，检测仪"C1、C2、P1、P2"端依次接高压绕组ao、bo、co或ab、bc、ca，具体接线如图5-7～图5-9所示。

6）非被试绕组引出端子全部处于开路状态。

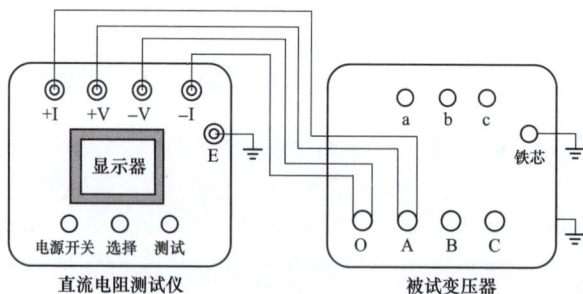

图5-4　110kV变压器高压绕组（星形接线）A-O端子间直流电阻试验接线

+I—电流正极性端；-I—电流负极性端；+V—电压正极性端；-V—电压负极性端；E—接地端子；
O—变压器中性点端；a、b、c—变压器低压端；A、B、C—变压器高压端

（5）试验。

1）试验时应站在绝缘垫上，执行呼唱制。

2）对被试变压器进行放电，记录绕组运行分接位置、设备温度及环境温度。

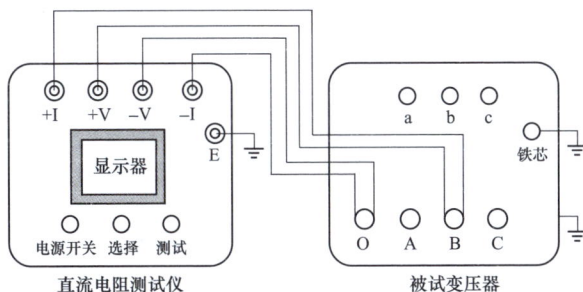

图 5-5　110kV 变压器高压绕组（星形接线）B-O 端子间直流电阻试验接线

+I—电流正极性端；–I—电流负极性端；+V—电压正极性端；–V—电压负极性端；E—接地端子；
O—变压器中性点端；a、b、c—变压器低压端；A、B、C—变压器高压端

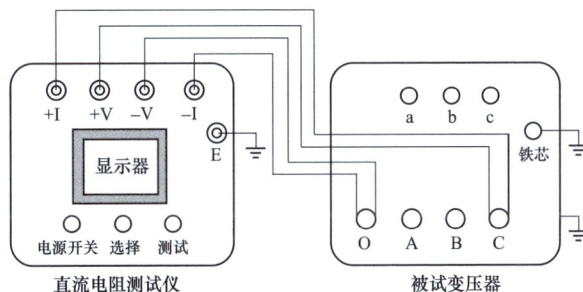

图 5-6　110kV 变压器高压绕组（星形接线）C-O 端子间直流电阻试验接线

+I—电流正极性端；–I—电流负极性端；+V—电压正极性端；–V—电压负极性端；E—接地端子；
O—变压器中性点端；a、b、c—变压器低压端；A、B、C—变压器高压端

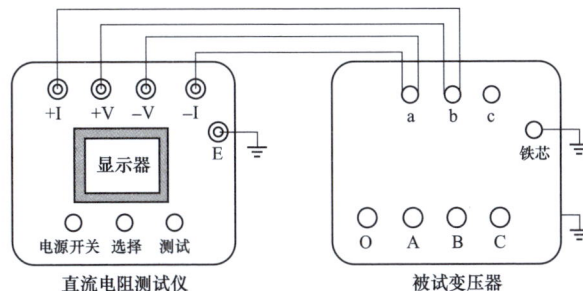

图 5-7　110kV 变压器低压绕组（三角形接线）a-b 端子间直流电阻试验接线

+I—电流正极性端；–I—电流负极性端；+V—电压正极性端；–V—电压负极性端；E—接地端子；
O—变压器中性点端；a、b、c—变压器低压端；A、B、C—变压器高压端

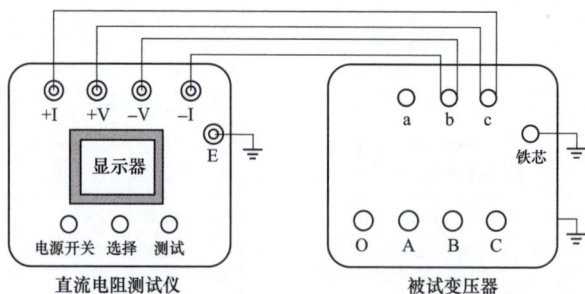

图5-8　110kV变压器低压绕组（三角形接线）b-c端子间直流电阻试验接线

+I—电流正极性端；-I—电流负极性端；+V—电压正极性端；-V—电压负极性端；E—接地端子；
O—变压器中性点端；a、b、c—变压器低压端；A、B、C—变压器高压端

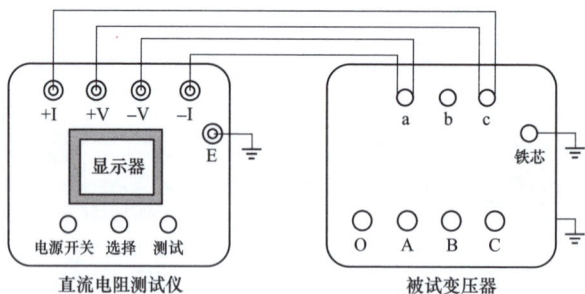

图5-9　110kV变压器低压绕组（三角形接线）c-a端子间直流电阻试验接线

+I—电流正极性端；-I—电流负极性端；+V—电压正极性端；-V—电压负极性端；E—接地端子；
O—变压器中性点端；a、b、c—变压器低压端；A、B、C—变压器高压端

3）根据仪器使用说明书和绕组电阻大小选择直流电阻检测仪的检测电流。

4）经检查确认无误，打开仪器电源，绕组直流电阻表到达额定输出电流后，待读数稳定时，读取绕组直流电阻值并记录。

5）读取绕组直流电阻值后，应先复位，仪器自放电，待电流归零后断开仪器电源，断开接至被试变压器上的连接线，更换接线。

6）检测带分接的变压器绕组时，对无励磁调压变压器在变换分接位置时，应切断试验电源。

7）检测带分接的变压器绕组时，对有载调压变压器无须切断检测电源，即可变换分接位置，进行连续检测。

（6）试验数据分析和判断。

1）6MVA 以上变压器，各相绕组电阻相间的差别不大于三相平均值的 2%（警示值）。无中性点引出的绕组，线间差别不大于三相平均值的 1%（注意值）。

2）1.6MVA 及以下变压器，相间差别不大于三相平均值的 4%（警示值），线间差别一般不大于三相平均值的 2%（注意值）。同一温度下各绕组电阻的初值差不超过 ±2%（警示值）。

3）试验数据比较分析时，每次检测的电阻值都应换算至同一温度下进行比较，有标准值的按标准值进行判断。若检测结果未超标，但每次检测数值都有所增加，应引起注意。

4）检测后对结果的分析应进行电阻值换算，主要有不同温度下电阻换算、线电阻与相间电阻换算。

4. 交流耐压试验

以 10kV 橡塑电缆变频谐振耐压试验为例进行说明。

（1）试验目的。相比前述的其他几项绝缘试验，交流耐压试验的试验电压较高，并且波形、频率和电压在绝缘内的分布都与实际运行情况相符合。因此，该试验对绝缘中一些隐藏的局部缺陷较为敏感，是考核电气设备绝缘水平的一项重要试验。交流耐压试验通过与否，直接决定了电气设备能否新投或检修后能否继续投入运行。

（2）试验准备。

1）资料。试验前，准备设备出厂试验数据、历年数据、记录本、工作票。

2）仪器、仪表。交流耐压试验所需仪器、仪表见表 5–16。

表 5–16　交流耐压试验所需仪器、仪表

序号	名称	型号	单位	数量
1	成套交流耐压试验装置及试验线	—	套	1
2	万用表	—	块	1
3	温湿度计	—	块	1

3）工具。交流耐压试验所需工具见表 5–17。

表 5–17　交流耐压试验所需工具

序号	名称	型号	单位	数量
1	一字螺钉旋具	5×75mm	把	1
2	十字螺钉旋具	5×75mm	把	1
3	绝缘手套	—	双	1
4	验电器	10kV	根	1
5	放电棒	10kV	根	1
6	绝缘杆	10kV	根	1
7	绝缘垫	—	块	1
8	安全遮栏	—	个	10
9	标示牌	—	套	1
10	活扳手	250mm	把	1
11	线轴	AC 220V	个	1
12	短路线	编织软裸铜线	根	2
13	工具车	—	个	1

（3）危险点及控制措施。交流耐压试验危险点及控制措施见表 5–18。

表 5–18　交流耐压试验危险点及控制措施

危险点	控制措施
低压触电	1）现场要使用专用试验电源，使用合格的电源开关。 2）接试验电源应由至少两人进行，在指定地点进行接线，接线人员应戴线手套，使用带有绝缘柄的工具，不得手握金属部位。 3）分、合电源开关时，应戴线手套并不得触及带电部分。 4）不得触摸配电箱及端子箱内的带电设备。 5）收放临时电源线时，应断开电源开关
高压感电	检测人员不得触碰导体，并与带电部位保持足够的安全距离。试验前后均对试品充分放电。试验仪器的金属外壳应可靠接地，测量过程中要高声呼唱，被试电缆两侧应有专人监护

（4）试验接线。

1）将 10kV 电力电缆首、末端与其他设备解开。

2）应对电力电缆的每一相检测其主绝缘，具体如下：

a. 对具有统包绝缘的三芯电缆，应分别对每一相进行耐压，利用专用高压试验线接至试验装置的高压输出端，其他两相电力电缆、金属屏蔽或金属套和铠装层一起接地，接线如图 5-10 ~ 图 5-12 所示。

b. 对分相屏蔽的三芯电缆和单芯电缆，可一相或多相同时进行耐压，利用专用高压试验线接至试验装置的高压输出端，非被试相电力电缆、金属屏蔽或金属套和铠装层应一起接地。

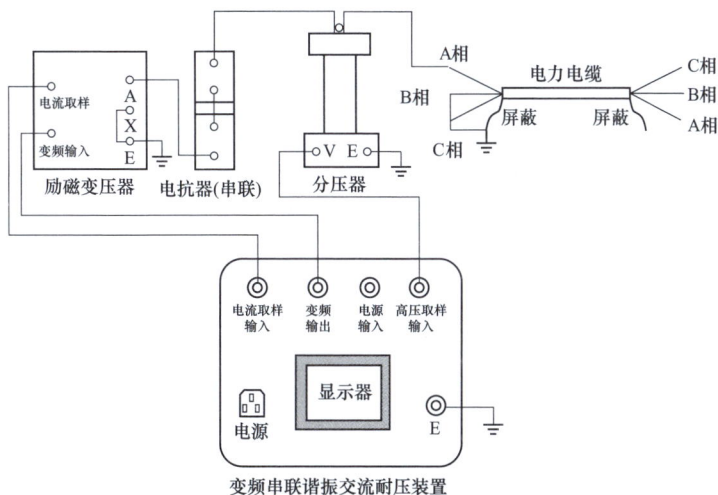

图 5-10 10kV 电力电缆 A 相主绝缘交流耐压试验接线

A——一次绕组高压接线端子；X——一次绕组低压接线端子；E—接地端子；V—高压取样接线端子

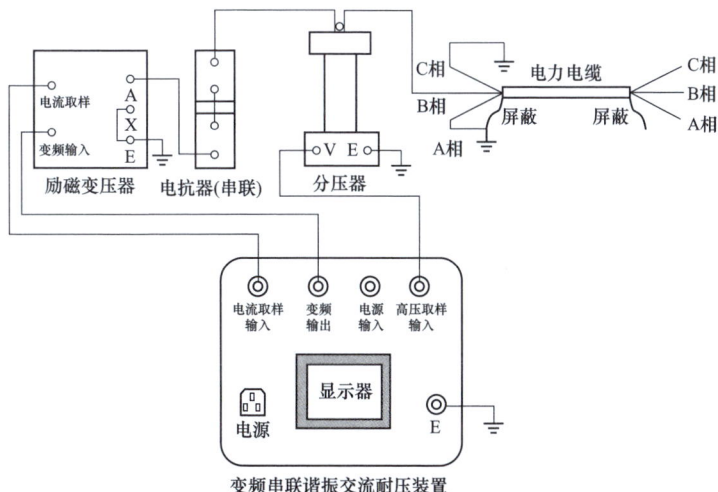

图 5-11 10kV 电力电缆 B 相主绝缘交流耐压试验接线

A——一次绕组高压接线端子；X——一次绕组低压接线端子；E—接地端子；V—高压取样接线端子

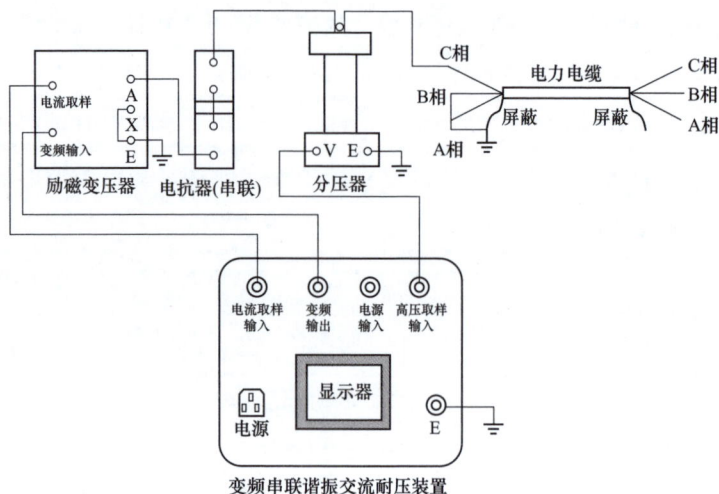

图 5-12　10kV 电力电缆 C 相主绝缘交流耐压试验接线

A——次绕组高压接线端子；X——次绕组低压接线端子；
E—接地端子；V—高压取样接线端子

（5）试验。

1）试验时应站在绝缘垫上，执行呼唱制。

2）核对试验接线。

3）确认被试电力电缆交流耐压试验前应完成的试验项目已完成，且试验合格。

4）接通试验电源，开始升压进行试验，升压过程中应密切监视高压回路，监听被试电力电缆有何异响。

5）根据升压程序，缓慢进行升压操作，加到试验要求电压值后开始计时。

6）计时结束后，缓慢降压并断开电源。

7）试验完毕后，应通过反复多次放电直至无火花后，才允许直接接地放电。放电方法：先将放电棒顶部金属尖端逐渐接近试品，至一定距离后空气间隙开始游离放电，有嘶嘶放电声。当无放电声音时可用放电棒顶部尖端接触试品放电，最后直接将接地线接触电力电缆放电。

（6）试验数据分析和判断。

1）新投运线路或不超过 3 年的非新投运线路耐压值为 $2.5U_0$，时间为

5min；非新投运线路耐压值为 $2U_0$，时间为 5min。试验中如无破坏性放电发生，且耐压前后的绝缘电阻无明显变化，则认为耐压试验通过。

2）橡塑绝缘电力电缆的主绝缘电阻应大于 1000MΩ，外护套、内衬层的绝缘电阻不应低于 0.5MΩ/km。若测得的绝缘电阻值低于标准要求，则可判定被测电缆不合格。

5. 介质损耗试验

以变压器绕组介质损耗 tanδ 及电容量试验为例进行说明。

（1）试验目的。检测变压器绕组连同套管的介质损耗 tanδ 的目的是检查变压器是否受潮、绝缘油及纸是否劣化、绕组上是否附着油泥及存在严重局部缺陷等。介质损耗试验是判断变压器绝缘状态的一种较有效的手段，近年来随着变压器绕组变形检测的开展，测量变压器绕组的 tanδ 及电容量可以作为绕组变形判断的辅助手段之一。

（2）试验准备。

1）资料。试验前，准备设备出厂试验数据、历年数据、记录本、工作票。

2）仪器、仪表。介质损耗试验所需仪器、仪表见表 5-19。

表 5-19 介质损耗试验所需仪器、仪表

序号	名称	型号	单位	数量
1	介质损耗 tanδ 和电容量检测仪	—	套	1
2	万用表	—	块	1
3	温湿度计	—	块	1

3）工具。介质损耗试验所需工具见表 5-20。

表 5-20 介质损耗试验所需工具

序号	名称	型号	单位	数量
1	一字螺钉旋具	5×75mm	把	1
2	十字螺钉旋具	5×75mm	把	1

续表

序号	名称	型号	单位	数量
3	绝缘手套	—	双	1
4	验电器	110kV	根	1
5	放电棒	110kV	根	1
6	绝缘杆	110kV	根	1
7	绝缘垫	—	块	1
8	安全遮栏	—	个	10
9	标示牌	—	套	1
10	活扳手	250mm	把	1
11	线轴	AC 220V	个	1
12	短路线	编织软裸铜线	根	2
13	安全带（五点式）	—	套	1
14	工具车	—	个	1

（3）危险点及控制措施。介质损耗试验危险点及控制措施见表 5-21。

表 5-21　介质损耗试验危险点及控制措施

危险点	控制措施
高处坠落	应使用变压器专用爬梯上下，在变压器上作业应系好安全带，严禁徒手攀爬变压器高压套管
高处落物伤人	高处作业，上下传递物件应用绳索挂牢传递，严禁抛掷
人员触电	拆、接试验接线前，应将被试设备对地放电。加压前应与检修负责人协调，不允许有交叉作业。工作人员应与带电部位保持足够的安全距离。试验仪器的金属外壳应可靠接地，试验结束后先断开高压电源，然后断开试验电源

（4）试验接线。

1）拆除或断开变压器对外的一切连线。在测量 $\tan\delta$ 前，检测变压器各侧绕组及绕组对地间的绝缘电阻，应正常。

2）检测仪的金属外壳应可靠接地。

3）检测 110kV 变压器高压绕组对低压绕组及地介质损耗 tanδ 和电容量，采用反接线。

4）用短路线将 110kV 变压器高压绕组 A、B、C、O 相接线端短路，利用专用高压试验线接至检测仪的高压端。检测仪接地端"E"端接地。将 110kV 变压器低压绕组 a、b、c 相接线端和铁芯用短路线短路、变压器油箱一同接地，试验接线如图 5-13 所示。

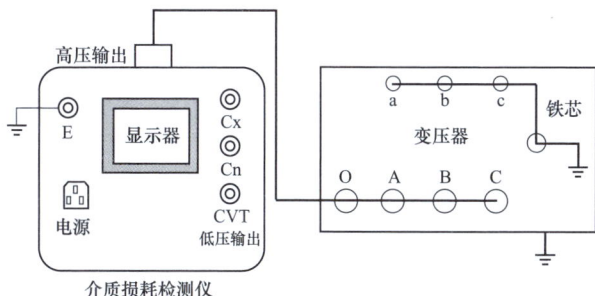

图 5-13 高压绕组对低压绕组及地介质损耗角正切值 tanδ 和电容量试验接线
E—接地端子；Cx—检测信号低压端；Cn—标准电容器输入端；CVT—检测电压输出端；A、B、C—变压器高压端；O—变压器中性点端；a、b、c—变压器低压端

5）检测 110kV 变压器低压绕组对高压绕组及地介质损耗 tanδ 和电容量，采用反接线将 110kV 变压器低压绕组 a、b、c 相接线端用短路线短路，采用专用高压试验线接至检测仪的高压端。检测仪接地端"E"端接地。将 110kV 变压器高压绕组 A、B、C、O 相接线端和铁芯用短路线短路、变压器油箱一同接地，试验接线如图 5-14 所示。

6）检测 110kV 变压器高、低压绕组对地介质损耗 tanδ 和电容量，采用反接线将 110kV 变压器高压绕组 A、B、C、O 相接线端和低压绕组 a、b、c 相接线端一起用短路线短路，采用专用高压试验线接至检测仪的高压端。检测仪接地端"E"端接地。铁芯、变压器油箱接地，试验接线如图 5-15 所示。

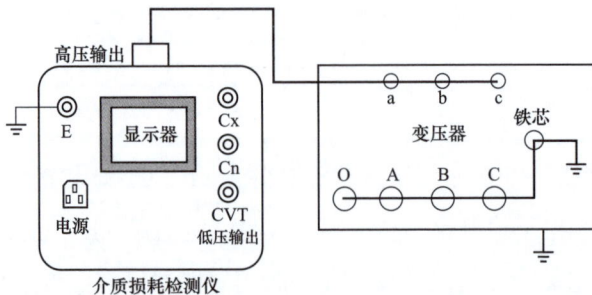

图 5-14 低压绕组对高压绕组及地介质损耗 tanδ 和电容量试验接线

E—接地端子；Cx—检测信号低压端；Cn—标准电容器输入端；CVT—检测电压输出端；
A、B、C—变压器高压端；O—变压器中性点端；a、b、c—变压器低压端

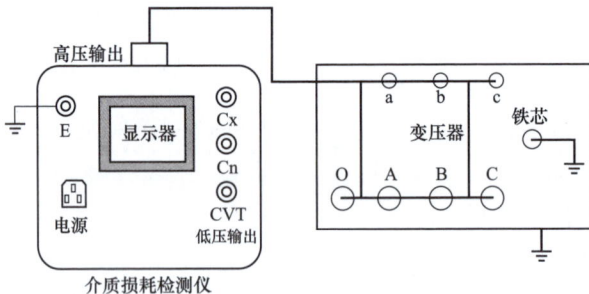

图 5-15 高压、低压绕组对地介质损耗 tanδ 和电容量试验接线

E—接地端子；Cx—检测信号低压端；Cn—标准电容器输入端；CVT—检测电压输出端；
A、B、C—变压器高压端；O—变压器中性点端；a、b、c—变压器低压端

（5）试验。

1）试验时应站在绝缘垫上，执行呼唱制。

2）设置检测仪参数（试验电压值、接线方式），升压至试验电压后读取介质损耗 tanδ 和电容量。

3）降压至零，然后断开电源，充分放电后拆除接线，恢复被试变压器试验前状态，结束试验。

（6）试验数据分析和判断。

1）20℃时的介质损耗 $\tan\delta_1 \leqslant 0.008$（注意值），绕组电容量与上次试验结果相比无明显变化。若试验结果超标，结合绝缘电阻试验、绝缘油试验、耐压、红外成像、高压介质损耗等试验项目结果综合判断。

2）将结果与有关数据比较，包括同一设备的各相数据、同类设备间的数据、出厂试验数据、耐压前后数据、与历次同温度下的数据比较等。

5.3.2 带电检测

1. 变压器油中溶解气体检测

（1）检测目的。通过监测变压器油的各项理化、电气性能，确保变压器油质满足充油电气设备的安全运行要求，通过变压器油中溶解气体分析即色谱分析技术，能够分析诊断运行中变压器内部是否正常，及时发现变压器内部存在的潜伏性故障，掌握充油电气设备的健康状况。

（2）准备工作。

1）资料。检测前，准备设备出厂试验数据、历年数据、记录本、工作票。

2）仪器、仪表。变压器油中溶解气体检测所需仪器、仪表见表 5-22。

表 5-22　变压器油中溶解气体检测所需仪器、仪表

序号	名称	型号	单位	数量
1	气相色谱仪	—	套	1
2	脱气振荡仪	—	块	1
3	温湿度计	—	块	1
4	气压表	—	块	1

3）工具。变压器油中溶解气体检测所需工具见表 5-23。

表 5-23　变压器油中溶解气体检测所需工具

序号	名称	型号	单位	数量
1	气体	1）氮气纯度：≥ 99.99% 2）氢气纯度：≥ 99.99% 3）空气为纯净无油	瓶	各 1
2	标准混合气体	—	瓶	1
3	玻璃注射器	医用 100、50、10、5、1mL	只	各 1
4	不锈钢注射针头	牙科 5 号针头	只	1

序号	名称	型号	单位	数量
5	双头针头	18G1 号针头	只	1
6	橡胶封帽	—	个	5
7	油样保管箱	—	个	1
8	活扳手	250mm	把	1
9	托盘	—	个	1
10	废油桶	—	个	1
11	一次性橡胶手套	—	副	2
12	洗手液	—	瓶	1

4）材料。变压器油中溶解气体检测所需材料见表 5-24。

表 5-24　变压器油中溶解气体检测所需材料

序号	名称	型号	单位	数量
1	无毛纸	—	盒	1
2	样品标签	—	个	5
3	抹布	—	公斤	0.5

（3）危险点及控制措施。变压器油中溶解气体检测危险点及控制措施见表 5-25。

表 5-25　变压器油中溶解气体检测危险点及控制措施

危险点	控制措施
低压触电	1）现场要使用专用试验电源，使用合格的电源开关。 2）分、合电源开关时，应戴线手套并不得触及带电部分。 3）检测仪器接地，并接触良好。 4）更换油样时应切断电源。 5）湿手不可接触带电体
化学药品伤害	1）使用玻璃器皿及针头时应轻拿轻放，避免破裂造成伤害。 2）如有皮肤破损，不能进行检测工作。 3）检测完毕应及时、仔细地清洗双手

续表

危险点	控制措施
火灾及中毒	1）检测现场严禁吸烟，动明火。 2）配备合格的灭火器。 3）使用石化产品时应注意，防止引起火灾。 4）戴口罩及橡胶手套

（4）待测样品要求。

1）用洁净的 100mL 玻璃注射器（经检验，密封性合格），从设备下部取样口全密封采样 50～100mL。

2）油样在运输、保管过程中要注意样品的防尘、防震、避光和干燥等。油样的保存不得超过 4 天。

（5）检测。

1）振荡脱气。

a. 将 100mL 玻璃注射器中油样推出部分，准确调节注射器芯至 40mL，立即用橡胶封帽将注射器出口密封。操作过程中应注意防止空气气泡进入油样注射器内。

b. 取 5mL 玻璃注射器，用氮气清洗 1～2 次，再准确抽取 5mL 氮气，将气体缓慢注入有试油的注射器内。含气量低的试油，可适当增加注入平衡载气体积，但平衡后气相体积应不超过 5mL。

c. 100mL 注射器放入恒温定时振荡器内的振荡盘，注射器放置后，注射器头部要高于尾部约 5°，且注射器出口下部在 50℃温度条件下，连续振荡 20min，然后静止 10min。室温在 10℃以下时，振荡前，注射器 B 应适当预热后，再进行振荡。

d. 将注射器从振荡盘中取出，并立即将其中的平衡气体通过双头针头转移到注射器 A 内。室温下放置 2min，准确读其体积 V_g。为了使平衡气完全转移，也不吸入空气，应采用微正压法转移，不允许使用抽拉注射器 A 芯塞的方法转移平衡气。

2）进样分析。

a.仪器标定。用 1mL 进样注射器准确抽取已知各组分浓度 C_{is} 的标准混合气 1mL 进样标定，取得校正因子。至少重复操作 2 次，取其平均值，2 次标定的重复性应在其平均值的 ±2% 以内。每次试验均应标定仪器。

b.用 1mL 玻璃注射器从注射器 A 中准确抽取样品气 1mL，进样分析。通过计算机获得试验数据。重复操作 2 次，取其平均值。

3）重复性要求。

a.油中溶解气体浓度大于 10μL/L 时，2 次测定值之差应小于平均值的 10%。

b.油中溶解气体浓度不大于 10μL/L 时，2 次测定值之差应小于平均值的 15% 加 2 倍该组分气体最小检测浓度之和。

4）再现性要求。2 个试验室测定值之差的相对偏差。

a.油中溶解气体浓度大于 10μL/L 时，为小于 15%。

b.油中溶解气体浓度不大于 10μL/L 时，为小于 30%。

（6）试验数据分析和判断。

1）将检测数据与油中溶解气体含量注意值进行比较，同时注意将产气速率与注意值进行比较。短期内各种含量快速增长，但未超出注意值，也可判断内部有异常状况，有的设备因某种原因使气体含量的基值较高，超过注意值但长期稳定，仍可认为是正常设备。

a.氢气、总烃、乙炔。氢气：≤ 150μL/L，总烃：≤ 150μL/L，乙炔：≤ 5μL/L（220kV 及以下电压等级），乙炔：≤ 1μL/L（330kV 及以上电压等级）。

b.产气速率。绝对产气速率：≤ 12mL/d（隔膜式）或 ≤ 6mL/d（开放式），相对产气速率：≤ 10%/ 月。

2）当认为设备内部存在故障时，可通过特征气体法、三比值法等对设备的故障类型进行判断。

2.组合电器特高频局部放电检测

（1）检测目的。组合电器发生绝缘故障前，往往会产生局部放电现象，这些放电电信号能反映设备内绝缘故障特征与程度。特高频局部放电检测就是对这些放电电信号进行监测，确保能及时发现组合电器内部是否存在缺陷。

（2）准备工作。

1）资料。检测前，准备设备出厂试验数据、历年数据、记录本、工作票。

2）仪器、仪表准备。组合电器特高频局部放电检测所需仪器、仪表见表5-26。

表5-26 组合电器特高频局部放电检测所需仪器、仪表

序号	名称	型号	单位	数量
1	多功能局部放电巡检仪	—	套	1
2	特高频局部放电测试仪	—	块	1
3	脉冲信号发生器	—	个	1
4	干扰信号发生器	—	个	1

3）工具。组合电器特高频局部放电检测所需工具见表5-27。

表5-27 组合电器特高频局部放电检测所需工具

序号	名称	型号	单位	数量
1	屏蔽袋	—	个	2
2	绝缘尺	—	个	1
3	十字螺钉旋具	200mm	把	2
4	一字螺钉旋具	100mm	把	2
5	温湿度计	—	块	1
6	线手套	—	双	4

4）材料。组合电器特高频局部放电检测所需材料见表5-28。

表5-28 组合电器特高频局部放电检测所需材料

序号	名称	型号	单位	数量
1	无毛纸	—	盒	1
2	硅脂	—	盒	1
3	无水酒精	—	瓶	1
4	抹布	—	kg	0.5

（3）危险点及控制措施。组合电器特高频局部放电检测危险点及控制措施见表 5-29。

表 5-29　组合电器特高频局部放电检测危险点及控制措施

危险点	控制措施
高压感电	1）仪器的摆放应与带电部位保持安全距离。 2）检测中应有专人监护并呼唱，当出现异常情况时，应立即停止检测，查明原因后，方可继续检测。 3）设专人监护，监护人在检测期间应始终行使监护职责，不得擅离岗位或兼任其他工作
SF₆ 气体中毒	1）户内作业要求开启通风系统通风 15min，监测工作区域空气中 SF_6 气体含量不得超过 $1000\mu L/L$，含氧量大于 18%。 2）工作现场不能吸烟或饮食

（4）检测接线。用特高频法检测局部放电时，应按照所使用的特高频局部放电检测仪操作说明，连接好传感器、信号放大器、检测仪器主机等各部件，通过绑带（或人工）将特高频传感器固定在盆式绝缘子上，必要的情况下，可以接入信号放大器。特高频局部放电检测仪连接示意图如图 5-16 所示。

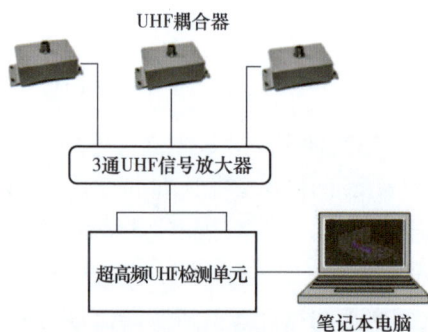

图 5-16　特高频局部放电检测仪连接示意图

（5）检测。

1）检测时应站在绝缘垫上，执行呼唱制。

2）用特高频法检测局部放电时，操作流程如下：

a.设备连接。按照设备接线图连接测试仪各部件，将特高频传感器固定在盆式绝缘子上，将检测仪主机及传感器正确、可靠接地，电脑、检测仪主机连接电源，开机。

b. 工况检查。开机后，运行检测软件，检查主机与电脑通信状况、同步状态、相位偏移等参数。进行系统自检，确认各检测通道均工作正常。

c. 设置检测参数。设置变电站名称、检测位置并做好标注。将特高频传感器放置空气中，测量背景噪声并记录，根据现场噪声水平设定各通道信号检测阈值。

d. 信号检测。打开连接传感器的检测通道，观察检测到的信号。如果发现信号无异常，保存一组数据，退出并改变检测位置继续下一点进行检测。如果发现信号异常，则延长检测时间并记录至少三组数据，进入异常诊断流程。必要情况下，可以接入信号放大器。

3）异常诊断流程。

a. 排除干扰。测试中的干扰可能来自各个方位，干扰源可能存在于电气设备内部或外部空间。在开始测试前，尽可能排除干扰源的存在，比如关闭荧光灯和关闭手机。

b. 记录数据并给出初步结论。采取降噪措施后，如果异常信号仍然存在，需要记录当前测点的数据，给出一个初步结论，再检测相邻的位置。

c. 定位。如邻近位置没有发现该异常信号，就可以确定该信号来自 GIS 内部，可以直接对该信号进行判定。如附近都能发现该信号，需要对该信号尽可能定位。放电定位是重要的抗干扰环节，可以通过强度定位法或者借助其他仪器大概定出信号的来源。如果在 GIS 外部，可以确定是来自其他电气部分的干扰，如果是 GIS 内部，就可以做出异常诊断。

d. 对比谱图给出判定。一般的特高频局部放电检测仪可以对采集到的信号自动给出判定结果，参考系统的自动判定结果，同时把所测谱图与典型放电谱图进行比较，确定局部放电的类型。

e. 保存数据。局部放电类型识别的准确程度取决于经验和数据的不断积累，检测结果和检修结果确定以后，应保留波形和图谱数据，作为今后局部放电类型识别的依据。

（6）试验数据分析和判断。

1）若未检测到特高频信号，或仅有较小的杂乱无规律背景信号，则判断为正常，继续下一检测点检测。如检测较大或有一定相位特征的异常信号，首先进行干扰信号识别和排除。

2）若确定信号为非干扰放电信号，应进行放电类型识别和放电源定位。

3）当前无相关的标准依据，特高频无法简单通过信号大小来判断危害性。根据信号幅值、放电源位置、放电类型初步评估危害性，观察信号变化趋势，并可采取其他手段辅助分析。

4）如果检测到放电信号，同时定位结果位于重要设备处，如断路器、电压互感器、隔离开关、接地开关或盆式绝缘子，则应尽快安排停电检修。如果放电源位于非关键部位，则应缩短检测周期，关注放电信号的强度和放电模式的变化。

5）检测到信号为绝缘内部放电或绝缘表面放电，则应尽快安排停电检修，隔离开关屏蔽罩悬浮放电可通过操作后观察信号趋势来决定是否检修。细小的尖刺放电可通过跟踪检测，关注信号强度变化来决定是否检修。

3. 组合电器 SF_6 分解产物检测

（1）检测目的。通过对 SF_6 气体分解产物含量的变化，来判断运行中的组合电器缺陷类型、性质、程度及发展趋势。通过对检测数据分析来确定组合电器是否能正常运行。

（2）准备工作。

1）资料。检测前，准备设备出厂试验数据、历年数据、记录本、工作票。

2）仪器、仪表。组合电器 SF_6 分解产物检测所需仪器、仪表见表5–30。

表5–30　组合电器 SF_6 分解产物检测所需仪器、仪表

序号	名称	型号	单位	数量
1	SF_6 气体分解产物检测仪	—	套	1
2	万用表	—	块	1
3	温湿度计	—	块	1
4	便携式 SF_6 气体检漏仪	—	个	1

3）工具。组合电器 SF_6 分解产物检测所需工具见表 5-31。

表 5-31　组合电器 SF_6 分解产物检测所需工具

序号	名称	型号	单位	数量
1	一字螺钉旋具	5×75mm	把	1
2	十字螺钉旋具	5×75mm	把	1
3	橡胶手套	—	双	1
4	绝缘垫	—	块	1
5	标示牌	—	套	1
6	活扳手	250mm	把	1
7	线轴	AC 220V	个	1
8	吹风机	—	个	1
9	尾气收集袋	—	个	1
10	工具车	—	个	1

4）材料。组合电器 SF_6 分解产物检测所需材料见表 5-32。

表 5-32　组合电器 SF_6 分解产物检测所需材料

序号	名称	型号	单位	数量
1	无毛纸	—	盒	1
2	无水酒精	—	瓶	1

（3）危险点及控制措施。组合电器 SF_6 分解产物检测危险点及控制措施见表 5-33。

表 5-33　组合电器 SF_6 分解产物检测危险点及控制措施

危险点	控制措施
高压感电	1）仪器的摆放应与带电部位保持安全距离。 2）检测中应有专人监护并呼唱，当出现异常情况时，应立即停止检测，断开电源，查明原因后，方可继续检测。 3）设专人监护，监护人在检测期间应始终行使监护职责，不得擅离岗位或兼任其他工作

续表

危险点	控制措施
低压触电	1）现场要使用专用试验电源，使用合格的电源开关。 2）接试验电源应由至少两人进行，在指定地点进行接线，接线人员应戴线手套，使用带有绝缘柄的工具，不得手握金属部位。 3）分、合电源开关时，应戴线手套并不得触及带电部分。 4）不得触摸配电箱及端子箱内的带电设备。 5）收放临时电源线时，应断开电源开关。 6）检测时应站在绝缘垫上
SF$_6$气体中毒	1）工作人员应站在取气口的上风侧。 2）户内作业要求开启通风系统通风 15min，监测工作区域空气中 SF$_6$气体含量不得超过 1000μL/L，含氧量大于 18%。 3）工作现场不能吸烟或饮食

（4）检测接线。具体步骤如下：

1）打开断路器气体检测接头处保护盖。

2）无尾气回收装置的仪器应连接检测仪器专用尾气管，并将尾气管出口引至下风口无人处，远离检测及其他人员。

3）将检测仪器专用检测管仪器端接头接到仪器本体气体输入接头上，连接紧密良好。

4）用气体管路接口连接检测仪与设备，采用导入式取样方法测量 SF$_6$气体分解产物的组分及其含量。检测用气体管路不宜超过 5m，保证接头匹配、密封性好。不得发生气体泄漏现象。将检测仪器专用检测管设备端检测接头连接断路器气体检测接头上，接触位置确保断路器气体接头止回阀没有打开，准备检测。

220kV 断路器 SF$_6$气体分解产物检测接线如图 5-17 所示。

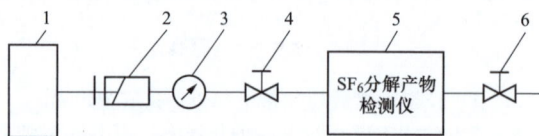

图 5-17　220kV 断路器 SF$_6$气体分解产物检测接线
1—待测电气设备；2—气路接口（连接设备与仪器）；3—压力表；4—仪器入口阀门；
5—检测仪器；6—仪器出口阀门

（5）检测。

1）检测时应站在绝缘垫上，执行呼唱制。

2）核对检测接线，确认接线，接线图见图5-17，仪器操作根据具体仪器说明书进行。

3）检测前，应检查测量仪器电量，若电量不足应及时充电，用高纯度SF_6气体冲洗检测仪器，直至仪器示值稳定在零点漂移值以下，对有软件置零功能的仪器进行清零。

4）检测仪器出口应接试验尾气回收装置或气体收集袋，对测量尾气进行回收。若仪器本身带有回收功能，则启用其自带功能回收。

5）先打开仪器电源开关，仪器开机进行自检，约数分钟将仪器面板上面的调节阀关闭。完成后缓慢地使被试设备端接头位置到达止回阀开启状态。

6）根据检测仪操作说明书调节气体流量进行检测，根据取样气体管路的长度，先用设备中的气体充分吹扫取样管路的气体。检测过程中应保持检测流量的稳定，一般将流量控制在0.2～0.3L/min，并随时注意观察设备气体压力，防止气体压力异常下降。

7）根据检测仪操作说明书的要求判定检测结束时间，或检测数分钟后，仪器自动判断应稳定（在一定的范围内波动就代表稳定），记录检测结果，重复检测两次。

8）检测过程中，若检测到SO_2或H_2S气体含量大于10μL/L时，应在本次检测结束后立即用SF_6新气对检测仪进行吹扫，直至仪器示值为零。

9）检测完毕后，先关闭流量调节阀，再松开被试设备端接头，关闭设备的取气阀门的止回阀，恢复设备至检测前状态。

10）检查被测设备SF_6气体止回阀恢复状态，用便携式SF_6气体检漏仪对SF_6气体接口止回阀进行检漏，确认无泄漏后旋上保护盖帽。

（6）检测数据分析和判断。

1）检测结果用体积分数表示，单位为μL/L。

2）取两次重复检测结果的算术平均值作为最终检测结果，所得结果应保留小数点后1位有效数字。

3）若设备中 SF_6 气体分解产物 SO_2 或 H_2S 含量出现异常，应结合 SF_6 气体分解产物的 CO、CF_4 含量及其他状态参量变化、设备电气特性、运行工况等，对设备状态进行综合诊断。

4）SF_6 电气设备的分解物（20℃）标准要求如下：① $SO_2 \leq 1\mu L/L$；② $H_2S \leq 1\mu L/L$。

4. 接地引下线导通检测

（1）检测目的。检测目的是检查接地装置的电气完整性，各个设备间、各个区域间的电气连接性，检查接地线有无腐蚀、是否与主接地网良好连接。

（2）准备工作。

1）资料。检测前，准备设备出厂试验数据、历年数据、记录本、工作票。

2）仪器、仪表。接地引下线导通检测所需仪器、仪表见表5-34。

表5-34　接地引下线导通检测所需仪器、仪表

序号	名称	型号	单位	数量
1	接地引下线导通检测仪	—	套	1
2	万用表	—	块	1
3	温湿度计	—	块	1

3）工具。接地引下线导通检测所需工具见表5-35。

表5-35　接地引下线导通检测所需工具

序号	名称	型号	单位	数量
1	一字螺钉旋具	5×75mm	把	1
2	十字螺钉旋具	5×75mm	把	1
3	活扳手	250mm	把	1
4	标示牌	—	套	1
5	锉刀	—	把	1
6	检测导线	—	套	1
7	工具车	—	个	1

（3）危险点及控制措施。接地引下线导通检测危险点及控制措施见表 5-36。

表 5-36 接地引下线导通检测危险点及控制措施

危险点	控制措施
高压感电	1）检测时，不准碰触检测设备。 2）仪器的摆放应与带电部位保持安全距离。 3）试验时注意人与导线、导线与带电部位的距离。 4）变更试验接线或检测结束后，应首先断开试验电源。移动试验引线时不得抛掷，与带电部位保持安全距离。 5）检测中应有专人监护并呼唱，当出现异常情况时，应立即停止检测，断开电源，查明原因后，方可继续检测
监护未到位	设专人监护，监护人在检测期间应始终行使监护职责，不得擅离岗位或兼任其他工作

（4）检测接线。测量接地引下线导通与地网或相邻设备之间的直流电阻来检查连接情况，判断出引下线与地网的连接状况应良好。直流电桥法接线如图 5-18 所示。

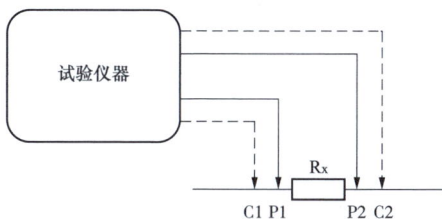

图 5-18 直流电桥法接线

C1、C2—电流检测线接线端；P1、P2—电压检测线接线端；Rx—被试品

（5）检测。

1）在变电站内选定一个与主地网连接合格的设备接地引下线为基准参考点。

2）对测量设备校零。

3）在被测接地引下线与检测接线的连接处，使用锉刀锉掉防锈的油漆，露出有光泽的金属。

4）用专用检测导线分别接好基准点和被测点（相邻设备接地引下线），

接通仪器电源，测量接地引下线导通参数。

5）记录检测数据。

6）当发现检测值在 50mΩ 以上时，应反复检测验证。

7）检测结束后，关掉电源并收好检测线。

（6）检测数据分析和判断。

1）状况良好的设备检测值应在 50mΩ 以下。

2）50 ~ 200mΩ 的设备状况尚可，宜在以后例行检测中重点关注其变化，重要的设备宜在适当时候检查处理。

3）0.2 ~ 1Ω 的设备状况不佳，对重要的设备应尽快检查处理，其他设备宜在适当时候检查处理。

4）1Ω 以上的设备与主地网未连接，应尽快检查处理。

5）独立避雷针的检测值应在 500mΩ 以上。

5. 避雷器运行电压下的交流泄漏电流检测

（1）检测目的。运行电压下检测金属氧化物避雷器（MOA）交流泄漏电流可以在一定程度上反映 MOA 的运行状态。交流泄漏电流又叫全电流，包括容性电流分量和阻性电流分量。正常运行状态下，流过避雷器的电流主要是容性电流，阻性电流只占很小的部分，为 10% ~ 20%，但当内部阀片老化、受潮、绝缘件受损时，容性电流变化不大，而阻性电流会极大增加，因此重点检测阻性电流对发现 MOA 绝缘缺陷有重要意义。

（2）准备工作。

1）资料。检测前，准备设备出厂试验数据、历年数据、记录本、工作票。

2）仪器、仪表。避雷器运行电压下的交流泄漏电流检测所需仪器、仪表见表 5–37。

表 5–37　避雷器运行电压下的交流泄漏电流检测所需仪器、仪表

序号	名称	型号	单位	数量
1	泄漏电流检测仪	—	套	1
2	万用表	—	块	1
3	温湿度计	—	块	1

3）工具。避雷器运行电压下的交流泄漏电流检测所需工具见表 5-38。

表 5-38 避雷器运行电压下的交流泄漏电流检测所需工具

序号	名称	型号	单位	数量
1	一字螺钉旋具	5×75mm	把	1
2	十字螺钉旋具	5×75mm	把	1
3	绝缘手套	—	双	1
4	绝缘杆	110kV	根	1
5	绝缘垫	—	块	1
6	标示牌	—	套	1
7	活扳手	250mm	把	1
8	检测导线	—	套	1
9	线轴	AC 220V	个	1
10	工具车	—	个	1

（3）危险点及控制措施。避雷器运行电压下的交流泄漏电流检测危险点及控制措施见表 5-39。

表 5-39 避雷器运行电压下的交流泄漏电流检测危险点及控制措施

危险点	控制措施
低压触电	1）现场要使用专用试验电源，使用合格的电源开关。 2）不得触摸配电箱及端子箱内的带电设备
高压感电	1）设专人监护，监护人在检测期间应始终行使监护职责，不得擅离岗位或兼任其他工作。 2）检测时，不准碰触检测设备。 3）仪器的摆放应与带电部位保持安全距离。 4）变更试验接线或检测结束后，应首先断开试验电源。移动试验引线时不得抛掷，与带电部位保持安全距离。 5）检测中应有专人监护并呼唱，当出现异常情况时，应立即停止检测，断开电源，查明原因后，方可继续检测

（4）检测接线。具体步骤如下：

1）运行相电压采集。运行电压的采集通常选择无线方式，找到连接被试避雷器母线的 TV 端子箱，将无线电压采集器拉长天线并可靠接地，接入计量端子，为防止误操作，必要时需由保护专业人员配合，将无线采集器放置于端子箱顶端。

2）避雷器全电流采集：将仪器接地，按照仪器说明书接线，将黑色线夹接地，将黄绿红三色检测夹分别接至 A、B、C 相的泄漏电流表上端导线处，检查泄漏电流表的示数是否为零，若不为零，应重新夹线，确保三个表的指针均归零。

避雷器运行电压下的交流泄漏电流检测接线如图 5-19 所示。

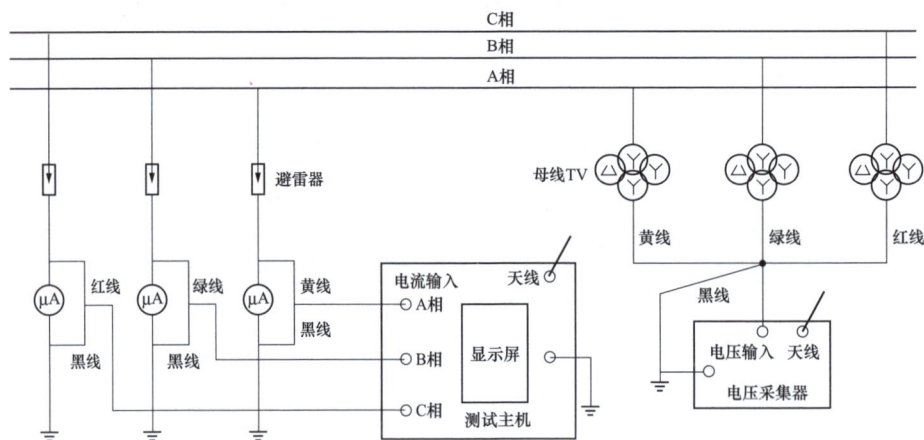

图 5-19　避雷器运行电压下的交流泄漏电流检测接线

（5）检测。

1）检测时应站在绝缘垫上，执行呼唱制。

2）打开仪器，选择无线模式。

3）进行仪器设置，包括电压选取方式、电压互感器变比等参数。

4）检测并记录数据，记录全电流、阻性电流、运行电压等数据。

5）检测完毕，关闭仪器。

6）拆除检测线时，先拆信号侧，再拆接地端，最后拆除仪器接地线。

（6）检测数据分析和判断。对实际测得的数据进行分析，主要有三种分析方法，具体如下：

1）纵向比较。同一产品，在相同的环境条件下，阻性电流与上次或初始值比较应不大于30%，全电流与上次或初始值比较应不大于20%。当阻性电流增加0.3倍时应缩短检测周期并加强监测，增加1倍时应停电检查。

2）横向比较。同一厂家、同一批次的产品，避雷器各参数应大致相同，彼此应无显著差异。如果全电流或阻性电流差别超过70%，即使参数不超标，避雷器也有可能异常。

3）综合分析法。当怀疑避雷器泄漏电流存在异常时，应排除各种因素的干扰，检测结果的影响因素，并结合红外精确测温结果进行综合分析判断，必要时应开展停电诊断检测。

5.3.3 故障诊断分析

1. 故障诊断方式

（1）故障发现。设备故障或缺陷的发现通常有五种方式。

1）停电试验。停电试验发现的故障虽不算多，但试验结果是分析评估设备状态的重要依据。

2）带电检测。很多故障都是由带电检测发现的，对故障位置和类型的判断都非常有效，如变压器油样分析、GIS和开关柜的局部放电检测。

3）设备巡视。包括检修巡检和运维巡视，通过看表计、察外观、听声音、闻气味等方式，有时也可结合红外测温、红外检漏。此类缺陷通常由一次检修专业负责消缺。

4）保护装置动作。应根据保护动作类型分析故障是否由一次设备自身引起，是否需要诊断性试验排查，此类故障通常由保护专业人员负责消缺。

5）在线监测。主要指和一次设备相关的在线监测装置的报警，如避雷器泄漏电流异常、GIS设备局部放电故障、SF_6气体泄漏等。

（2）故障诊断。停电试验中发现某项数据异常，需做其他诊断性试验，以初步判断缺陷原因，判断其是否影响运行，若无法送电，须立即汇报上级并办理停电延期申请，必要时需解体检查。带电检测发现的缺陷，应多种试验综合分析，一般故障应带电加强监测，严重缺陷应立即停电检查。

对于非试验发现的故障，首先由专业管理人员判定故障是否需要试验处理或参与故障分析。试验人员主要负责处理一次设备自身引起的故障，班组能够开展的诊断性试验通常是常规试验，复杂的试验项目需邀请设备厂家或省电科院实施。故障诊断流程如图 5-20 所示。

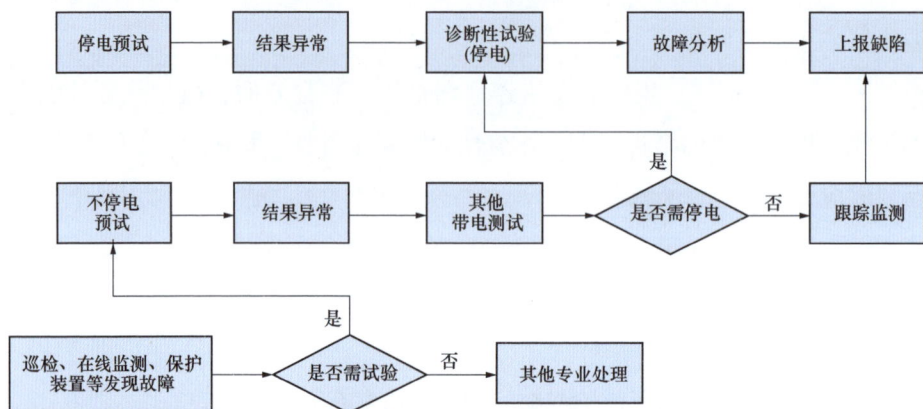

图 5-20　故障诊断流程

2. 故障分析

（1）变压器故障分析。油中溶解气体检测不仅是试验中发现初期故障的有效手段，也是变压器诊断性试验中的首选试验。根据溶解气体分析故障特征，为进一步的诊断性试验提供了依据，变压器故障特征主要分为过热型和放电型故障，以过热型居多。油色谱故障特征及诊断性试验项目见表 5-40。

表 5-40　油色谱故障特征及诊断性试验项目

油色谱故障特征		诊断性试验项目
油过热	带电检测	红外测温、铁芯接地电流、油中糠醛含量
	停电试验	铁芯绝缘电阻、直流电阻、空载试验、短路试验、绕组变形试验
油纸绝缘中的放电	带电检测	红外测温、铁芯接地电流、油中含水量、局部放电
	停电试验	铁芯绝缘电阻、直流电阻、空载试验、短路试验、绕组变形试验、本体绝缘试验（绝缘电阻、吸收比、极化指数、$\tan\delta$、泄漏电流）、交流耐压试验、有载调压开关检查

除了油中溶解气体检测，还需要进行常见故障的检测，故障类型及诊断性试验项目见表 5-41。

表 5-41　故障类型及诊断性试验项目

故障类型	诊断性试验项目
气体继电器报警	油中溶解气体分析、继电器中的气体分析
绝缘受潮	本体绝缘试验（绝缘电阻、吸收比、极化指数、tanδ、泄漏电流）、绝缘纸的含水量
绝缘电阻异常下降	绝缘油微水（应在绝缘油油温大于20℃时取样）、绝缘油体积电阻率、绕组直流泄漏试验、绝缘油介质损耗、介质损耗和电容量试验、带电检测
振动、噪声异常	振动测量、噪声测量、油中溶解气体分析、短路阻抗测量、变压器运行时中性点直流偏磁检测

（2）互感器红外测温发热缺陷。

1）案例。变电修试班在夏季对某 220kV 变电站一次设备红外测温时发现了两处缺陷，即电流互感器接头发热和电容式电压互感器油箱发热，红外测温缺陷如图 5-21 所示。

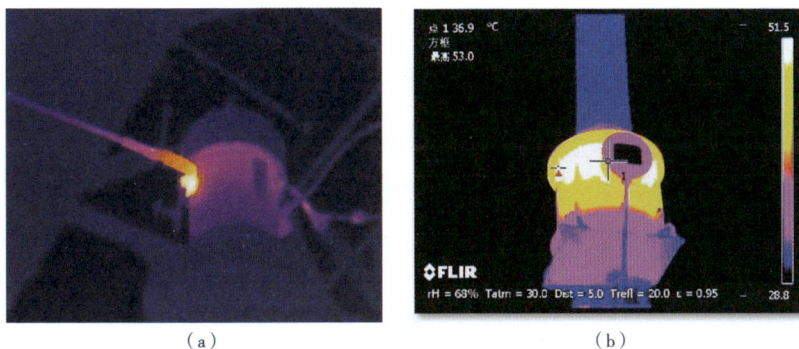

图 5-21　红外测温缺陷

（a）电流互感器接头发热（电流致热型）；（b）电容式电压互感器油箱发热（电压致热型）

2）故障分析。红外测温可以找准大多数故障的位置，是故障分析的重要手段。故障的红外测温图分为电流致热型和电压致热型，电流致热型图像通常是一个点发热，以接头处接触不良故障居多，通常采取降低负荷、加强监测的方式，必要时停电处理接头部位。电压致热型图像通常是一个面，一般比较严重，需要通过试验来诊断分析。

该故障中，电流互感器的接头温度在60℃左右，属于一般缺陷。可能由负荷电流较高或接头接触不良导致。电容式电压互感器油箱发热原因一般有：①油箱进水受潮；②二次回路短路；③中性点未可靠接地；④阻尼器故障等，通常是电磁单元故障。

3）故障处理。对于电流互感器，采取跟踪检测，上报缺陷，结合下次停电时对接头处检查的方法。

对于电容式电压互感器，采取立即停电，进行诊断性试验的方法。首先，取油样色谱分析显示过热型故障；其次，依次进行绝缘电阻试验、介质损耗试验、二次绕组直流电阻试验，试验数据均合格；最后，对电磁单元做空载试验，分接入阻尼器加压和不接阻尼器加压，最终试验发现接入阻尼器后，空载电流明显增大，后经解体检查，阻尼器的接头已经断裂。最后对该电容式电压互感器进行更换。

5.3.4　试验验收

1.厂内验收

（1）验收要求。厂内验收是指按照订货合同和工程进度，由公司物资部门组织，设备部门人员参加，对设备组装完成后、出厂前的一次检查验收，与厂家人员一同见证重要的厂内试验项目，以考察设备设计、制造质量，通常又叫关键点见证，关键点一般选择交流耐压试验。110kV及以上电压等级的变压器和GIS设备必须要进行厂内验收。

厂内试验由厂家组织实施，验收工作的主要形式是重要试验项目旁站见证、其他试验项目报告检查。

参加验收工作应携带验收标准卡并形成验收记录。验收标准卡应包括试验项目、试验顺序、试验方法和试验合格标准，重点审查厂家试验方案是否符合验收标准卡的要求。验收记录由各单位自行要求，内容应包括验收人员、日期、旁站验收试验项目和数据、验收结论、厂内试验报告和验收会议纪要等。

（2）验收项目。110kV及以上电压等级的变压器和GIS设备必须进行厂内验收和关键点见证，重要设备厂内验收项目见表5-42，其他试验项目可抽检或查阅报告的试验项目要求。GIS设备应抽检的试验有辅助和控制回路交流耐压试验、主回路电阻试验、气体密封性检查试验、SF_6气体湿度试验、机械操作试验、绝缘件试验等。

除主变压器和GIS之外的设备可由项目主管部门约定验收形式（厂内验收、视频验收等）。

表 5-42　重要设备厂内验收项目

设备	旁站验收项目
500kV 及以上电压等级变压器	所有试验项目
110～500kV 变压器	外施工频耐压试验、线端操作冲击试验、雷电全波冲击试验、带局部放电检测的长时感应耐压试验
GIS 设备	主回路交流耐压试验、雷电冲击耐压试验、主回路局部放电试验

2. 交接试验验收

（1）验收要求。交接试验验收是指在设备安装就位后，施工安装单位对设备进行交接试验时，由公司项目管理部门组织，邀请公司电气试验人员旁站见证重要的交接试验项目，以考察设备运输、安装质量。交接试验合格后方可开展竣工验收。旁站验收的试验项目一般选择交流耐压试验。

交接试验由施工安装单位组织实施，验收工作的主要形式有重要试验项目旁站见证、其他试验项目报告检查。如若公司设备部门自主实施的技改项目，交接试验应由公司电气试验人员自主完成。

参加验收工作应携带验收标准卡并形成验收记录。验收标准卡应包括试验项目、试验顺序、试验方法和试验合格标准，重点审查交接试验方案是否符合验收标准卡的要求。验收记录由各单位自行要求，内容应包括验收人员、日期、旁站验收试验项目和数据、验收结论、交接试验报告等。

（2）验收项目。110kV 及以上电压等级变压器和 GIS 设备交接试验验收项目见表 5-43，其他试验项目可抽检或查阅报告的试验项目要求。

油浸式变压器必须在充油后静置足够时间（500kV 及以上电压等级：≥ 72h，220kV：≥ 48h，110kV 及以下电压等级：≥ 24h）才能进行耐压试验。

表 5-43　110kV 及以上电压等级变压器和 GIS 设备交接试验验收项目

设备	旁站验收项目
变压器	交流耐压试验、长时感应电压试验带局部放电试验（试验电压按出厂值 80% 进行）
GIS 设备	交流耐压（同时进行老练试验、局部放电试验，试验电压按出厂值 100% 进行）
	冲击耐压试验（有条件时还应进行冲击耐压试验，试验电压值按出厂值的 80%，正负极性各三次，应在完整间隔上进行）

5.3.5　新技术应用

电气试验工作目前仍以停电试验为主，由于停电试验不符合设备运行实际状态，很多传统试验已不太适应新的大容量、密封型、结构化的设备，同时也不利于设备管理提质增效，因此电气试验也逐渐由预防性定期试验往状态修试方向发展，停电试验向以带电检测和在线监测为主的方向发展。

（1）试验仪器的微型化、智能化、集成化。部分传统试验仪器体积大且沉重，给试验工作带来诸多不便和安全隐患，微型化是试验仪器发展的首要趋势，目前很多手持式的绝缘电阻表、直流电阻检测仪、接地导通检测仪等微型化仪器已得到了运用。集超声波、特高频、暂态地电压、高频电流检测方法于一体的手持式局部放电检测仪，在大量的设备带电检测中发挥了重要作用。

（2）推进在线监测装置的普及运用。目前部分变电站相继安装了设备在线监测装置，其与带电检测相配合，给设备运行带来双重保障。应不断普及运用设备在线监测，可以实时开展的在线监测项目，设备在线监测项目见表 5-44。同时，对各监控装置的动态参数进行集成，建立变电站设备状态综合数据库，自动生成设备状态参数报表和变化趋势曲线，实现设备状态的初步诊断，为专家诊断系统提供了开放性平台。

表 5-44　设备在线监测项目

设备	在线监测项目
变压器	油色谱分析、铁芯接地电流、高频局部放电
电容型设备	介质损耗 $\tan\delta$ 和电容量
开关类设备	机械特性监测
GIS 设备	特高频局部放电、超声波局部放电、SF_6 气体监测
SF_6 设备	SF_6 气体成分、湿度、压力在线监测
避雷器	泄漏电流在线监测

5.4　相关制度

5.4.1　安全规程

电气试验作业需遵守安全规程，即《国家电网公司电力安全工作规程（变电部分）》。安全规程规定了电气试验在准备阶段、实施阶段、结束阶段等全过程需要注意的安全事项，是电气试验作业人员作业过程必须遵守的规程。

5.4.2　技术规范

技术规范包括电气试验的基本原理、各种电气试验项目的试验目的和试验方法。技术规范包括电力行业的规范和电网企业规范，是电气试验培训、教学、标准化作业的指导性手册。

5.4.3　试验规程

1. 预防性试验规程

预防性试验规程规定了变电一次设备在各条件下的（包括投运后的例行检查试验、设备大修后投运前的试验、设备缺陷排查诊断试验等）试验项目、周期和试验合格标准。该规程是电气试验人员进行日常试验工作的参考标准和依据。

2. 交接试验规程

交接试验规程规定了变电一次设备在新投运前所需进行试验的项目、周期和试验合格标准。该规程是电气试验人员进行交接试验工作和交接试验验收的参考标准和依据。

5.4.4 参考规程标准

DL/T 596 《电力设备预防性试验规程》

GB 50150 《电气装置安装工程 电气设备交接试验标准》

Q/GDW 1168—2013 《输变电设备状态检修试验规程》

Q/GDW 535—2010 《变电设备在线监测装置通用技术规范》

《国家电网有限公司十八项电网重大反事故措施2018版》

《国家电网公司变电检测通用管理规定》

《国家电网公司变电验收通用管理规定》

5.5 实习注意事项

（1）高压试验工作不得少于两人，开始试验前，应由试验负责人向试验人员交代试验任务、相邻带电部位和安全注意事项。

（2）试验装置的金属外壳应可靠接地；高压引线应尽量缩短，并采用专用的高压试验线，必要时用绝缘物支持牢固。

（3）试验现场应装设遮栏或围栏，遮栏或围栏与试验设备高压部分应有足够的安全距离，向外悬挂"止步，高压危险！"的标示牌。

（4）加压前应认真检查试验接线，使用规范的短路线，表计倍率、量程、调压器零位及仪表的开始状态均正确无误，经确认后，通知所有人员离开被试设备，取得试验负责人许可后方可加压。加压过程中应有人监护并呼唱。

（5）高压试验作业人员在全部加压过程中，应精力集中，随时警惕异常现象发生，操作人应站在绝缘垫上。

（6）变更接线或试验结束时，应首先断开试验电源、放电，并将升压设备的高压部分放电、短路接地。

（7）未装接地线的大电容被试设备，应先行放电再做试验。高压直流试验时，每告一段落或试验结束时，应将设备对地放电数次并短路接地。

（8）试验结束时，试验人员应拆除自装的接地短路线，并对被试设备进行检查，恢复试验前的状态，经试验负责人复查后，进行现场清理。

5.6 新员工实操项目示例：变压器绝缘电阻试验

1. 实操目标

熟悉 10kV 油浸式变压器的基本结构，掌握绝缘电阻试验的基本原理；明确试验目的，能正确选择试验仪器仪表，了解试验危险点及预控措施；掌握试验接线、试验方法；熟练操作仪器；能够在专人监护下完成整个试验过程，对试验结果进行分析判断，并完成填写试验报告。

2. 试验任务

10kV 油浸式变压器（联结组别 Dyn11），试验项目为高压绕组对低压及地的绝缘电阻、低压绕组对高压及地的绝缘电阻。

3. 试验目的

考察变压器整体受潮、脏污、内部金属接地、绝缘油严重受潮劣化等贯穿性的集中缺陷。该试验是变压器绝缘试验中最基本的试验。

4. 仪器和工器具

（1）数字式绝缘电阻表或手摇绝缘电阻表（2500V）。

（2）试验短接线若干、接地线、放电棒、绝缘垫、绝缘手套、安全帽、标识牌、温湿度计等。

5. 试验接线

变压器绝缘电阻试验接线如图 5-22 所示。

6. 试验步骤

（1）对变压器各个绕组接头充分放电，挂接地线；挂"止步高压危险"

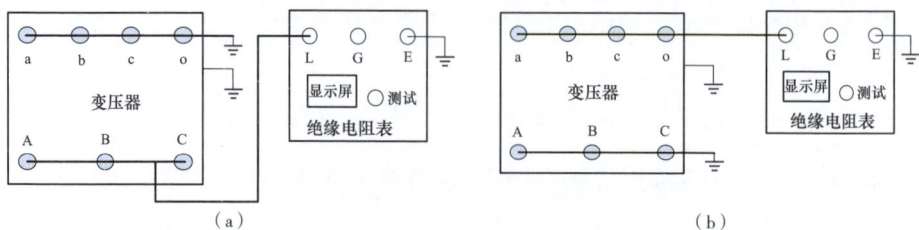

图 5-22 变压器绝缘电阻试验接线
（a）高压绕组对低压及地的绝缘电阻；（b）低压绕组对高压及地的绝缘电阻

标识牌字朝外；对变压器外观检查，抄录铭牌。

（2）绝缘电阻表自检，将"L"和"E"端子开路，示数为无穷大；将"L"和"E"端子瞬间短接，示数为零。

（3）按照图 5-22（a）接线，将低压侧三相和中性点接头短接后接地，高压侧三相短接；将绝缘电阻表"L"接至高压侧（绝缘电阻表需先驱动后搭接），取下接地线，开机后选择电压"2500V"，启动测试，记录 60s 时的读数；关闭表计，对高压侧充分放电并挂接地线。

（4）按照图 5-22（b）接线，将高压侧三相接头短接后接地，低压侧三相和中性点接头短接，将绝缘电阻表"L"接至低压侧，取下接地线，开机后选择电压"2500V"，启动测试，记录 60s 时的读数；关闭表计，对低压侧充分放电并挂接地线。

（5）拆除试验接线，整理现场，恢复变压器至试验前状态。

7. 结果分析

合格标准：绝缘电阻换算至同一温度下与初值相比无显著下降或不小于 1000MΩ。对试验结果进行分析，并编写试验报告。

【思考与练习】

1. 如何分析判定试验结果？

2. 影响介质绝缘强度的因素有哪些？

3. 带电检测相比停电试验有什么优势？常规带电检测项目有哪些？

6 配电运检

6.1 专业概述

6.1.1 配电运检在电网中的作用

配电是在电力系统中直接与用户相连并向用户分配电能的环节。配电系统由配电变电站、高压配电线路、配电变压器、低压配电线路及相应的控制保护设备组成。配电线路是指从降压变电站把电力送到配电变压器或将配电变电站的电力送到用电单位的线路。

6.1.2 配电运检人员工作模式及职责

配电运检人员主要开展的业务有运维类业务、检修类业务和抢修类业务。

1. 运维类业务开展流程

运维类业务包括巡视管理、缺陷管理、运行分析管理、保供电管理等，配电运维管理流程如图 6-1 所示。

2. 检修类业务开展流程

检修类业务包括检修计划、检修实施、不停电作业等，配电网格检修管理流程如图 6-2 所示。

（1）检修计划。结合反措、基建、市政、技改、配农网等各类项目需求，组织编制年度综合检修计划、月度检修计划和周检修计划，根据配网运行分析结果，进行检修计划上报工作，包括检修工作现场勘察、明确工作范围及内容、制定检修方案等。

（2）检修实施。严格执行年度综合检修计划、月度检修计划和周检修计划。加强对检修作业现场的指导、监督和协调，强化现场安全风险控制，确保作业质量和人员安全。对于危险、复杂和难度较大的检修项目，应编制施工方案，细化组织、技术和安全措施，经相关管理部门批准后实施。

（3）不停电作业。组织相关人员进行现场勘察，根据勘察结果判断能否进行不停电作业，确定作业方法、所需工器具及应采取的安全技术措施。将不停电作业检修申请上报至网格运检单位。配合开展施工现场安全管控，负责不停电检修验收工作。

3. 抢修类业务开展流程

抢修类业务包括高压抢修和低压抢修等，配电网格高压抢修流程、配电网格低压抢修流程分别如图 6-3 和图 6-4 所示。

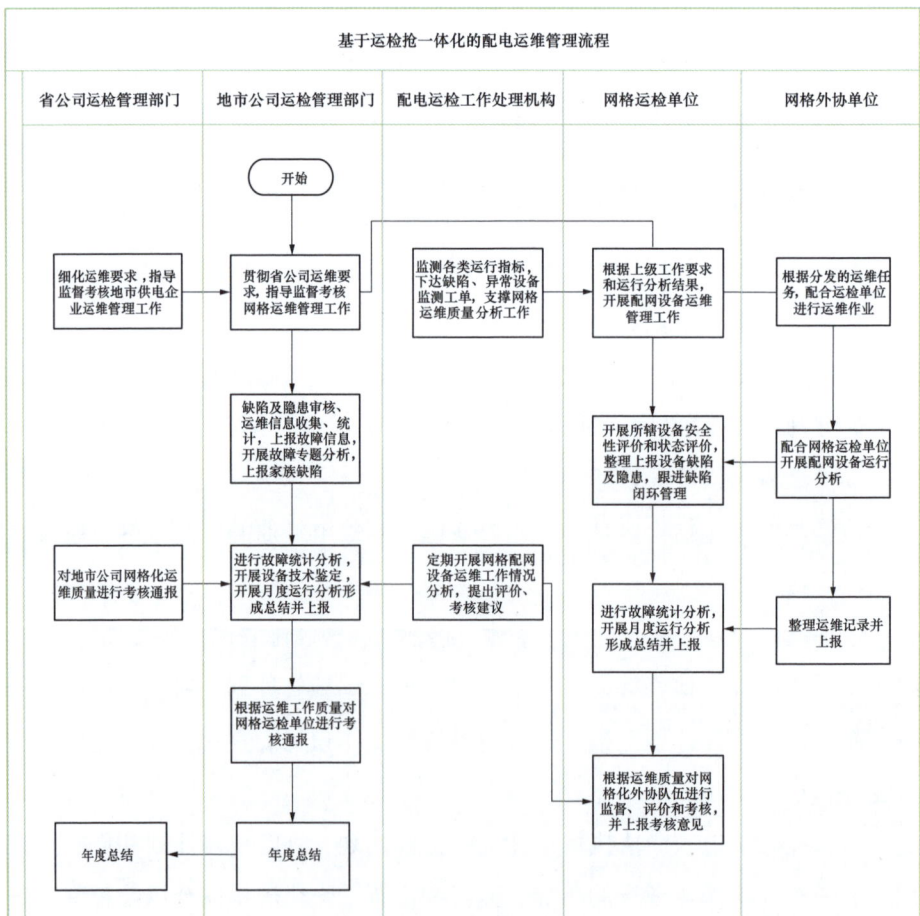

图 6-1　配电运维管理流程

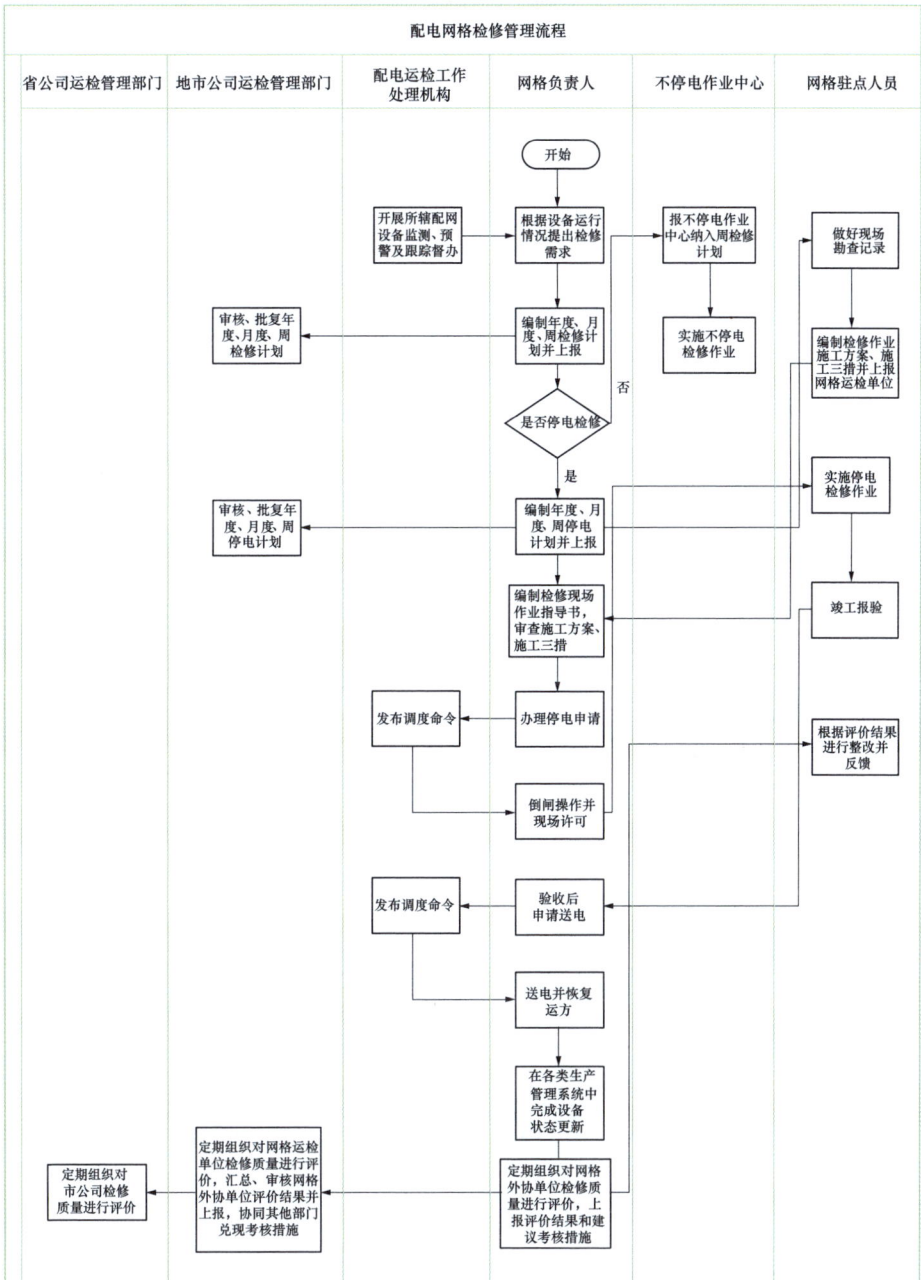

图 6-2　配电网格检修管理流程

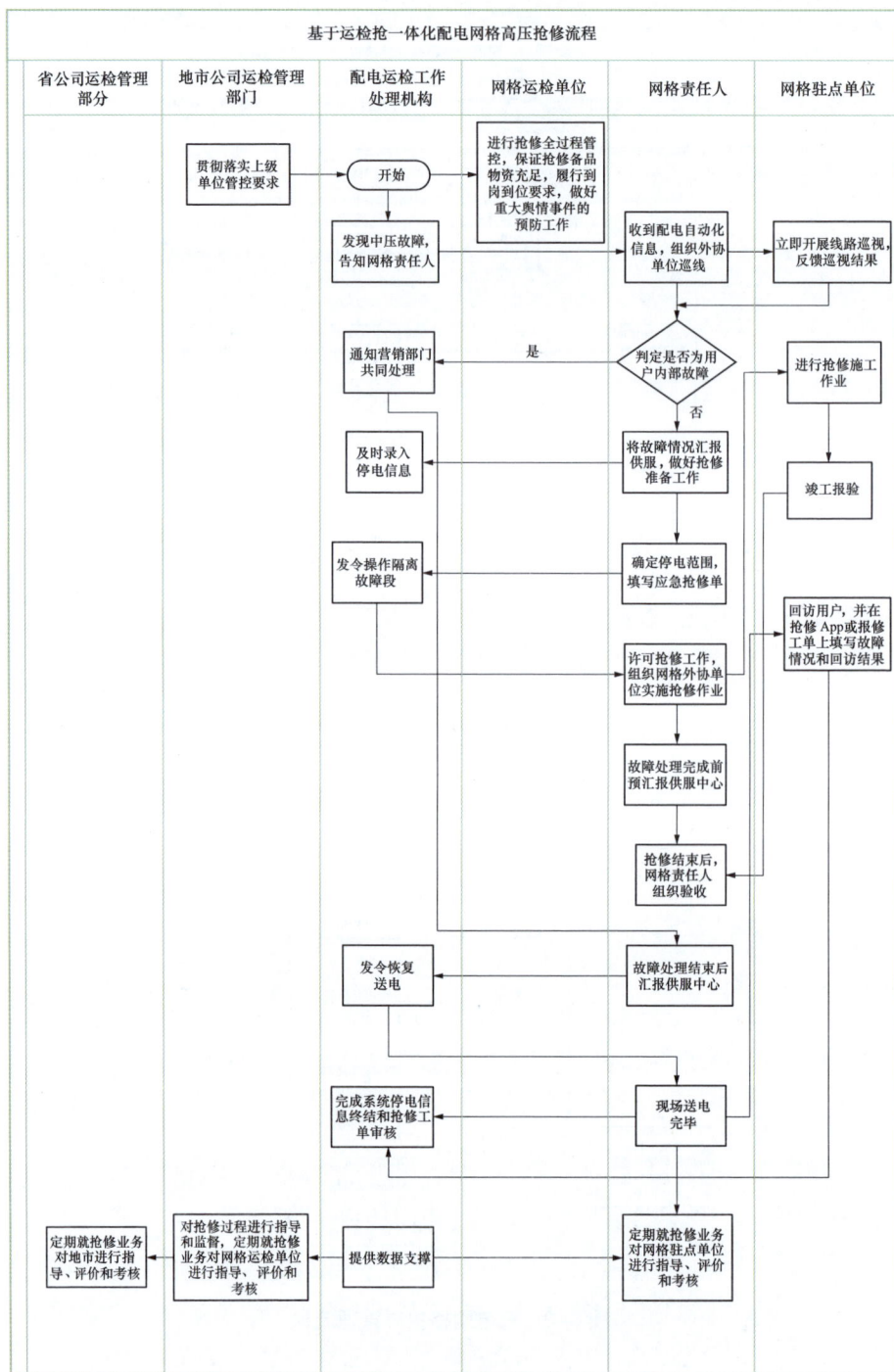

图6-3 配电网格高压抢修流程

基于运检抢一体化配电网格低压抢修流程

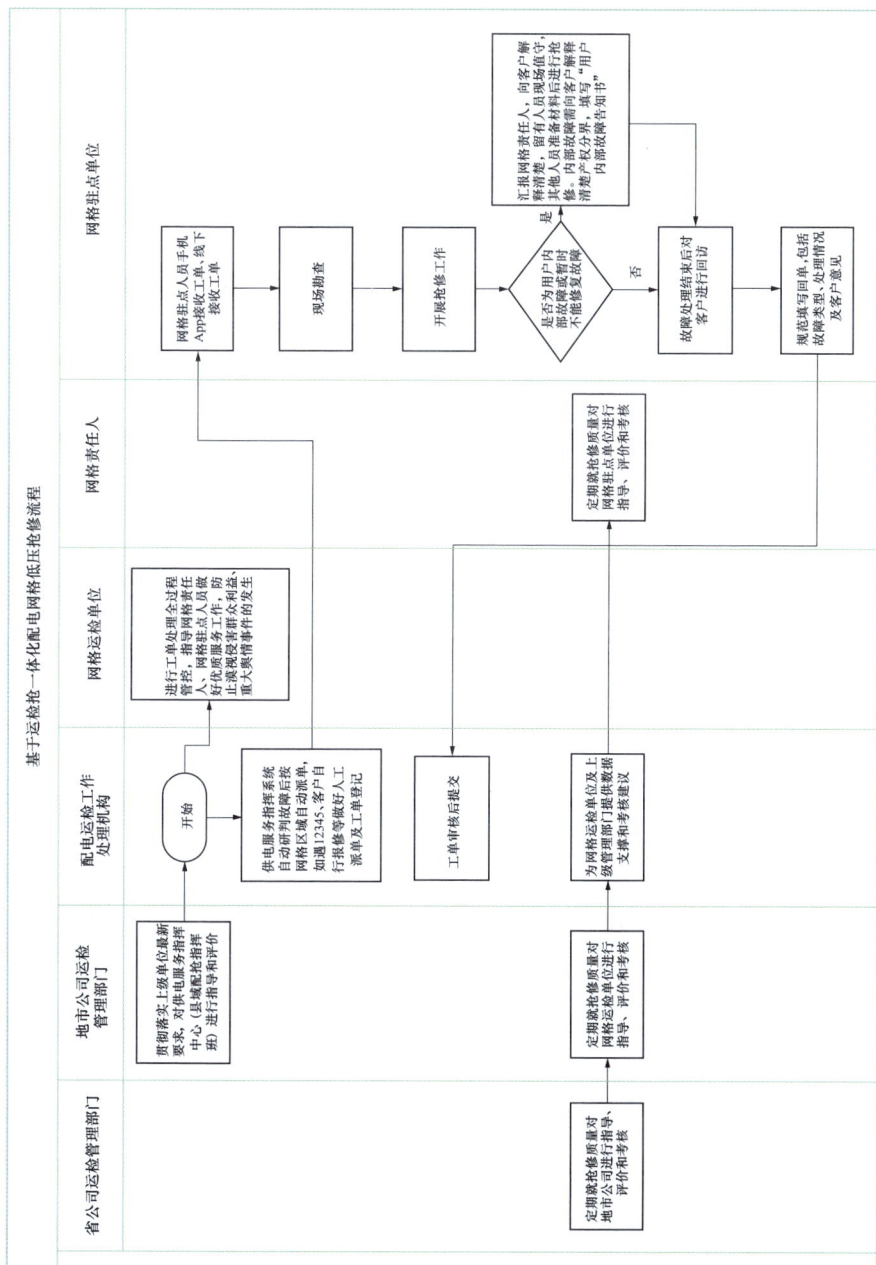

图 6-4 配电网格低压抢修流程

（1）高压抢修（1000V 以上）。配电运检工作处理机构发现故障或接到故障报告后，立即通知所属配电运检单位，如果可能涉及变电站操作，应同时通知变电运行人员做好操作准备。配电运检单位应做好抢修过程管控，保证抢修备品物资充足，履行到岗到位工作要求，做好重大舆情事件的预防工作。

（2）低压抢修（1000V 及以下）。配电网指挥系统根据国网客户中心下派工单信息，自动研判现场可能故障类型，自动按区域向网格抢修人员配抢App 派发工单。如遇客户自行电话报修，配电运检工作处理机构应人工派发工单至配电运检人员，并做好工单登记工作。配电运检单位应做好工单处理过程管控，定期对网格驻点人员回单质量进行审核，指导网格驻点人员做好优质服务工作，防止漠视侵害群众利益、重大舆情事件发生。

6.1.3 专业分类

配电网专业主要分配网调控、线路设备运检、配农网工程、不停电作业、配电自动化。配电网专业分类如图 6-5 所示。

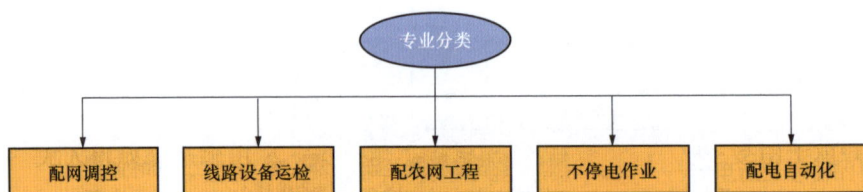

图 6-5　配电网专业分类

1. 配网调控

负责配网调度计划执行、配网调控运行、停送电信息报送管理、配网抢修指挥、配电运维和检修计划执行管控等相关工作。

2. 线路设备运检

负责配电网运维、检修、抢修等相关业务，对配电网高、低压线路及设备进行运检抢一体化工作。

3.配农网工程

负责 20kV 及以下电压等级线路和设备新建或改造的工程项目。配农网工程能够完善 20kV 及以下电压等级的电网结构，使配网结构更趋于合理，从而提高供电可靠性，提高配网安全运行水平。

4.不停电作业

以实现用户不停电或短时停电为目的，采用多种方式对设备进行检修的作业。

5.配电自动化

以一次网架和设备为基础，综合利用计算机、信息及通信等技术，通过与相关应用系统的信息集成，实现对配电网的监测、控制和快速故障隔离。

6.1.4　岗位能力要求

1.中级工岗位能力要求

（1）完成配电线路的一般的抢修工作，包括设备故障抢修，高、中（低）压线路故障修。

（2）完成配电线路及设备常规维护与检修，包括配线电路各类常用数据测量，简单的线路、设备、电缆、配电站室常规维护与检修，参与线路及设备的验收工作。

（3）为了配电线路工作所需要掌握应用方法的各类系统，包括基础 PMS、调度系统、营销系统等。

（4）为了保证配电线路健康运行所进行的一般日常巡视、特殊巡视，以及配合线路维护、检修所需的操作。

2.高级工岗位能力要求

（1）完成常规配电抢修工作，配电线路常规故障处置及 95598 等配电工单处理。

（2）生产信息管理系统应用，配电相关业务系统常规应用及配电技术资料审核。

（3）常规配电线路及设备巡视，特殊巡视与倒闸操作。

（4）常规配电测试测量工作，配电架空线路及设备常规检修现场工艺，配电站室及设备常规维护与检修，常规配电勘察、验收及执行"三措"。

3. 技师岗位能力要求

（1）复杂配电线路及设备常规巡视、特殊巡视，各类测试测量工作。

（2）复杂配电架空线路、电力电缆、配电站室的维护、检修工作。

（3）配电线路工综合 PMS、ERP 系统、GIS 系统、营销系统、调控系统的应用。

（4）组织指挥配电线路及设备抢修工作。

6.2　专业基础知识

6.2.1　配电线路概述

在电力系统中担负着分配电能任务的电力网称为配电网，其由架空线路、电缆、杆塔、配电变压器、断路器、无功补偿器及一些附属设施等组成。配电网在电力系统中起着分配电能的重要作用，并逐级分配或就地消费，即将高压电能降低至方便运行又适合用户需要的各级电压，并最终将电能分配给用户的配电网。配电网是能源互联网的重要基础，是新型电力系统建设的核心环节，是影响供电质量、服务水平的关键，是服务经济社会发展、服务民生的重要基础设施。

配电网通常是指电力系统中二次降压变压器低压侧直接或降压后向用户供电的网络。从地区变电站到用户变电站或城乡电力变压器之间，用于分配电能的线路称为配电线路。

6.2.2　配电线路基本构成

配电线路主要由杆塔、导线、绝缘子、金具、拉线和基础、避雷线、接地装置等组成，配电线路基本构成如图 6-6 所示。

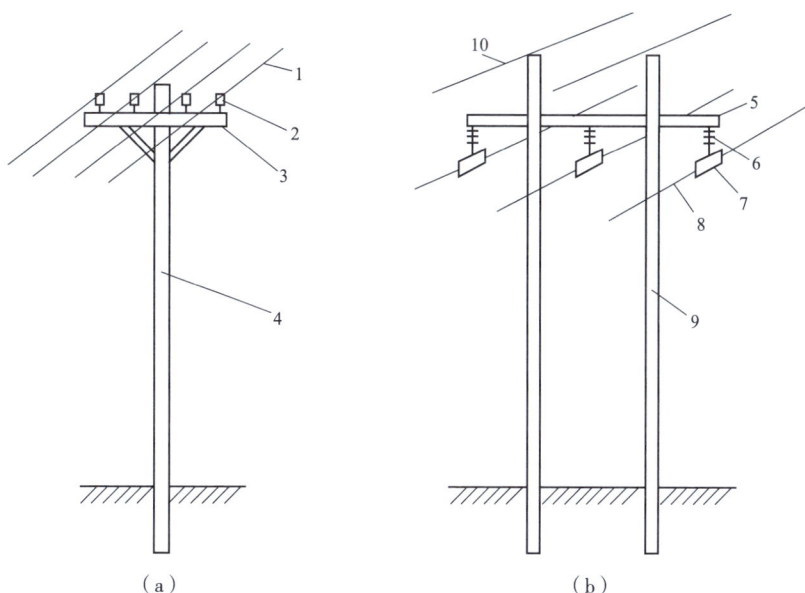

图 6-6 配电线路基本构成

（a）低压配电杆塔；（b）高压配电杆塔

1—低压导线；2—针式绝缘子；3、5—横担；4—低压电杆；6—高压悬式绝缘子；7—线夹；
8—高压导线；9—高压电杆；10—避雷线

1. 杆塔

杆塔用于支撑导线、避雷线，使导线保持对地及其他设施（如建筑物、公路、铁路、管道、通信线等）应有的安全距离。杆塔承受着导线、避雷线、其他部件和本身的重力，以及冰雪附着和风的压力等，转角、终端承力杆塔还要承受导、地线角度张力和不平衡张力。因此，要求杆塔必须有足够的机械强度。

（1）按材质分类。杆塔按材质分类可分为木杆、钢筋混凝土杆、金属杆。

1）木杆。由于木材供应紧张、易腐烂，因此只在部分地区应用。木杆如图 6-7 所示。

2）钢筋混凝土杆。应用普遍，具有使用年限长、节约木材和钢材、运行费用低、维护工作量少、坚实耐久等优点。钢筋混凝土杆如图 6-8 所示。

3）金属杆。以铁塔、钢管塔为主。由于造价高，常用于长距离、大跨越、大跨线的线路。金属杆如图 6-9 所示。

图 6-7　木杆

图 6-8　钢筋混凝土杆

图 6-9　金属杆

（2）按在配电线路中的作用分类。按其在配电线路中的作用分类可分为直线杆（Z）、耐张杆（N）、转角杆（J）、终端杆（D）、分支杆（F）、跨越杆（K），不同杆塔在配电线路中的作用如图 6-10 所示。

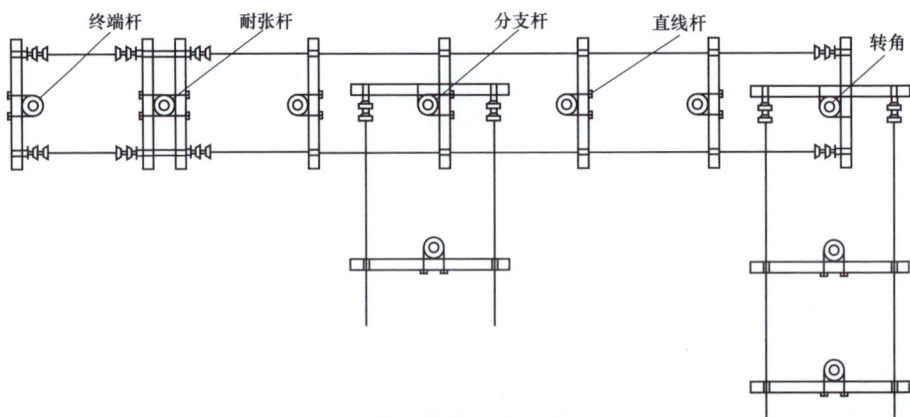

图 6-10　不同杆塔在配电线路中的作用

1）直线杆（Z）：主要用在线路直线段中。在正常情况下，一般不承受顺线路方向的张力，而是承受垂直荷载。

2）耐张杆（N）：又称承力杆。主要用于线路分段处。在正常情况下，耐张杆除承受与直线杆塔相同的荷载外，还承受导线的不平衡张力。

3）转角杆（J）：主要用于线路转角处。除承受导线等垂直荷载和风压力外，还承受导线的转角合力，合力的大小取决于转角的大小和导线的张力。

4）终端杆（D）：位于线路首、末段端。能承受单侧导线等垂直荷载和风压力，以及单侧导线张力的杆塔。

5）分支杆（F）：一般用于架空线路中间需要设置分支线时。

6）跨越杆（K）：一般用于线路跨越公路、铁路、河流、山谷、电力线、通信线等情况。

2.导、地线

导、地线是架空配电线路重要组成元件，通过绝缘子串悬挂在杆塔上，用来传导电流、输送电能，由主要承担机械强度的芯线和承担电流输送的导体组成。

（1）导、地线的分类。导、地线分类如图 6-11 所示。

1）硬铜线：可分为硬圆铜单线（TY 型）、硬铜绞线（TJ 型），导电性能很好。

2）硬铝绞线（LJ 型）：造价较低，铝绞线强度较低。

3）钢芯铝绞线（LGJ 型）：在架空输配电线路普遍使用。

4）钢芯铝合金绞线（HL4GJ 型）：抗拉强度较普通钢芯铝绞线大幅提高，铝合金电导率及质量均接近于铝线，常用于大跨越线路。

5）铝包钢绞线（GLJ 型）：以单股钢线为芯，外面包着铝层，价格较高，电导率较差，适合大跨越线路及架空地线高频通信。

6）镀锌钢绞线（GJ 型）：机械强度高，常用于做避雷线及杆塔拉线。

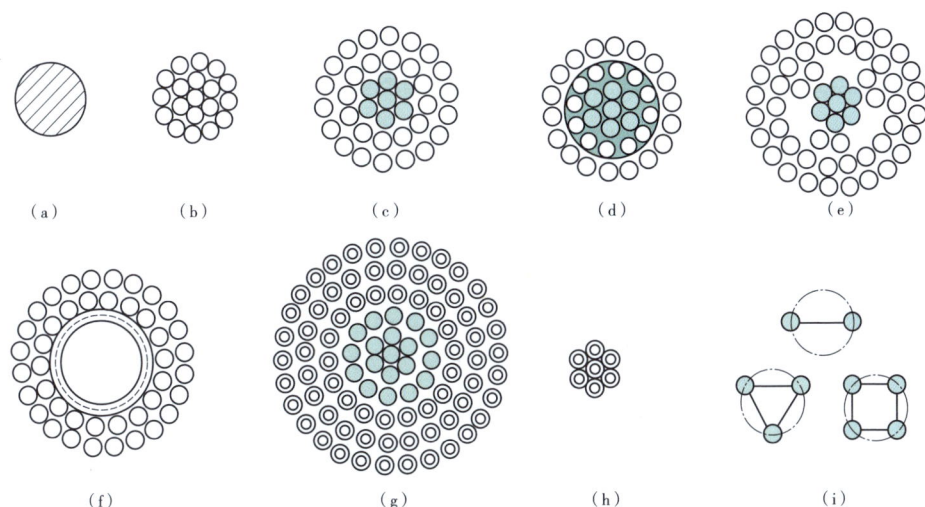

图 6-11 导、地线分类

（a）单股导线；（b）单一金属绞线；（c）钢芯铝绞线；（d）防腐钢芯铝绞线；（e）扩径钢芯线；
（f）空心导线（腔中为蛇形管）；（g）钢芯铝包钢绞线；（h）铝包钢绞线；（i）分裂导线

（2）导线分类。

1）单股导线。单股导线直径最大不超过 6mm，截面积一般小于 $10mm^2$。

2）多股绞线。多股绞线由多股细导线绞合而成。多层多股绞线中相邻两层间的绞向相反，防止放线时导线扭花打卷。多股绞线的优点是机械强度比较高，柔韧易弯曲；同时由于多股线表面电阻率增加，使电流沿股线流动，集肤效应比较小，电阻比同样截面积的单股线略有降低。

3）复合材料多股导线。它是指两种材料的多股绞线。钢芯铝绞线以钢绞线为线芯，外面再绞上多股铝线。其中，钢芯主要作用是提高导线的机械强度，而铝线具有良好的导电性能，因此它能达到良好的电气性能和力学性能，是目前在架空线路中应用最广泛、综合性能最好的一种。

4）绝缘导线。10kV 绝缘导线主要有钢芯铝绞交联聚乙烯 / 聚氯乙烯绝缘导线、铝芯交联聚乙烯 / 聚氯乙烯绝缘导线；低压主要有铜芯聚乙烯绝缘导线和铝芯聚乙烯绝缘导线。考虑供电可靠性和安全，绝缘导线逐步代替裸导线。

3. 绝缘子

绝缘子在配电线路中的作用包括：①悬挂导线；②使导线与杆塔、大地保持绝缘。绝缘子要承受工作电压和过电压作用，承受导线的垂直荷载、水平荷载、导线张力，因此，绝缘子必须有良好的绝缘性能和足够的机械性能。

（1）按制造材料分类。绝缘子按制造材料分类可分为瓷绝缘子、玻璃绝缘子、复合绝缘子。

1）瓷绝缘子：绝缘件由电工陶瓷制成的绝缘子。电工陶瓷由石英、长石和黏土做原料烘焙而成。瓷绝缘子的瓷件表面通常以瓷釉覆盖，以提高其机械强度，防水浸润，增加表面光滑度。在各类绝缘子中，瓷绝缘子使用最为普遍。其特点有热稳定性优良、机械强度高、化学稳定性优良。瓷绝缘子如图 6-12 所示。

2）玻璃绝缘子：绝缘件由经过钢化处理的玻璃制成的绝缘子。其表面处于压缩预应力状态，如发生裂纹和电击穿，玻璃绝缘子将自行破裂成小碎块，俗称"自爆"。这一特性使得玻璃绝缘子在运行中无须进行"零值"检测。其特点有故障易检测、自爆、无须零值检测。玻璃绝缘子如图 6-13 所示。

3）复合绝缘子：绝缘件由玻璃纤维树脂芯棒和有机材料的护套及伞裙组成的绝缘子。其特点是尺寸小、体积小、质量轻，抗拉强度高，抗污秽闪络性能优良，清扫周期长，不易破损，污闪电压高，安装运输省力方便。但抗老化能力不如瓷和玻璃绝缘子，能有效防止输电线路污闪事故发生。复合绝缘子如图 6-14 所示。

图 6-12　瓷绝缘子　　　图 6-13　玻璃绝缘子　　　图 6-14　复合绝缘子

（2）按结构形式分类。绝缘子按结构形式分类可分为悬式绝缘子、柱式绝缘子、针式绝缘子、蝶式绝缘子、瓷横担绝缘子。

1）悬式绝缘子：主要用于架空配电线路耐张杆，一般低压线路采用一片悬式绝缘子悬挂导线，10kV 线路采用两片组成绝缘子串悬挂导线。悬式绝缘子金属附件连接方式分为球窝型和槽型两种。悬式绝缘子如图 6-15 所示。

2）柱式绝缘子：绝缘件由硅胶或陶瓷制成。柱式绝缘子如图 6-16 所示。

3）针式绝缘子：主要用于直线杆和角度较小的转角杆支持导线，分为高压、低压两种，不超过 35kV 电压等级的线路，按材料分针式瓷质绝缘子与针式复合绝缘子。其优点是制造简单，价格便宜；缺点是容易雷击闪络。针式绝缘子如图 6-17 所示。

4）蝶式绝缘子：主要用于低压配电线路作为直线或耐张绝缘子，也用于10kV 配电线路终端杆、耐张转角杆和分支杆上。蝶式绝缘子如图 6-18 所示。

5）瓷横担绝缘子：主要用于高压架空输配电线路中绝缘和支持导线，一般用于 10kV 线路直线杆，可以代替针式、悬式绝缘子及铁木横担。其优点是线路造价低、材料省，安全可靠，维护简单。瓷横担绝缘子如图 6-19 所示。

图 6-15　悬式绝缘子

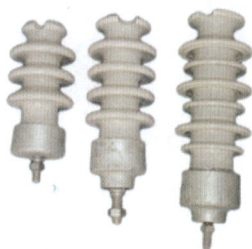

图 6-16　柱式绝缘子

图 6-17　针式绝缘子

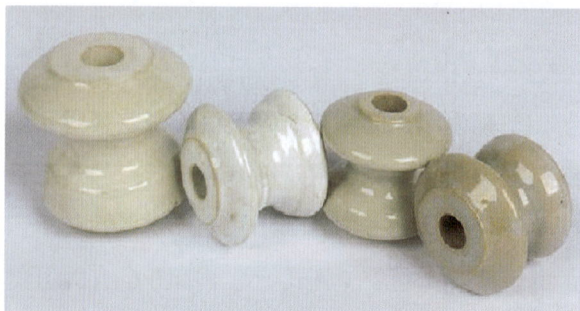

图 6-18　蝶式绝缘子

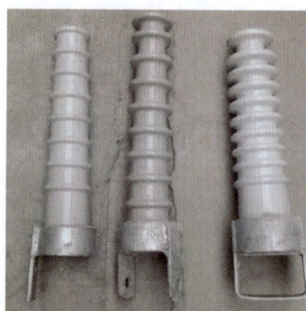

图 6-19　瓷横担绝缘子

（3）按绝缘子绑扎分类。架空配电线路的导线是利用绝缘子和金具连接固定在杆塔上的，即绝缘子绑扎。按绝缘子绑扎分类可分为顶绑法、侧绑法、终端绑法。

1）顶绑法：通常用于导线在直线杆上与绝缘子的连接固定。顶绑法如图 6-20 所示。

2）侧绑法：多用于线路转角处将导线固定在绝缘子外侧脖颈上的连接。侧绑法如图 6-21 所示。

3）终端绑法：主要用在耐张杆处导线在绝缘子脖颈上的固定连接，通常适用于蝶式绝缘子。终端绑法如图 6-22 所示。

  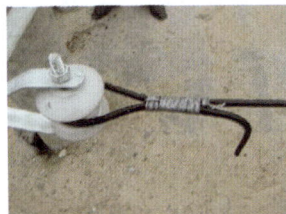

图 6-20 顶绑法　　　图 6-21 侧绑法　　　图 6-22 终端绑法

4. 金具

在敷设架空线路时，横担的组装、绝缘子的安装、导线架设及电杆拉线的制作等都需要一些金属附件，这些金属附件统称为线路金具。金具分为线夹金具、接触金具、连接金具、防护金具。

（1）线夹金具：用来握住导线、地线的金具。线夹金具如图 6-23 所示。

（a）　　　　　（b）　　　　　　　　（c）

图 6-23 线夹金具

（a）悬垂线夹；（b）螺栓形耐张线夹；（c）UT 形线夹

（2）接触金具：用于软硬母线和设备出线端子相连，导线的 T 接及不承力的并线连接等。接触金具如图 6-24 所示。

图 6-24 接触金具

（3）连接金具：用于耐张线夹、悬式绝缘子、横担等之间的连接。连接金具如图 6-25 所示。

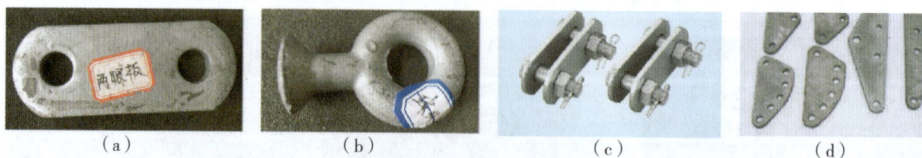

图 6-25　连接金具

（a）两眼板；（b）球头挂环；（c）平行挂板；（d）联板和调整板

（4）防护金具：用于保护导线、绝缘子等。防护金具如图 6-26 所示。

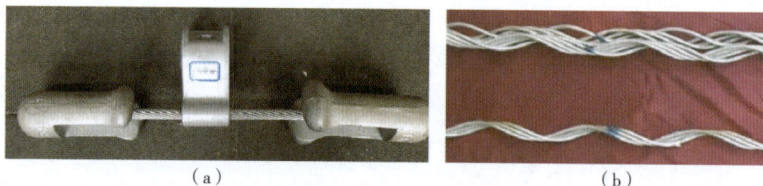

图 6-26　防护金具

（a）多频防震锤；（b）预绞式修补条、护线条

5. 拉线

（1）拉线作用。用来平衡导线、避雷线的不平衡张力，用来平衡导线、避雷线和杆塔受风吹作用的风力，防止杆塔部件发生变形和倾倒。

（2）拉线结构。包括拉线抱箍、延长环、楔形线夹（俗称上把）、钢绞线、拉线绝缘子、钢绞线、UT 形线夹（俗称下把、底把）、拉线棒和拉线盘。拉线结构如图 6-27 所示。

（3）拉线种类。拉线可分为普通拉线、人字拉线、水平拉线、弓形拉线、Y 形拉线。拉线的种类见表 6-1。

（4）拉线制作所需金具。拉线制作时需要以下基本构件：拉线抱箍、延长环、楔形线夹、拉线绝缘子。拉线制作所需构件见表 6-2。

（5）拉线制作。具体制作步骤如下：

1）画印。选一平坦地面，根据拉线下料长度，将钢绞线摆平、拉直，用

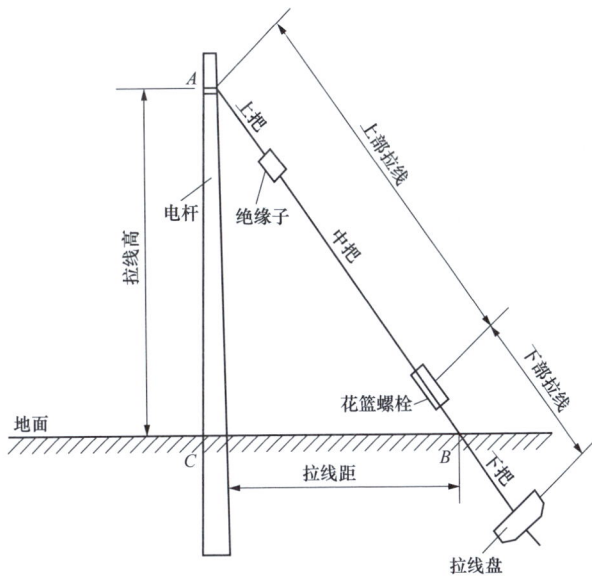

图 6-27 拉线结构

表 6-1 拉线的种类

名称	作用	图片
普通拉线	普通拉线常见于终端杆、角度杆、分支杆及耐张杆等处，主要作用是平衡不平衡荷载	
人字拉线	由两根普通拉线组成，位于电杆的两侧，用于直线杆防风时，垂直于线路前进方向；用于耐张杆时，垂直线路转角的角平分线	
水平拉线	水平拉线又称为高桩拉线，在不能直接安装普通拉线的地方，如跨越道路等地方，则可做水平拉线	

续表

名称	作用	图片
弓形拉线	弓形拉线又称自身拉线，在地形或由于周围自然环境的限制不能安装普通拉线时，一般可安装弓形拉线，弓形拉线的效果会有一定折扣，必要时可采用撑杆，撑杆可以看成是特殊形式的拉线	
Y形拉线	Y形拉线主要应用在电杆较高、多层横担的电杆，Y形拉线不仅可防止电杆倾覆，而且可防止电杆承受过大的弯矩，装设时可以在不平衡作用力合成点上下两处安装Y形拉线	

表 6-2　拉线制作所需构件

序号	拉线构件	简介	备注
1	拉线抱箍	一般固定在横担下方不大于0.3m处	
2	延长环	拉线用U形挂环，型号有UL-7、UL-10、UL-16、UL-20，分别与NX-1、NX-2、NX-3、NX-4线夹配套	
3	楔形线夹	型号有NX-1~NX-4，分别适用于GJ-25~50、GJ-50~70、GJ-100~120、GJ-135~150钢绞线（X-楔形）	
4	拉线绝缘子	电杆的拉线一般不装设拉线绝缘子，如拉线从导线之间穿过，应装设拉线绝缘子起到绝缘作用。拉线绝缘子应装在最低导线以下且离地面高度不低于2.5m处。为保证能承受线路的拉力，必须用钢丝卡卡牢	

钢尺量出割线及弯点的位置（用制作长度控制），标记划印，用20号镀锌铁丝将其端部绑牢后割断。下料后的拉线应及时挂上标签，注明桩号、安装位置及下料长度。

2）楔形线夹套入钢绞线：由线夹出口端穿入，方向正确。

3）弯曲钢绞线制作要求如下：

a. 脚踩主线，一手拉住钢绞线线头，另一手控制钢绞线弯曲部分，进行弯曲。

b. 将钢绞线线尾及主线弯成张开的开口销模样。

c. 将钢绞线线尾穿入线夹，方向正确。

4）放入楔子：拉紧凑。

5）用木槌敲打：牢固、无缝隙。

6）尾线长度：300mm，允许误差为+10mm。

7）扎铁丝：在钢绞线尾线处用12号铁丝扎55mm、允许误差为±5mm，每圈铁丝应扎紧并且无缝隙。

6.3 日常业务

6.3.1 配电线路运行维护

1. 架空配电线路巡视种类

架空配电线路巡视可分为定期性巡视、特殊性巡视、夜间巡视、故障性巡视、监察性巡视。

（1）定期性巡视。定期性巡视的目的是经常掌握配电线路各部件的运行状况、沿线情况及随季节而变化的其他情况。定期性巡视可由线路专责人单独进行，但巡视中不得攀登杆塔及带电设备，并应与带电设备保持足够的安全距离，如10kV不小于0.7m。

（2）特殊性巡视。特殊性巡视是指遇有气候异常变化（如大雪、大雾、暴风、大风、沙尘暴等）、自然灾害（如地震、河水泛滥等）、线路过负荷和遇有重要政治活动、大型节假日等特殊情况时，针对线路全部或全线某段、某些部件进行的巡视，以便发现线路的异常变化和损坏。

（3）夜间巡视。夜间巡视在线路高峰负荷时进行，主要利用夜间的有利条件发现接头有无发热打火、绝缘子表面有无闪络放电现象。

（4）故障性巡视。故障性巡视的目的是查明线路发生故障的地点和原因，以便排除。无论线路故障重合闸成功与否，均应在故障跳闸或发现接地后立即进行巡视。

（5）监察性巡视。由运行部门领导和线路专责技术人员进行，也可由专责巡线人员互相交叉进行。目的是了解线路和沿线情况，检查专责人员巡线工作质量，并提高其工作水平。巡视可在春季、秋季安全检查及高峰负荷时进行，可全面巡视，也可抽巡。

2. 架空配电线路巡视周期

相关规程规定，定期性巡视周期：城镇公用电网及专线每月巡视一次，郊区及农村线路每季至少一次。特殊性巡视的周期不做规定，根据实际情况随时进行。夜间巡视周期：公用电网及专线每半年一次，其他线路每年一次。监察性巡视周期：重要线路和事故多的线路每年至少一次。

线路巡视周期按表 6-3 的规定执行。

表 6-3　线路巡视周期

巡视项目	周期	备注
定期性巡视	10kV 城镇公用电网及专线：每月一次	—
	10kV 郊区及农村线路：每季一次	
	低压一般每季至少一次	
特殊性巡视	—	根据需要
夜间巡视	每年至少冬、夏季各进行一次	根据负荷情况
故障性巡视	—	根据需要
监察性巡视	重要线路和事故多的线路每年至少一次	—

3. 架空配电线路的巡视

（1）巡视的目的。及时掌握线路及设备的运行状况，包括沿线的环境状况，发现并消除设备缺陷和沿线威胁线路安全运行的隐患，预防事故的发生，提供翔实的线路设备检修内容，必须按期进行巡视和检查。

（2）巡视时应携带的工器具。巡线人员要了解当日气象预报情况，携带必要的工器具和巡线记录本。巡线人员应穿工作服、穿绝缘鞋、戴安全帽，携带望远镜（必要时还需携带红外线测温仪、测高仪）、通信工具，并根据当天气候情况准备雨鞋、雨衣，暑天山区巡线应配备必要的防护工具和防蜂、蛇的药品，巡线人员应带一根不短于 1.2m 的木棒，防止动物袭击。夜间巡线应携带足够的照明工具。

（3）不同季节巡视的侧重点。架空配电线路巡视的季节性很强，各个时期应有不同的侧重点。高峰负荷时，应加强对设备各类接头的检查及对变压器的巡视；冬季大雪或覆冰时应重点巡视检查接头冰雪融化状况；开春时节大地解冻，应加强对杆塔基础的检查巡视；雷雨季节到来之前，应加强对各类防雷设施的巡视；夏季气温较高，应加强对导线交叉跨越距离的监视、巡查；雨季汛期应加强对山区线路以及沿山、沿河线路的巡视检查，防止山石滚落砸坏线路，以及滑坡、泥石流对线路的影响。

（4）巡视的要求。巡视工作最重要的是质量，巡视检查一定要到位，对每基杆塔、每个部件均需检查到位，对沿线情况、周围环境检查要认真、全面、细致。巡视完毕后，应将发现的缺陷，按缺陷类别、内容、所在杆号及发现的时间，详细记录在缺陷记录本内，以便对缺陷进行处理和考核。

4. 架空配电线路巡视内容

架空配电线路巡视项目及内容见表 6-4。

表 6-4　架空配电线路巡视项目及内容

巡视项目	巡视内容
导线（裸导线）的巡视检查	1）导线有无断股、烧伤，在化工和沿海地区导线有无腐蚀现象。 2）各相弧垂是否一致，有无过紧或过松。 3）接头有无变色、烧熔、锈蚀，铜铝导线连接是否使用过渡线夹（特别是低压中性线接头），并沟线夹弹簧垫圈是否齐全，螺母是否紧固。 4）引流线对邻相及对地（杆塔、金具、拉线等）距离是否符合要求（最大风偏时，10kV 对地不小于 200mm，线间距离不小于 300mm；低压对地不小于 100mm，线间距离不小于 150mm）

续表

巡视项目	巡视内容
导线（绝缘导线）的巡视检查	1）绝缘线外皮有无磨损、变形、龟裂等。 2）绝缘护罩扣合是否紧密，有无脱落现象。 3）各相弧垂是否一致，有无过紧或过松。 4）引流线最大风偏时，10kV 对地不应小于 200mm，线间距离不小于 300mm。 5）沿线有无树枝剐蹭绝缘导线。 6）红外监测技术检查接头有无发热现象
杆塔的巡视检查	1）杆塔是否倾斜（混凝土杆：转角杆、直线杆不应大于 15/1000，转角杆不应向内角倾斜，终端杆不应向导线侧倾斜，向拉线侧倾斜应小于 200mm；铁塔：50m 以下不应大于 10/1000，50m 以上不应大于 5/1000）；铁塔构件有无弯曲、变形、锈蚀；螺栓有无松动；混凝土杆有无裂纹（不应有纵向裂纹，横向裂纹不应超过周长的 1/3，且裂纹宽度不应大于 0.5mm）、酥松、钢筋外露，焊接处有无开裂、锈蚀。 2）基础有无损坏、下沉或上拔，周围土壤有无挖掘或沉陷，寒冷地区电杆有无冻鼓现象。 3）杆塔位置是否合适，有无被车撞的可能，或被水淹、冲的可能，杆塔周围防洪设施有无损坏、坍塌。 4）杆塔标志（杆号、相位、警告牌等）是否齐全、明显。 5）杆塔周围有无杂草和蔓藤类植物附生，有无危及安全的鸟巢、风筝及杂物
横担和金具的巡视检查	1）横担有无锈蚀（锈蚀面积超过 1/2）、歪斜（上下倾斜、左右偏歪不应大于横担长度的 2%）、变形。 2）金具有无锈蚀、变形；螺栓有无松动、缺螺帽；开口销有无锈蚀、断裂、脱落
绝缘子的巡视检查	1）绝缘子有无脏污，出现裂纹、闪络痕迹，表面硬伤超过 $1cm^2$，扎线有无松动或断落。 2）绝缘子有无歪斜，紧固螺钉是否松动，铁脚、铁帽有无锈蚀、弯曲。 3）合成绝缘子伞裙有无破裂、烧伤
拉线、顶（撑）杆、拉线柱的巡视检查	1）拉线有无锈蚀、松弛、断股和张力分配不均等现象。 2）拉线绝缘子是否损坏或缺少。 3）拉线、抱箍等金具有无变形、锈蚀。 4）拉线固定是否牢固，拉线基础周围土壤有无突起、沉陷、缺土等现象。 5）拉桩有无偏斜、损坏。 6）水平拉线对地距离是否符合要求。 7）拉线有无妨碍交通或被车碰撞。 8）顶（撑）杆、拉线柱、保护桩等有无损坏、开裂、腐朽等现象

续表

巡视项目	巡视内容
防雷设施的巡视检查	1）避雷器绝缘裙有无硬伤、老化、裂纹、脏污、闪络。 2）避雷器的固定是否牢固，有无歪斜、松动现象。 3）引线连接是否牢固，上下压线有无开焊、脱落，接头有无锈蚀。 4）引线与相邻杆塔构件的距离是否符合规定。 5）附件有无锈蚀，接地端焊接处有无开裂、脱落
接地装置的巡视检查	1）接地引下线有无断股、损伤、丢失。 2）接头接触是否良好，线夹螺栓有无松动、锈蚀。 3）接地引下线的保护管有无破损、丢失，固定是否牢靠。 4）接地体有无外露、严重腐蚀，在埋设范围内有无土方工程
接户线的巡视检查	1）线间距离和对地、对建筑物等交叉跨越距离是否符合规定。 2）绝缘层有无老化、损坏。 3）接头接触是否良好，有无电化腐蚀现象。 4）绝缘子有无破损、脱落。 5）支持物是否牢固，有无腐朽、锈蚀、损坏等现象。 6）弧垂是否合适，有无混线、烧伤现象
线路保护区巡视检查	1）线路上有无搭落的树枝、金属丝、锡箔纸、塑料布、风筝等。 2）线路周围有无堆放易被风刮起的锡箔纸、塑料布、草垛等。 3）沿线有无易燃、易爆物品和腐蚀性液体、气体。 4）有无危及线路安全运行的建筑脚手架、吊车、树木、烟囱、天线、旗杆等。 5）线路附近有无敷设管道、修桥筑路、挖沟修渠、平整土地、砍伐树木及在线路下方修房栽树、堆放土石等。 6）线路附近有无新建的化工厂、农药厂、电石厂等污染源，以及打靶场、开石爆破等不安全现象。 7）导线对其他电力线路、弱电线路的距离是否符合规定。 8）导线对地、道路、公路、铁路、管道、索道、河流、建筑物等距离是否符合规定。 9）防护区内有无植树、种竹情况及导线与树、竹间距离是否符合规定。 10）线路附近有无射击、放风筝、抛扔外物、抛洒金属和在杆塔、拉线上拴牲畜等。 11）查明沿线发生江河泛滥、山洪和泥石流等异常现象。 12）有无违反《电力设施保护条例》的建筑

5.危险点分析及安全注意事项

架空配电线路巡视危险点分析及安全注意事项见表6-5。

表6-5　架空配电线路巡视危险点分析及安全注意事项

危险点	注意事项
触电	1）巡视时应沿线路外侧行走，大风时应沿上风侧行走。 2）事故巡线，应始终把线路视为带电状态。 3）导线断落地面或悬吊空中，应设法防止行人靠近断线点8m以内，并迅速报告领导等候处理
其他	1）巡线工作应由有电力线路工作经验的人员担任。 2）单独巡线人员应考试合格并经工区［公司（局）、站所］主管生产领导批准。 3）电缆隧道、偏僻山区和夜间巡线应由两人进行。暑天、大雪天等恶劣天气，必要时由两人进行。单人巡线时，禁止攀登电杆和铁塔。 4）雷雨、大风天气或事故巡线，巡视人员应穿绝缘鞋或绝缘靴。 5）暑天山区巡线应配备必要的防护工具和药品；夜间巡线应携带足够的照明工具。 6）特殊巡线应注意选择路线，防止洪水、塌方、恶劣天气等对人的伤害。 7）巡线时，严禁穿凉鞋，防止扎脚。 8）巡线人员应带一根不短于1.2m的木棒，防止动物袭击

6.架空配电线路巡视记录

填写架空配电线路巡视记录应遵循以下规则：

（1）按照SD 292—1988《架空配电线路及设备运行规程》的规定填写。

（2）巡视种类分别填写定期性巡视、特殊性巡视、夜间巡视、故障性巡视或监察性巡视。

（3）巡视范围应注明线路的名称和线路起止杆号。

（4）巡视发现异常，要把具体缺陷位置和危害程度写入线路运行情况一栏；巡视无异常，则在线路运行情况一栏填写"正常"。

（5）处理意见一栏填写巡视人发现缺陷后，还应填写对缺陷处理的建议方案。

6.3.2 配电架空线路检修

1. 危险点分析与控制措施

（1）为防止误登杆塔，作业人员在登塔前应核对停电线路的双重称号，与工作票一致后方可工作。

（2）为防止作业人员高空坠落，杆塔上工作的作业人员必须正确使用安全带、后备保护绳两道保护。在杆塔上作业时，安全带应系在牢固的构件上，高空作业工作中不得失去双重保护，上下杆过程及转向移位时不得失去一重保护。

（3）为防止高空坠落物体打击，作业现场人员必须戴好安全帽，施工现场应设防护围栏，防止无关人员进入施工现场，严禁在作业点正下方逗留。

（4）登杆塔前要对杆塔进行检查，内容包括杆塔是否有裂纹、有无倾斜，杆塔埋设深度是否达到要求；同时要对登高工具检查，看其是否在试验期限内；登杆前要对脚扣、安全带、后备保护绳做冲击试验。

（5）高空作业时不得失去监护。

（6）杆上作业时上下传递工器具、材料等必须使用传递绳，严禁抛扔。传递绳索与横担之间的绳结应系好以防脱落，金具可以放在工具袋传递，防止高空坠物。

2. 作业前准备

（1）现场勘察。工作负责人接到任务后，应组织有关人员到现场勘察，应查看接受的任务是否与现场相符，以及作业现场的条件、环境，所需各种工器具、材料、车辆及危险点等。

（2）工器具和材料准备。

1）导线断股修复所需工器具见表 6-6。

表 6-6　导线断股修复所需工器具

序号	名称	规格	单位	数量	备注
1	验电器	10kV	只	1	10kV、0.4kV 合一的验电器所带工器具的要求是够用和少带

续表

序号	名称	规格	单位	数量	备注
2	验电器	0.4kV	只	1	
3	接地线	10kV	组	2	
4	接地线	0.4kV	组	2	
5	个人保安线	截面积不小于16mm²	组	若干	
6	警告牌、安全围栏	—	—	—	
7	绝缘手套	10kV	副	1	
8	传递绳	15m	条	1	
9	安全带	4	条	1	
10	脚扣	4	副	1	
11	钢锯弓子	1	把	1	
12	手扳葫芦	1.5t	套	1	10kV、0.4kV合一的验电器所带工器具的要求是够用和少带
13	紧线器及导线夹头（卡线器）	导线	套	4	
14	挂钩滑轮	0.5t	个	2	
15	起线绳	15m	条	4	
16	钢丝绳	—	条	5	
17	大锤	—	把	1	
18	经纬仪及支架	—	套	1	
19	铁锹	—	把	4	
20	个人工具	—	套	6	
21	钢丝绳套	—	条	5	
22	紧线器及拉线卡头（卡线器）	地线	套	2	
23	断线钳	1号	把	1	
24	钢卷尺	3m	个	1	
25	地锚	—	组	2	

续表

序号	名称	规格	单位	数量	备注
26	手锤	—	把	1	
27	导电膏	—	盒	1	
28	红蓝铅笔	—	支	2	
29	钢丝刷	—	把	2	
30	手套	—	双	8	
31	涂料刷	—	把	2	10kV、0.4kV 合一的验电器 所带工器具的 要求是够用和 少带
32	压接钳及压模	—	套	1	
33	锉刀	—	把	1	
34	绑扎线	—	盘		
35	橡胶锤	—	把	2	
36	游标卡尺	—	个	1	
37	防潮布	—	块	1	
38	木板	—	块	2	

2）导线断股修复所需材料见表 6-7。

表 6-7　导线断股修复所需材料

序号	名称	规格	单位	数量	备注
1	预绞丝	—	套	按计划	
2	绑线	—	盘	若干	
3	铝包带	—	盘	若干	
4	松动剂	—	瓶	1	
5	钢锯条	—	条	10	
6	棉纱布	—	m	1.5	—
7	接续管	—	套	按计划	
8	汽油	—	L	2	
9	绝缘子	按计划	—	按计划	
10	各种金具	按计划	—	按计划	
11	红油漆	—	kg	0.25	

（3）工作前的检查。

1）检查连接管是否与导线规格一致，钳压管、液压管表面及管内是否光滑，有无凸、凹现象，有无氧化及腐蚀，有无裂纹毛刺，是否平直，其弯曲度不得超过 1%。

2）检查使用的导线与原导线是否属同一规格。

3）连接管上有无划出钳压印记。

4）检查钢压模是否与导线规格匹配。

（4）作业条件。在停电线路上进行导线断股修复工作属于室外电杆上的作业项目，要求天气良好，无雷雨，风力不超过 6 级。

3. 操作步骤及质量标准

（1）导线断股修复的工作流程。导线断股修复工作流程如图 6-28 所示。

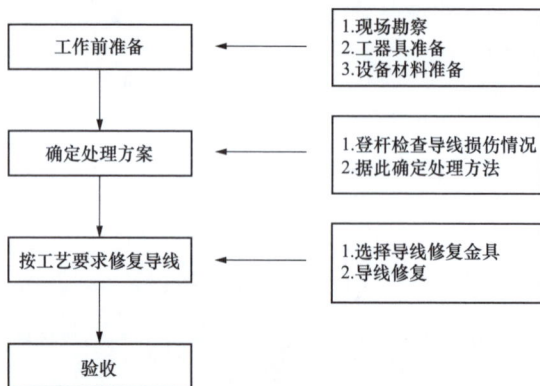

图 6-28 导线断股修复工作流程

（2）操作步骤和质量标准。

1）确定处理方案。

a. 工作负责人指派经验丰富的工作人员，登杆检查导线的损伤情况。

b. 根据检查结果，确定断股导线的修复方案。

c. 线芯截面损伤不超过导电部分截面积的 17% 时，可敷线修补。

d. 在同一截面内，损伤面积超过线芯导电部分截面积的 17% 或钢芯断一股时，应锯断重接。

2）导线断股的修复。

a. 线芯截面损伤不超过导电部分截面积的 17% 时，可敷线修补。敷线长度应超过损伤部分，每端缠绕长度超过损伤部分不小于 100mm。线芯截面损伤在导电部分截面积的 6% 以内，损伤深度在单股线直径的 1/3 之内，可用同金属的单股线在损伤部分缠绕，缠绕长度应超出损伤部分两端各 30mm。

b. 线芯损伤面积超过导电部分截面积的 17% 时，应锯断重接，步骤如下：

a）将断股的导线落地。

b）在断股处锯断导线，线芯端头用绑线扎紧。

c）清除两根导线压接部分的污垢。用钢丝刷来回刷导线，并用钢丝刷背部敲击导线，将其污垢震掉。清除长度为连接部分的 2 倍。

d）清除铝接续管内壁的污垢。可以用较小的涂料刷或者把棉纱布穿过管子，拿住棉纱布两头来回擦拭。

e）用浸过汽油的棉纱布擦拭清洁导线、接续管、垫片等。

f）待擦拭导线、铝接续管、铝芯垫片的汽油挥发后，用干净的棉纱布再擦拭，并涂导电膏。

g）将两导线头穿过铝接续管，并出管 30~50mm，然后穿入垫片。穿垫片时应贴着导线并顺直，一只手扶好垫片，另一只手用钳子头部轻轻敲击垫片端头，慢慢将垫片打入管中。切忌用力过猛，避免将垫片打弯。

h）压接。一人操作压接钳，一人扶好压接钳头部与铝接续管。对钢芯铝绞线，应从中间开始向一端上下交错压接。压接时，应对准压模中心，一侧压接完毕后，返回中间开始向另一端上下交错压接（当采用液压钳时，每压好一个模时不要马上松开钢模，应停留 30s 以上再松开），且两端最后一模均应压在导线的副头上。对铜或铝绞线，应从一端开始上下交错压接至另一端，且两端最后一模均应压在导线的副头上。导线钳压接顺序如图 6-29 所示。导线钳压口尺寸和压口数见表 6-8。

i）按规定的压口数和压接顺序压接后，按钳压标准校直钳压接续管。

j）对于 240mm² 及以上的导线，通常采用液压连接。导线的液压连接与导线的钳压连接方法近似。

k）恢复导线。

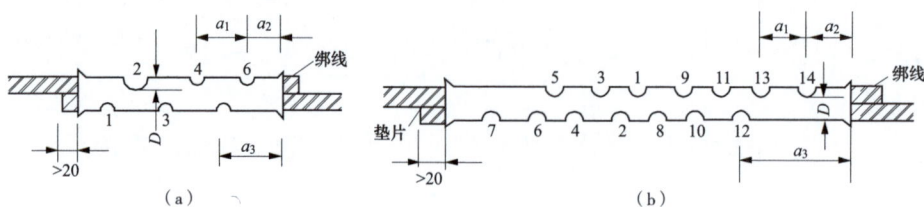

图 6-29 导线钳压接顺序

（a）铝铰线、铜铰线；（b）钢芯铝铰线

a_1、a_2、a_3—钳压部位尺寸；D—压口尺寸

表 6-8 导线钳压口尺寸和压口数

导线型号		钳压部位尺寸			压口尺寸 D（mm）	压口数
		a_1（mm）	a_2（mm）	a_3（mm）		
钢芯铝绞线	LGJ 16	28	14	28	12.5	12
	LGJ 25	32	15	31	14.5	14
	LGJ 35	34	42.5	93.5	17.5	14
	LGJ 50	38	48.5	105.5	20.5	16
	LGJ 70	46	54.5	123.5	25.5	16
	LGJ 95	54	61.5	142.5	29.5	20
	LGJ 120	62	67.5	160.5	33.5	24
	LGJ 150	64	70	166	36.5	24
	LGJ 185	66	74.5	173.5	39.5	26
铝绞线	LJ 16	28	20	34	10.5	6
	LJ 25	32	20	35	12.5	6
	LJ 35	36	25	43	14.0	6
	LJ 50	40	25	45	16.5	8
	LJ 70	44	28	50	19.5	8

续表

导线型号		钳压部位尺寸			压口尺寸	压口数
		a_1（mm）	a_2（mm）	a_3（mm）	D（mm）	
铝绞线	LJ 95	48	32	56	23.0	10
	LJ 120	52	33	59	26.0	10
	LJ 150	56	34	62	30.0	10
	LJ 185	60	35	65	33.5	10
铜绞线	TJ 16	28	14	28	10.5	6
	TJ 25	32	16	32	12.0	6
	TJ 35	36	18	36	14.5	6
	TJ 50	40	20	40	17.5	8
	TJ 70	44	22	44	20.5	8
	TJ 95	48	24	48	24.0	10
	TJ 120	52	26	52	27.5	10
	TJ 150	56	28	56	31.5	10

注 压接后尺寸的允许误差：铜钳压管为 ±0.5mm，铝钳压管为 ±1.0mm。

3）用预绞丝修复。用预绞丝修复方法如下：

a. 先将受伤线股处理平整，用蘸有汽油的棉纱布清洁导线及预绞丝，用钢丝刷来回刷导线及预绞丝，并用钢丝刷背部敲击导线，将其污垢震掉。清除长度为预绞丝的 2 倍。

b. 待擦导线及预绞丝的汽油挥发干以后，用干净的棉纱布再擦拭，并涂导电膏。

c. 缠绕预绞丝。预绞丝应与导线在损伤严重中心处紧密接触，且两端应超出损伤部位 100mm 以上。预绞丝长度不得小于 3 个节距。

（3）验收质量标准。

1）接续管、预绞丝的型号与导线规格相匹配。

2）压缩连接接头的电阻不应大于等长导线电阻的 1.2 倍，机械连接接头的电阻不应大于等长导线电阻的 2.5 倍；档距内压缩接头的机械强度不应小于导体计算拉断力的 90%。

3）导线接头应紧密、牢固、造型美观，不应有重叠、弯曲、裂纹及凹凸现象。

4）钳压后，导线的露出长度大于或等于 20mm，导线端部绑扎线应保留。

5）压接后，接续管两端导线不应有抽筋、灯笼等现象。接续管弯曲度不应大于管长的 2%，略有弯曲时应校直。

6）压接后，接续管两端出口处、合缝处及外露部分应涂刷电力复合脂。

（4）清理现场。作业结束后，工作负责人依据施工验收规范对施工工艺、质量进行自查验收，合格后，清理施工现场，整理工具、材料，办理工作终结手续。

4. 注意事项

（1）不同金属、不同规格、不同绞向的导线，严禁在档内作承力连接。

（2）在一个档距内，每根导线只允许有一个承力接头，且接头距导线固定点的距离不应小于 0.5m。

（3）铜导线与铝导线连接时，应采取铜铝过渡连接。

6.3.3　配电架空线路抢修

配电线路发生故障后，抢修工作流程是协调和约束各有关单位快速反应和快速进行抢修工作的重要依据，一个好的抢修工作流程将大幅度提高抢修工作效率。因此，在实际工作中，要依据本单位的具体情况合理制定工作流程。

1. 抢修工作流程

抢修工作流程如图 6-30 所示。

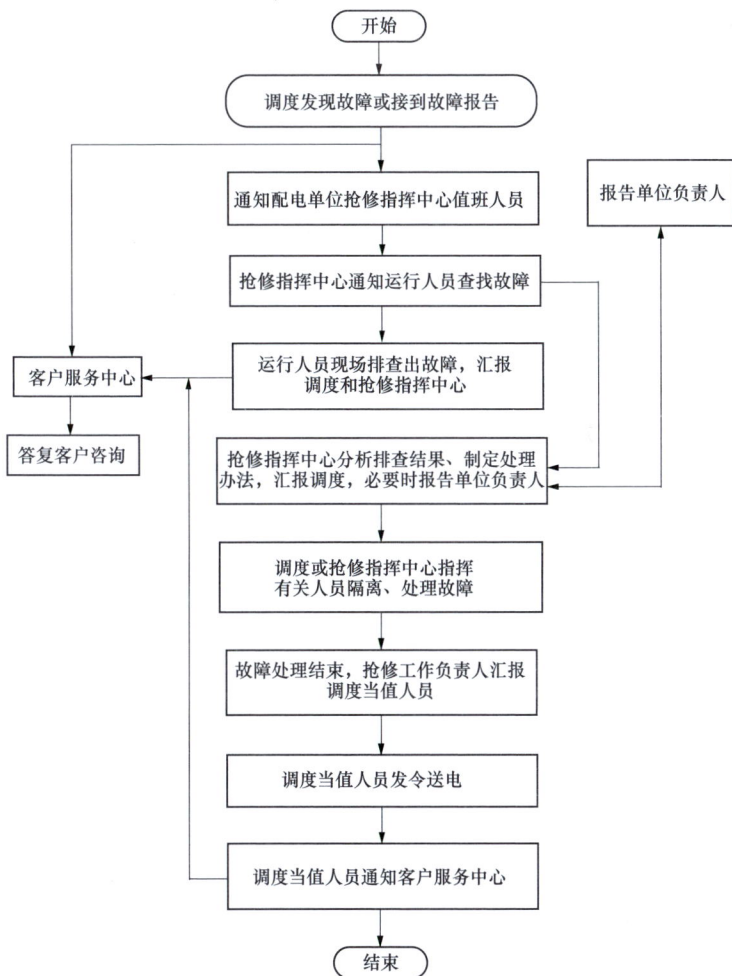

图 6-30　抢修工作流程

抢修工作一般包含以下几个环节：

（1）收集故障信息。主要通过调度和外界报告来收集。

（2）设备管辖单位配电抢修指挥中心（或生产调度、抢修负责人等）接到故障信息后，组织运行人员查出故障点。

（3）运行人员将现场故障情况和所需材料告知配电抢修指挥中心（或生产调度、抢修负责人等）。

（4）配电抢修指挥中心（或生产调度、抢修负责人等）根据故障情况，安排足够的抢修人员，准备工器具、材料和车辆进行抢修工作。

（5）抢修工作负责人与调度联系并办理相应的许可手续。到达现场后，进行合理分工并设置现场安全措施。隔离故障点，做好安全措施，在确保安全的前提下，对能够恢复供电的线路予以送电，以减少停电范围，减少损失，同时做好防止自备电源倒送电的措施。

（6）抢修人员进行抢修工作。

（7）抢修结束，清理现场，人员撤离。

（8）抢修工作负责人汇报工作终结。

2. 抢修工作中的主要安全措施

（1）核对线路名称和杆号，应与抢修线路一致。

（2）检查杆根、拉线和登高工器具。

（3）严格执行验电、装设接地线措施。验电前，应检测验电器和绝缘手套合格。装设接地线过程中，严禁人身触及接地线。

（4）所有安全工器具应具有有效试验合格证。

（5）工作班成员进入工作现场应戴安全帽，登高作业时应系好安全腰带，按规定着装。

（6）杆上工作使用的材料、工具应用绳索传递。杆上人员应防止掉东西，拆下的金具禁止抛扔，在工作现场要设遮栏并挂"止步、高压危险！"警示牌。

（7）高空作业时不得失去监护。

（8）使用吊车时，吊车起吊过程中，吊臂下严禁有人逗留。吊车司机应严格听从工作负责人的指挥，与杆上工作人员协调配合。

（9）作业时应注意感应电伤害，必要时应使用个人保安线。

3. 抢修工作中的主要技术措施

（1）对歪斜和单侧受力的电杆，应做好临时拉线后方可进行登杆作业。

（2）放松导线时，严禁采用突然剪断导线的方法松线。

（3）导线连接时，应使用同规格、同截面积、同绞向的导线。

（4）对受短路电流冲击过的接续金具进行检查，确定无异常后方可继续使用。

（5）对断线点前后绝缘子及扎线进行检查，确保处于良好状态。

（6）对更换的配电变压器，应核对铭牌和分接头位置。

（7）更换断路器或隔离开关后，断路器或隔离开关的分合状态应和原来一致，相序应和事故前一致。

（8）导线引接线应保持与原来相序一致，若为绝缘导线，绝缘层剥离处应进行绝缘补强处理。

6.3.4　架空配电线路精细化巡检

1. 配电线路及设备无人机精细化巡检定义

采用多旋翼无人机搭载可见光、红外、激光载荷等设备，以杆塔为单位，通过调整无人机位置、镜头角度和搭载装备，对架空线路杆塔本体、导线、绝缘子、拉线、横担金具等元件，以及柱上变压器、断路器、隔离开关、跌落式熔断器等附属电气设备进行多角度、多视角、多方位点云、图像信息采集及自主巡检，并对图像或视频进行缺陷识别，可在缺陷库基础上自动比对，实现配电线路及设备缺陷分析、研判及辅助评价。

2. 作业人员的基本条件

（1）经医师鉴定，无妨碍工作的病症（体格检查每两年至少一次）。

（2）需掌握配电架空线路及设备基础知识、配电架空线路及设备安全规范、缺陷与隐患查找及原因分析、设备使用与维保、无人机辅助作业、无人机基础操作能力、无人机巡检等相关业务技能，熟悉无人机巡检作业安全工作规程，并经考试合格。

（3）具备必要的安全生产知识，学会紧急救护法。

（4）具备无人机巡检作业资质，取得中国民用航空局颁发的无人机驾驶员资质证书。

3. 作业安全要求

（1）作业前应办理空域申请手续，空域审批后方可作业，并密切跟踪当地空域变化情况。

（2）作业前应掌握巡检设备的型号和参数、杆塔坐标及高度、巡检线路周围地形地貌和周边交叉跨越情况，起降场地应满足相应机型安全起降要求。

（3）作业前应检查无人机各部件是否正常，包括无人机本体、遥控器、云台相机、存储卡和电池电量等。

（4）作业宜在良好天气下进行。雾、雪、大雨、冰雹、5级以上大风等恶劣天气不利于巡检作业的情况时，不应开展无人机巡检作业。作业前，应确认现场风速及环境符合该机型作业范围。

（5）保证现场安全措施齐全，禁止行人和其他无关人员在无人机巡检现场逗留，时刻注意保持与无关人员的安全距离。避免将起降场地设在巡检线路下方、交通繁忙道路及人口密集区附近。

（6）作业前应规划应急航线，包括航线转移策略、安全返回路径和应急迫降点等。

（7）无人机巡检时应与架空配电线路保持足够的安全距离。

4. 无人机本体巡检应满足相关技术要求

拍摄时应确保相机参数设置合理、对焦准确，保证图像清晰、曝光合理，不出现模糊现象。配电线路目标设备应位于图像中间位置，销钉类目标及缺陷在放大情况下清晰可见。

（1）斜对角俯拍。对电杆及铁塔拍摄宜采用斜对角俯拍方式，尽可能将全部人巡无法看到、无法看清部位单张或分张拍摄清楚。

斜对角俯拍方式是指无人机高度高于被拍摄物体，并且中轴线延长线与线路呈15°～60°角方向拍摄，然后将无人机旋转180°飞至被拍摄物体对侧再次拍摄。使用此方法可以以较少的拍摄图片尽可能多地采集被拍摄物体信息。

（2）近距离拍摄。拍摄设备近景图时，应提前确认线路设备周围情况，如附近有无高杆植物，有无其他高压线路、低压线路或通信线，有无拉线，有无其他可能对无人机造成危害的障碍物。无人机拍摄时，后侧至少保持5m安全距离。如无人机受电磁或气流干扰应向后轻拨摇杆，将无人机水平向后移动。使用无人机失控自动返航功能时，禁止在高低压导线、通信线、拉线正下方飞行，以免无人机失控自动返航时，撞击正上方线路。对于有拉线的杆塔，严禁无人机环绕杆塔飞行。拍摄时无人机姿态调整应以低速、小舵量控制。

（3）降低飞行高度。无人机在需要降低高度飞行时，应采用无人机摄像头垂直向下，遥控器显示屏可以清楚观察到下降路径情况时方可降低飞行高度。降低飞行前规划好无人机升高线路，避免无人机撞击上侧盲区物体。

（4）转移作业地点。无人机转移作业地点前，应将无人机上升至高于线路及转移路径上全部障碍物高度沿直线向前飞行。

5. 多旋翼无人机巡检路径规划的基本原则

面向大号侧，先左后右，从下至上（对侧从上至下），先小号侧后大号侧。有条件的单位，应根据配电设备结构选择合适的拍摄位置，并固化作业点，建立标准化航线库。航线库应包括线路名称、杆塔号、杆塔类型、布线型式、杆塔地理坐标、作业点成像参数等信息。

6. 直线杆拍摄原则

（1）单回直线杆：面向大号侧先拍左相再拍中相后拍右相，先拍小号侧后拍大号侧。典型单回路直线杆拍摄顺序如图 6-31 所示。架空配电线路精细化巡检内容见表 6-9。

图 6-31　典型单回路直线杆拍摄顺序

A—杆全貌；B—杆通道；C—杆号牌；D—右侧绝缘子、导线、过电压保护器；
E—塔顶；F—左侧绝缘子、导线、过电压保护器

表 6-9　架空配电线路精细化巡检内容

拍摄部位编号	拍摄部位	示例	拍摄角度	拍摄要求
A	杆全貌		俯视	杆塔全貌，能够清晰分辨全杆和杆塔角度
B	杆通道		平视	杆塔头平行，面向大号侧拍摄，完整的通道概况图
C	杆号牌		平视	能够清楚识别杆号

续表

拍摄部位编号	拍摄部位	示例	拍摄角度	拍摄要求
D	右侧绝缘子、导线、过电压保护器		右侧向下	能够清晰分辨绝缘子、导线等，采取多角度拍摄
E	杆顶		平视/俯视	能够清晰看清塔顶
F	左侧绝缘子、导线、过电压保护器		拍摄角度左侧向下	能够清晰分辨绝缘子、导线等，采取多角度拍摄

（2）双回直线杆：面向大号侧先拍左回后拍右回，先拍下相再拍中相后拍上相（对侧先拍上相再拍中相后拍下相，∩形顺序拍摄），先拍小号侧后拍大号侧。

7. 耐张杆拍摄原则

（1）单回耐张杆：面向大号侧先拍杆全貌，再面向大号侧拍杆通道。拍杆号牌，再拍右侧杆上设备，拍杆顶，最后拍左侧杆上设备。

（2）双回耐张杆：面向大号侧先拍杆全貌，再拍杆通道（对侧先拍上相再拍中相后拍下相，∩形顺序拍摄），先拍小号侧再拍跳线后拍大号侧，小号侧先拍导线端后拍横担端，大号侧先拍横担端后拍导线端。

6.3.5　运行记录

配电网运行记录主要包括配电网巡视检查和防护、配电设备状态管理、故障处理和运行技术管理等方面记录。配电网运行记录如图 6-32 所示。

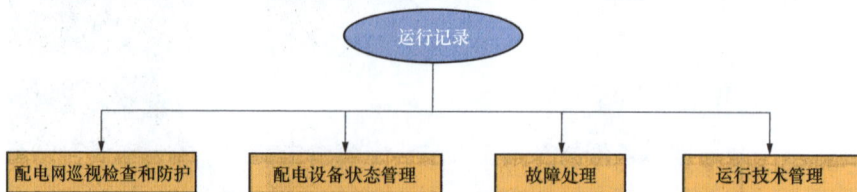

图 6-32　配电网运行记录

1. 配电网巡视检查和防护

配电网巡视检查分定期性巡视、特殊性巡视、夜间巡视、故障性巡视和监察性巡视，主要进行架空线路巡视及防护、电缆线路的巡视及防护、柱上断路器的巡视、开关柜和环网柜的巡视、配电变压器的巡视、站所类建筑物的巡视检查等，在巡视检查和防护过程中做好记录。

2. 配电设备状态管理

配电设备状态管理记录主要包括设备状态信息收集、设备状态评价、设备定级与状态巡视等。

3. 故障处理

故障处理记录主要包括故障巡视、隔离、抢修、倒闸操作和恢复送电等故障处置全流程工作。

4. 运行技术管理

运行技术管理记录主要包括运行资料、工程验收、缺陷及隐患、运行分析、标志标识等。

6.4 相关制度

配电网相关制度主要包括安全规程、运行规程和验收规程 3 部分，配电网相关制度如图 6-33 所示。

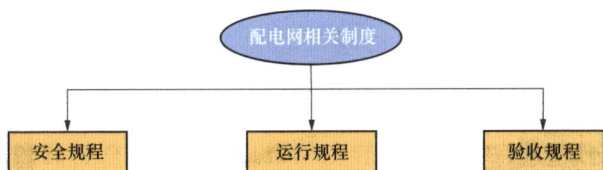

图 6-33 配电网相关制度

6.4.1 安全规程

安全规程的制定目的是加强配电作业现场管理，规范各类工作人员的行为，保证人身、电网和设备安全。配电网安全规程主要包含配电作业基本条件、组织措施、技术措施和运行与维护等方面。

1. 配电作业基本条件

作业人员、配电线路、设备和作业现场需满足作业基本条件。作业人员需具备必要的安全生产知识且无妨碍工作的病症；配电线路和设备需具备符合要求的验电、接地装置，有明确的开端指示；作业现场的生产条件和安全设施等应符合有关标准、规范的要求。

2. 组织措施

组织措施主要包含现场勘察制度、工作票制度、工作许可制度、工作监护制度、工作间断、转移制度和工作终结制度。通过组织措施规范工作流程，从管理流程上保障人身、电网和设备安全。

3. 技术措施

技术措施主要包含停电、验电、接地和悬挂标示牌和装设遮栏（围栏）。通过技术措施为工作现场划定安全区域，保障人身、电网和设备安全。

4. 运行与维护

运行与维护主要包含巡视、倒闸操作与砍剪树木等。通过巡视及时发现线路中异常并进行处理，巡视中发现树枝离线路过近的情况安排人员进行修剪，保障线路可靠运行；在日常运维工作中还可通过倒闸操作调整线路负荷，减少线路重超载情况。

6.4.2　运行规程

运行规程的制定目的是加强配电网运行管理工作，提高配电网精益化工作水平，通过强化配电网设备的巡视检查、开展带电检测和状态评价，实施配电网状态管理。配电网运行规程主要包括配电网巡视检查和防护、配电设备状态管理、故障处理和运行技术管理等方面记录。

6.4.3　验收规程

验收规程制定的目的是检查工程或项目是否符合预期要求，包括技术指标、质量标准、安全要求等方面。验收分为中间验收和竣工验收，包括对配电网新扩建、改造、检修等项目进行验收，并积极介入项目规划方案、设计审查、设备选型等全过程管理。

6.5　实习注意事项

（1）作业人员应被告知其作业现场和工作岗位存在的危险因素、防范措施及事故紧急处理措施。作业前，设备运维管理单位应告知现场电气设备接线情况、危险点和安全注意事项。

（2）进入作业现场应正确佩戴安全帽，现场作业人员还应穿全棉长袖工作服、绝缘鞋。

（3）进出配电站、开关站应随手关门。

（4）工作人员禁止擅自开启直接封闭带电部分的高压配电设备柜门、箱盖、封板等。

（5）作业人员对安全规程应每年考试一次。因故间断电气工作连续三个月及以上者，应重新学习，并经考试合格后，方可恢复工作。

（6）新参加电气工作的人员、实习人员和临时参加劳动的人员（管理人员、非全日制用工等），应经过安全生产知识教育后，方可下现场参加指定的工作，并且不得单独工作。

6.6 新员工实操项目示例：杆上绝缘子更换

6.6.1 实训要求

杆上绝缘子更换实训要求见表 6-10。

表 6-10 杆上绝缘子更换实训要求

确认（√）	序号	实训内容	实训步骤及质量要求	安全措施注意事项	备注
	1	登杆前检查	检查基础、埋深、杆根、杆身、拉线等，检查安全带、脚扣等登高工具，并做冲击试验	—	
	2	登杆	熟练进行杆上移动，跨越设备时，注意围杆带与后备保护绳的使用方法。到达工作位置后确保高挂低用	注意与周围带电设备安全距离	
	3	拆除原设备	1）按要求拆除待更换设备。 2）设备拆除前，需用传递绳固定。 3）如使用紧线器，需将千斤安装至牢固位置，固定紧线器、线夹，调整紧线器（紧线器到位后可排一下导线确认）。 4）带引线拆除需固定拆除引线，或拆除上下引线	—	

确认（√）	序号	实训内容	实训步骤及质量要求	安全措施注意事项	备注
	4	更换线路设备	1）更换直线绝缘子：①安装新绝缘子（注意顶部线槽与导线方向）；②使用扎线"双十字"固定导线（裸导线使用铝丝、绝缘导线使用塑铜线）。 2）更换耐张绝缘子：①安装新绝缘子（上提绝缘子，便于插销、螺栓安装）；②人员位置注意与导线纵向作业；③松紧线器并拆除。 3）更换避雷器：①安装避雷器；②根据现场长度量取引线尺寸，压接接线端子（注意接线端子材质需与避雷器桩头一致）；③安装引线		
	5	工作结束	整理工器具、材料，吊下工具，下杆		

6.6.2 现场安措布置

实训工位需围围栏，预留大约 2×2 作业空间，学员观摩需在围栏外。登高工位安装防坠器。

6.6.3 危险点控制

注意高空坠物，工器具失灵、跌落，登高工具失效，违规使用安全带等。

6.6.4 工器具与仪器仪表

（1）设备设施与工器具。设备设施与工器具见表 6-11。

表 6-11 设备设施与工器具

确认（√）	序号	名称	型号/规格	单位	数量	备注
	1	10kV 配电模拟线路		套	1	
	2	安全带	五点式	把	1 条/工位	

续表

确认 （√）	序号	名称	型号 / 规格	单位	数量	备注
	3	安全帽		顶	每人1顶	
	4	脚扣	350mm/400mm		1 副 / 工位	
	5	横担				
	6	直线绝缘子				
	7	避雷器				
	8	耐张绝缘子				
	9	传递绳				
	10	紧线器				配线夹
	11	千斤				
	12	钢丝钳				
	13	活络扳手				
	14	工具包（带）				
	15	绝缘电阻表				

（2）培训耗材。培训耗材见表 6-12。

表 6-12　培训耗材

序号	名称	型号 / 规格	单位	数量	备注
1	螺栓				
2	开口销				
3	工作手套		副	人手1副	
4	扎线	4mm			
5	引线				

6.6.5　培训实施流程与要点

（1）登杆前检查。检查基础、埋深、杆根、杆身、拉线等，检查安全带、脚扣等登高工具，并做冲击试验。

（2）登杆。熟练进行杆上移动，跨越设备时，注意围杆带与后备保护绳的使用方法。到达工作位置后确保高挂低用。

（3）登杆作业。登杆作业目前包括多项工作，如更换直线绝缘子、耐张绝缘子、横担、避雷器、引线、跌落式熔断器、拉线上把、电压互感器、柱上断路器等。

1）直线绝缘子更换。直线绝缘子更换流程如图6-34所示。

图6-34　直线绝缘子更换流程

2）耐张绝缘子更换。耐张绝缘子更换流程如图6-35所示。

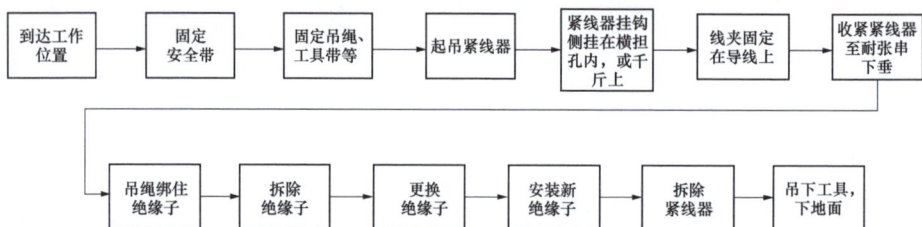

图6-35　耐张绝缘子更换流程

【思考与练习】

1. 配电变压器中性点接地属（　　）。

A. 保护接地　　　B. 防雷接地　　　C. 工作接地　　　D. 过电压保护接地

2. 钢芯铝绞线的代号表示为（　　）。

A. GJ　　　　　　B. LGJ　　　　　　C. LGJQ　　　　　　D. LGJJ

3. 配电网是指（　　）。

A. 从输电网或地区电厂接受电能

B. 通过配电设施就地分配给各类客户

C. 通过配电设施逐级分配给各类客户的电力网

D. 从输电网或地区电厂接受电能，通过配电设施就地或逐级分配给各类客户的电力网

4. 配电网的专业分类有哪些？

5. 配电网抢修类业务有哪些？

6. 钳压后的接续管有弯曲时，如何校直？

7. 如何用钳压法连接导线？

8. 钳压导线时，两端最后一模为何要压在导线的副头上？

9. 抢修工作包含哪些环节？

10. 配电网相关制度有哪些？

11. 配电网运行规程记录包括哪些方面？

7　电力电缆

7.1　专业概述

7.1.1　电力电缆在电网中的作用

电力电缆是电网的重要组成部分，连接着发电厂、变电站和用户，起到输送、分配电能的作用。我国输电电缆电压等级有 66、110、220、330kV 和 500kV；配电电缆电压等级有 0.4、1、10、20、35kV 等。相比于同电压等级架空线路，电力电缆具有不占用地面空间、不影响景观、运行不易受自然天气因素影响等优点。

7.1.2　电力电缆安装运维工职责及工作模式

（1）电力电缆安装运维工职责。负责本辖区内电力电缆及通道的工程验收、日常巡视、防外破、资料维护、状态检（监）测、缺陷隐患排查治理、故障抢修、停电检修、设备修理与技术改造等现场工作，对投运后的电缆及通道安全运行负责。

（2）电力电缆安装运维工工作模式。目前大多数供电公司电力电缆安装运维工的日常工作，采用线路第一责任人工作机制，负责所辖输电电缆及通道的各类日常运维工作，重点工作有工程验收、巡视管理、危险点管控与防外破、缺陷隐患治理等。

7.1.3　岗位能力提升要求

1. 电力电缆安装运维工（配电）岗位能力提升要求

电力电缆安装运维工（配电）岗位能力提升要求见表 7–1。

表 7-1　电力电缆安装运维工（配电）岗位能力提升要求

级别	技能要求
中级工	10kV 电力电缆终端预处理、电缆敷设基础工作、电缆定期巡视工作等基础工作
高级工	10kV 电力电缆附件安装制作、电缆故障测寻、配电电缆敷设安装、电缆日常巡视等常见工作
技师	35kV 电力电缆附件安装制作、指导配电电缆敷设、复杂电缆故障测寻、指导电缆交接、预防性试验、组织电缆运行维护工作等高技术工作

2. 电力电缆安装运维工（输电）岗位能力提升要求

电力电缆安装运维工（输电）岗位能力提升要求见表 7-2。

表 7-2　电力电缆安装运维工（输电）岗位能力提升要求

级别	技能要求
中级工	接地系统辨识与巡视、接地电阻测量、输电电缆及通道巡视、输电电缆结构图认知和电工仪表使用、有限空间作业及钳工工作、输电电缆附件安装基本操作等基础工作
高级工	电气设备运行及维护、电缆构筑物验收、接地系统巡视检查、电缆绝缘电阻试验、电缆故障检测仪器仪表使用与维护、电缆护层试验、35kV 电力电缆附件制作与安装等常见工作
技师	电力电缆绝缘厚度及载流量计算、110kV 电力电缆附件制作与安装、运用带电检测手段开展线路隐患与缺陷排查、电缆交接试验、电缆故障测寻、工程竣工验收、接地系统安装等高技术工作

7.2　专业基础知识

7.2.1　电力电缆

1. 电力电缆的基本结构

电力电缆的基本结构一般由导体、绝缘层、护层三部分组成，6kV 及以上电缆导体外和绝缘层外还增加了屏蔽层。其中，导体是提供负荷电流的通路；半导电屏蔽层是中高压电缆采用的一项改善金属电极表面电场分布，同时提高绝缘表面耐受电压的重要结构；绝缘层是将高压电极与接地极可靠隔离的关键建构；护层是保护绝缘和整个电缆可靠工作的重要保证，主要起到机械保护作用，防水、防火、防腐蚀等。

66kV 及以上高压电缆一般采用单芯电缆结构，35kV 及以下电缆一般采用三芯电缆结构。电缆结构如图 7-1 所示。

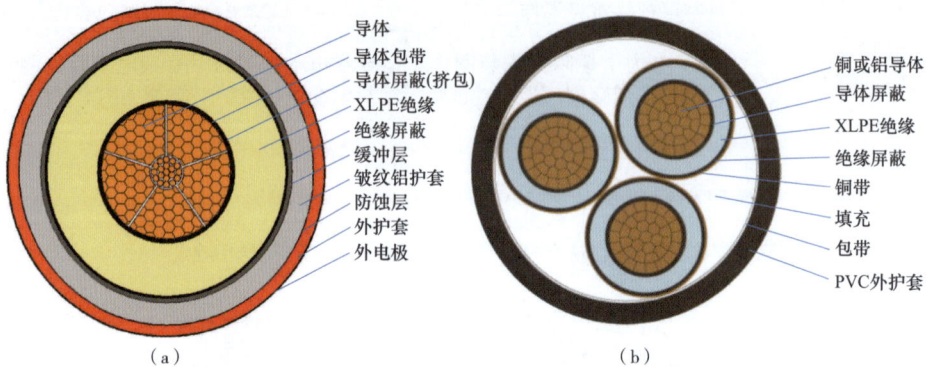

左图标注（a）：
- 导体
- 导体包带
- 导体屏蔽(挤包)
- XLPE绝缘
- 绝缘屏蔽
- 缓冲层
- 皱纹铝护套
- 防蚀层
- 外护套
- 外电极

右图标注（b）：
- 铜或铝导体
- 导体屏蔽
- XLPE绝缘
- 绝缘屏蔽
- 铜带
- 填充
- 包带
- PVC外护套

图 7-1　电缆结构
（a）高压电缆结构；（b）中压电缆结构

2. 电力电缆制造

外半导电层、绝缘层、内半导电层三层共同挤出的工艺，可以防止在主绝缘层与导体屏蔽，以及主绝缘层与绝缘屏蔽之间引入外界杂质。电缆三层共挤交联机如图 7-2 所示。

7.2.2　电缆附件

1. 高压电缆中间接头

电缆中间接头指连接电缆与电缆的导体、绝缘、屏蔽层和保护层，以使电缆线路连续的装置。110kV 电缆中间接头如图 7-3 所示。

2. 高压电缆终端

电缆终端指安装在电缆末端，以使电缆与其他电气设备或架空输配电线路相连接，并维持绝缘直至连接点的装置。220、35kV 电缆终端如图 7-4 和图 7-5 所示。

图 7-2 电缆三层共挤交联机

图 7-3 110kV 电缆中间接头

图 7-4 220kV 电缆终端

图 7-5 35kV 电缆终端

3. 中压电缆中间接头

中压电缆中间接头按其不同特性的材料分为热缩式、冷缩式、预制式（分整体预制和组装预制）、绕包式（分带材绕包与成型纸卷绕包两种）、浇注（树脂）式、模塑式等 6 种类型。当前电力工程中使用最普遍的是热缩式、冷缩式和预制式接头。10kV 电缆中间接头如图 7-6 所示。

4. 中压电缆终端

电缆终端可分为户外终端、户内终端、GIS 终端、设备终端等。10kV 电缆终端头如图 7-7 所示。

图 7-6   10kV 电缆中间接头

图 7-7   10kV 电缆终端头（开关柜内）

7.2.3   附属设备、设施

附属设备是避雷器、接地装置、供油装置、在线监测装置等电缆线路附属装置的统称。附属设施是电缆支架、标识标牌、防火设施、防水设施、电缆终端站等电缆线路附属部件的统称。

1. 电缆接地系统

交叉互联箱用于长电缆线路中，是为降低电缆护层感应电压，依次将一相绝缘接头一侧的金属套和另一相绝缘接头另一侧的金属套相互连接后再集中分段接地的一种密封装置。其包括护层过电压限制器、接地排、换位排、公共接地端子等。交叉互联箱及交叉互联线如图 7-8 所示。

接地箱用于单芯电缆线路中，是为降低电缆护层感应电压，将电缆的金属屏蔽（金属套）直接接地或通过过电压限制器后接地的装置。接地箱可分为电缆护层直接接地箱、电缆护层保护接地箱两种，其中电缆护层保护接地箱中装有护层过电压限制器。接地箱及接地线如图 7-9 所示。

回流线是单芯电缆金属屏蔽（金属套）单端接地时，为抑制单相接地故障电流形成的磁场对外界的影响和降低金属屏蔽（金属套）上的感应电压，沿电缆线路敷设一根阻抗较低的接地线。回流线如图 7-10 所示。

2. 电缆监控监测系统

电力电缆在线监测是在运行电压下对电缆的绝缘状态进行检测，能真实反映电缆的绝缘水平。在自动连续检测状态下，依据大量的数据和判据的数

（a）　　　　　　　　　　　　　　（b）

图 7-8　交叉互联箱及交叉互联线

（a）交叉互联箱；（b）交叉互联线

（a）　　　　　　　　　　　　　　（b）

图 7-9　接地箱及接地线

（a）接地箱；（b）接地线

图 7-10　回流线

模分析，可以判定绝缘状态变化趋势，从变化趋势中寻找危险征兆，从检测结果来综合判断电缆运行状况。并且可以利用通信技术实时提报检修和相关人员，从而达到事故之前的计划检修，避免事故扩大和不必要的经济损失。隧道综合监控平台、通信装置（交换机）、环境监测传感器、监控摄像头、水位传感器、人员定位信号接收装置、沉降监测传感器、护层电流采集器、高频局部放电传感器如图 7-11 ~ 图 7-19 所示。

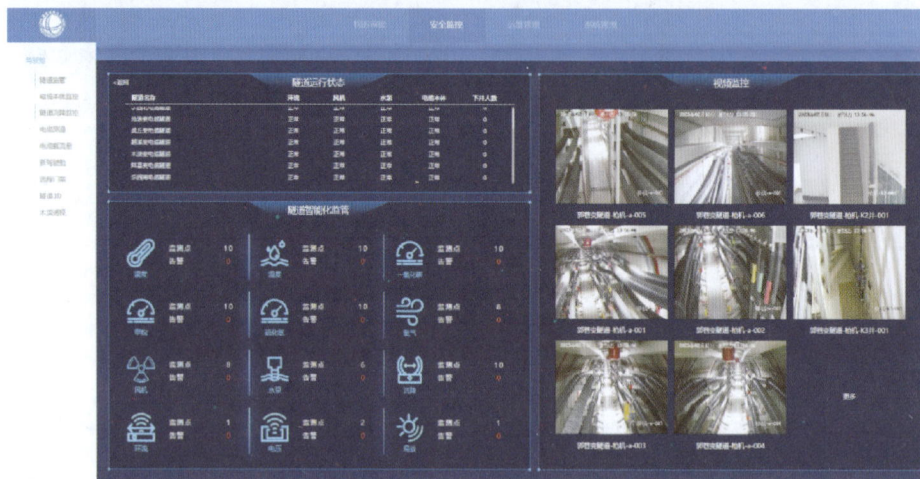

图 7-11 隧道综合监控平台

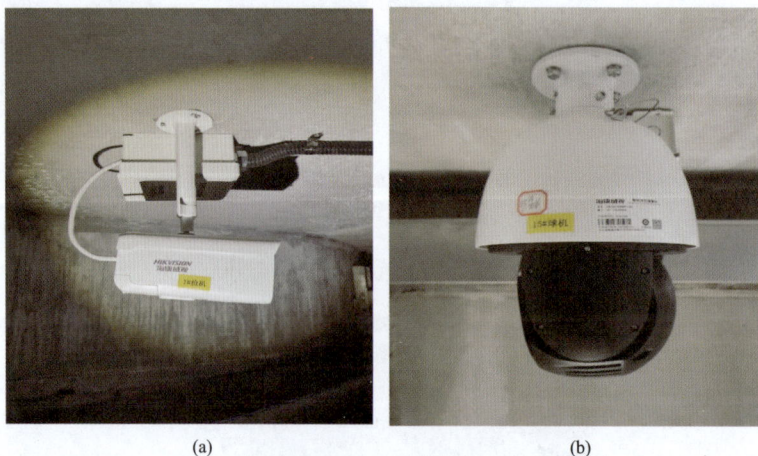

(a)　　　　　　　　　　　　　　(b)

图 7-12 监控摄像头

（a）枪机；（b）球机

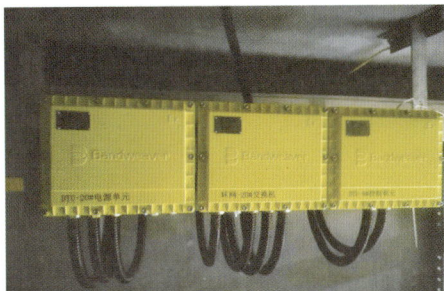

图 7-13 通信装置（交换机）

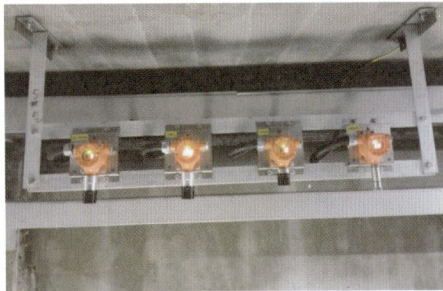

图 7-14 环境监测传感器

图 7-15 水位传感器

图 7-16 人员定位信号接收装置

图 7-17 沉降监测传感器

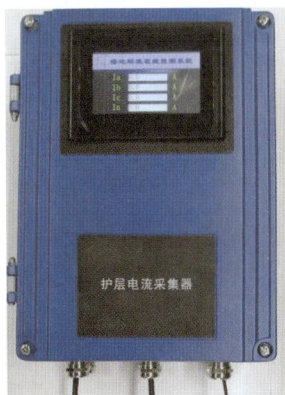

图 7-18 护层电流采集器

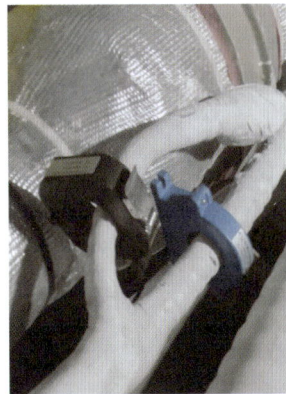

图 7-19 高频局部放电传感器

3. 避雷器

为防止电缆和附件的主绝缘遭受过电压损坏，往往需要在电缆线路上安装避雷器。避雷器按其结构，可分为保护间隙、管式避雷器、阀式避雷器、磁吹避雷器和金属氧化物避雷器。用于保护电缆线路的并联连接在电缆终端的避雷器一般选用金属氧化物避雷器。金属氧化物避雷器分瓷套型和复合外套型两种。避雷器如图 7-20 所示。

图 7-20　避雷器

4. 电缆终端支架、开关站、环网柜、终端箱

电缆支架按结构分，有装配式和工厂分段制造的电缆托架等种类；按材质分，有金属支架和塑料支架。金属支架应采用热浸镀锌，并与接地网连接。用硬质塑料制成的塑料支架又称绝缘支架，具有一定的机械强度并耐腐蚀。支架相互间距为 1m。

电缆直接与电气设备相连接时，高压导体处于全绝缘状态而不暴露在空气中的终端称作设备终端，设备终端一般布置在开关站、环网柜和电缆分支箱中，电缆支架、开关站、环网柜、电缆分支箱如图 7-21～图 7-24 所示。

图 7-21 电缆支架

图 7-22 开关站

图 7-23 环网柜

图 7-24 电缆分支箱

5. 电缆通风、照明、排水、消防系统

电缆隧道应具有照明、排水装置，并采用自然通风和机械通风相结合的通风方式。隧道内还具有烟雾报警、自动灭火、灭火箱等消防设备。通风装置、照明装置、排水装置、防火装置如图 7-25～图 7-28 所示。

图 7-25 通风装置

图 7-26 照明装置

图 7-27 排水装置

图 7-28 防火装置

7.2.4 构筑物

构筑物包括电缆隧道、电缆沟、电缆排管、电缆桥架、直埋电缆、电缆竖井等电缆线路的土建设施。

1. 电缆隧道

容纳电缆数量较多，有供安装和巡视的通道，有通风、排水、照明等附属设施的电缆构筑物称为电缆隧道。电缆隧道如图 7-29 所示。

2. 电缆沟

封闭式不通行、盖板与地面相齐或稍有上下、盖板可开启的电缆构筑物为电缆沟。电缆沟由墙体、电缆沟盖板、电缆沟支架、接地装置、集水井等组成。电缆沟按其支架布置方式分为单侧支架电缆沟和双侧支架电缆沟，电缆沟如图 7-30 所示。

3. 电缆排管、顶管、拖拉管

电缆排管是把电缆导管用一定的结构方式组合在一起，再用水泥浇注成一个整体，用以敷设电缆的一种专用电缆构筑物。顶管技术非开挖施工方法，是一种不开挖或者少开挖的管道埋设施工技术，优点在于不影响周围环境或者影响较小，施工场地小，噪声小，能够深入地下作业。拖拉管也叫牵引拖拉管，是一种在管道中起牵引拖拉作用的管道施工技术。电缆排管、顶管、拖拉管如图 7-31 ~ 图 7-33 所示。

图 7-29 电缆隧道

图 7-30 电缆沟

图 7-31 电缆排管

图 7-32 顶管

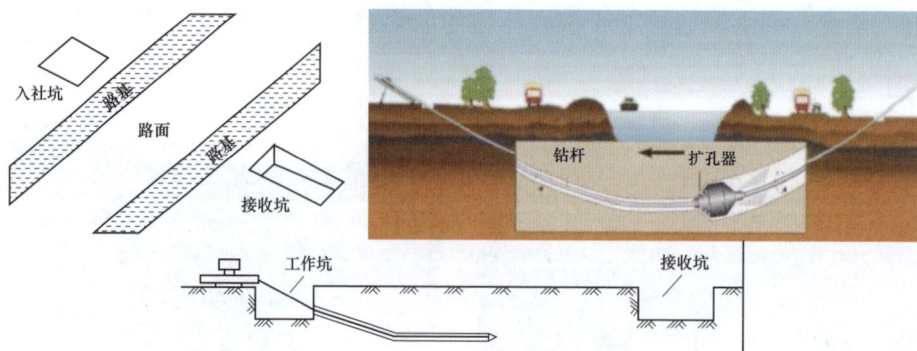

图 7-33　拖拉管

4. 电缆桥架

电缆桥架分为槽式、托盘式和梯架式、网格式等结构，由支架、托臂和安装附件等组成。电缆桥架如图 7-34 所示。

5. 直埋电缆

国家标准规定，在电缆线路路径上有可能使电缆受到机械性损伤、化学作用、地下电流、振动、热影响、腐植物质、虫鼠等危害的地段，应采取保护措施。直埋电缆的上、下部应铺以不小于 100mm 厚的软土或沙层，并加盖保护板，其覆盖宽度应超过电缆两侧各 50mm，保护板可采用混凝土盖板或砖块。软土或沙子中不应有石块或其它硬质杂物。直埋电缆如图 7-35 所示。

图 7-34　电缆桥架

图 7-35　直埋电缆

6. 综合管廊

综合管廊是地下城市管道综合走廊，即在城市地下建造一个隧道空间，将电力、通信，燃气、供热、给排水等各种工程管线集于一体，设有专门的检修口、吊装口和监测系统，实施统一规划、统一设计、统一建设和管理。综合管廊如图 7-36 所示。

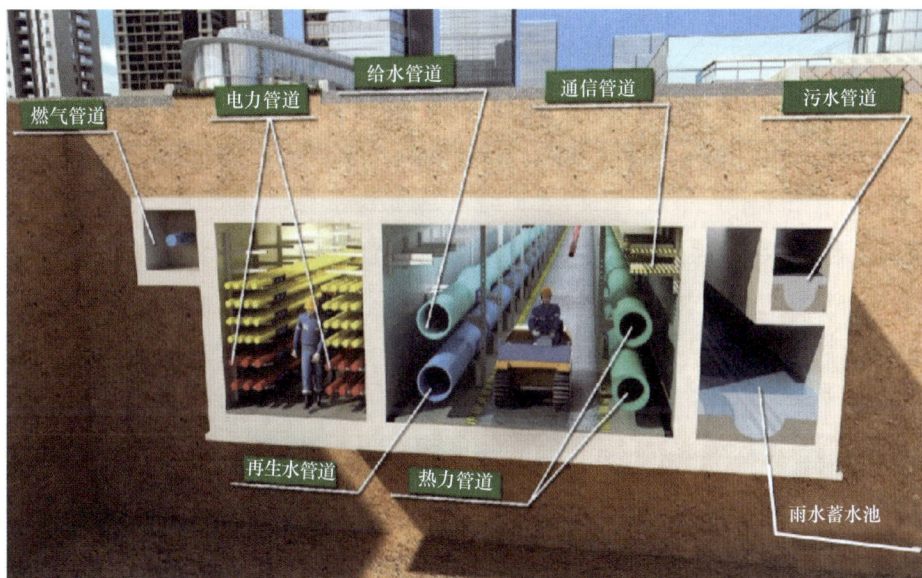

图 7-36 综合管廊

7.3 日常业务

7.3.1 电缆设计

1. 电缆工程可行性研究设计

可行性研究设计包含线路路径方案选择、工程设想、线路可研设计说明书及附图、投资估算及财务评价等，对各路径方案综合比较，给出推荐路径，并按照推荐路径编写线路可研设计说明书，绘制相应图纸，做投资估算和财务评价。电缆工程可行性研究设计流程如图 7-37 所示。

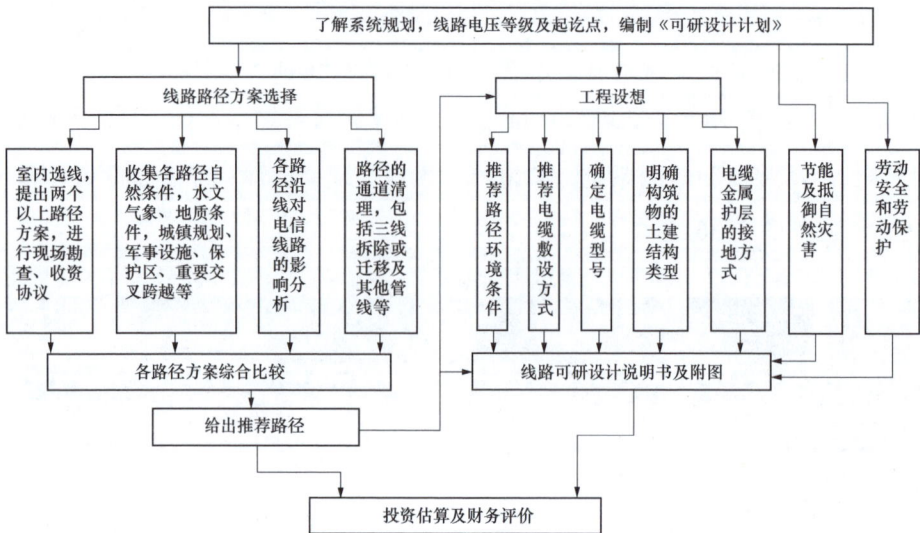

图 7-37 电缆工程可行性研究设计流程

2. 电缆工程初步设计

根据可研设计，对水文、地质进行初步勘察，结合路径优化情况，比较各路径的技术经济情况，推荐电缆合适路径进行工程初步设计，编制初步设计说明书并绘制相应图纸，编写设备材料清册及概算书。电缆线路初步设计流程如图 7-38 所示。

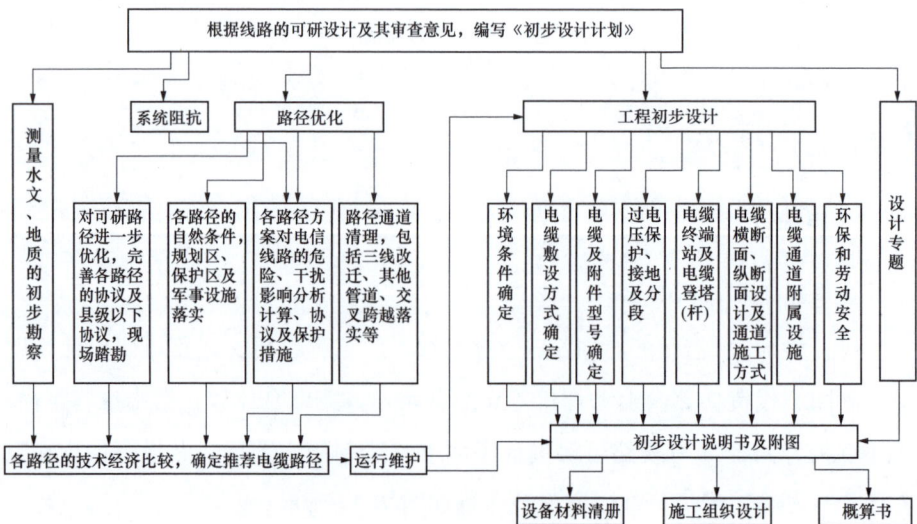

图 7-38 电缆线路初步设计流程

3. 电缆工程施工图设计

根据初步设计及其审查意见，对线路选线定位，现场勘测，出具勘测报告，绘制最终路径图、电缆敷设图、电缆通道断面图、电缆敷设土建图等图纸；工程施工图设计，绘制线路工程施工图及说明书，编写预算书，最终形成电缆施工图总说明书及施工图纸。电缆工程施工图设计流程如图 7-39 所示。

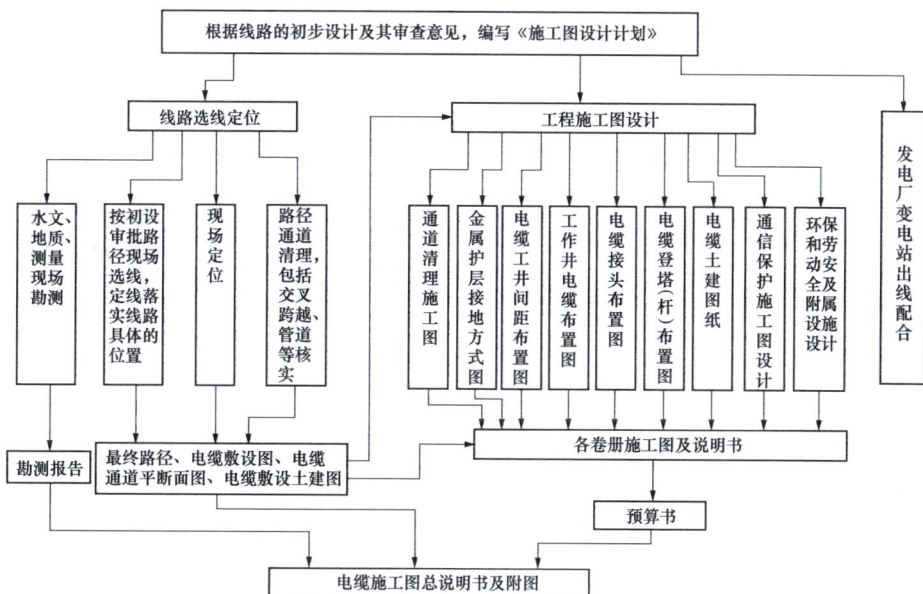

图 7-39 电缆工程施工图设计流程

7.3.2 电缆工程建设

1. 电缆敷设施工

电缆敷设前应按照下列规定进行检查：①电缆通道深度、宽度、弯曲半径等应符合实际要求，电缆通道应畅通，接地应良好；②电缆额定电压、型号规格应符合设计要求；③电缆外观应无损伤；④外护套有导电层的电缆，应进行外护套绝缘电阻试验并合格。施工单位应根据通道条件、电缆参数，合理选择敷设方案和设备，满足电缆牵引力、侧压力、扭力要求，确定合适的电源配置方案、电缆盘放置位置及合理的牵引机、输送机、电缆滑车出力与位置。对于高落差、转弯半径较小及其他环境复杂的施工，应编制专项措施，并组织专项评审。

电缆敷设时，应设立专人统一指挥，在牵引机控制装置、电缆下盘处、入孔洞处、电缆输送机（同步）装置、排管（拉管）出入口、转弯处等关键点布置人员，检查敷设质量，做好通信设备的检查工作，确保畅通。电缆敷设完成后，应按设计要求进行防火、防水等处理。电缆敷设施工流程如图7-40所示。

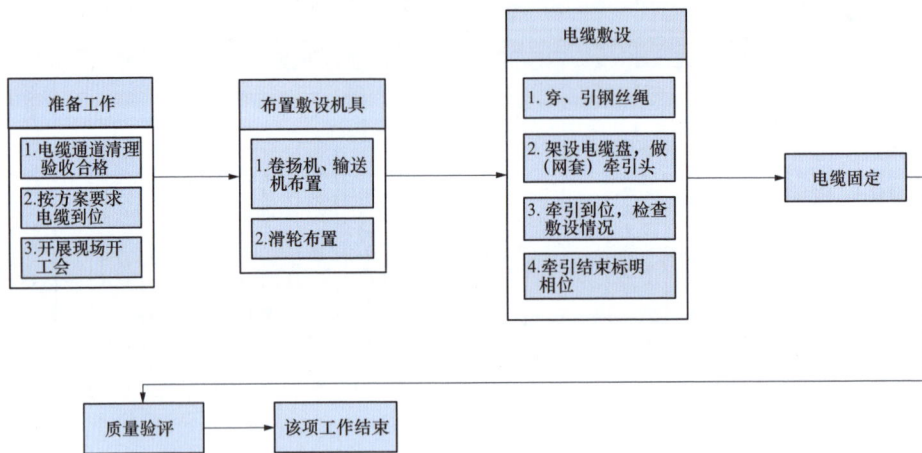

图 7-40　电缆敷设施工流程

2. 电缆附件制作与安装

电缆附件安装前，由厂家提供安装关键技术要求和数据，开展技术培训，施工单位结合现场情况编制作业指导书，并经监理单位审核批准后，组织现场实施；对于新产品、新技术、新工艺等新成果应用及重要电缆工程，应组织专家评审。施工过程中，监理人员应严格执行旁站制度，监督施工现场做好附件安装环境控制，严格控制电缆接头周围环境的温度、湿度及洁净度，严禁在雾或雨中施工；空气相对湿度宜为70%及以下，温度宜为0~35℃。高压电缆附件制作应搭建专用施工棚（架），防止尘埃、杂物落入绝缘设备。

高压电缆终端、高压电缆中间接头、GIS终端、中压电缆冷缩终端、中压电缆冷缩中间接头制作与安装的基本步骤如图7-41~图7-45所示。

```
环境控制 → 工器具、材料、安全工器具的检查 → 安全组织技术措施 → 检查电缆及相位 → 安装前准备 →
电缆预处理 → 压接出线杆 → 绝缘表面处理 → 末端屏蔽处理 → 组装应力锥 → 吊装绝缘套管 →
加灌硅油及顶部金具安装 → 尾管处理 → 接地处理 → 自验收及试验 → 资料归档 → 会同运行单位及相关部门验收
```

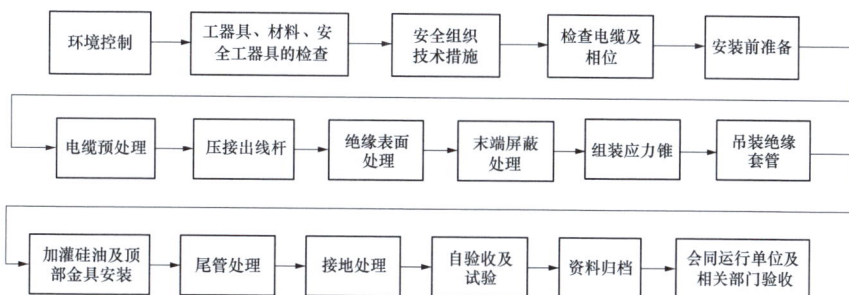

图 7-41　高压电缆终端制作与安装的基本步骤

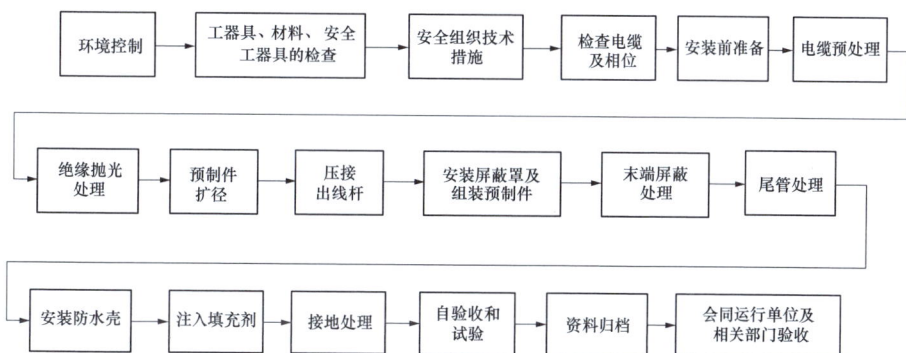

```
环境控制 → 工器具、材料、安全工器具的检查 → 安全组织技术措施 → 检查电缆及相位 → 安装前准备 → 电缆预处理 →
绝缘抛光处理 → 预制件扩径 → 压接出线杆 → 安装屏蔽罩及组装预制件 → 末端屏蔽处理 → 尾管处理 →
安装防水壳 → 注入填充剂 → 接地处理 → 自验收和试验 → 资料归档 → 会同运行单位及相关部门验收
```

图 7-42　高压电缆中间接头制作与安装基本步骤

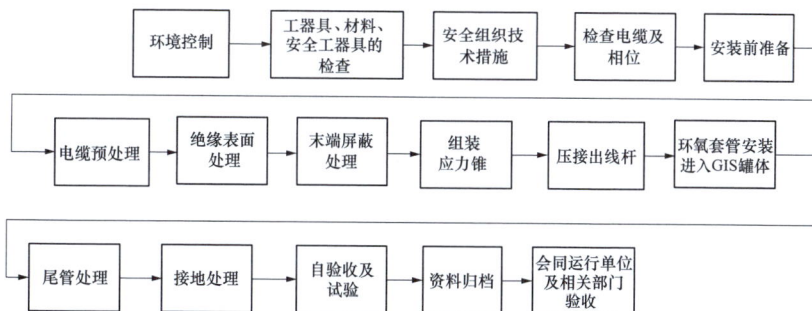

```
环境控制 → 工器具、材料、安全工器具的检查 → 安全组织技术措施 → 检查电缆及相位 → 安装前准备 →
电缆预处理 → 绝缘表面处理 → 末端屏蔽处理 → 组装应力锥 → 压接出线杆 → 环氧套管安装进入GIS罐体 →
尾管处理 → 接地处理 → 自验收及试验 → 资料归档 → 会同运行单位及相关部门验收
```

图 7-43　GIS 终端制作与安装基本步骤

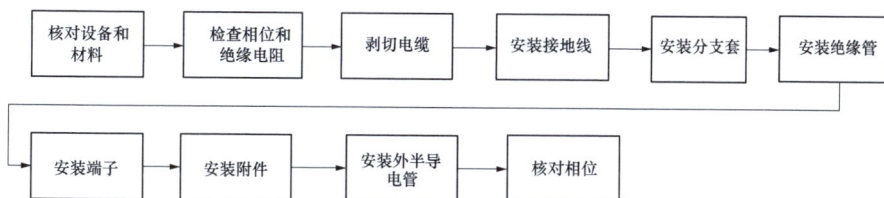

```
核对设备和材料 → 检查相位和绝缘电阻 → 剥切电缆 → 安装接地线 → 安装分支套 → 安装绝缘管 →
安装端子 → 安装附件 → 安装外半导电管 → 核对相位
```

图 7-44　中压电缆冷缩终端制作基本步骤

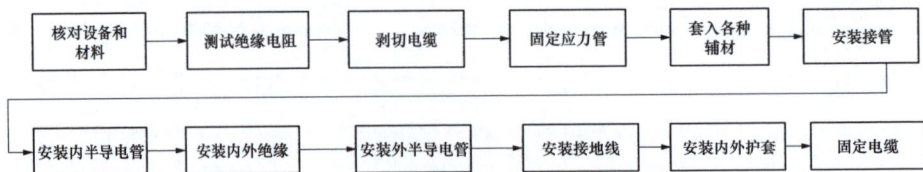

图 7-45 中压电缆冷缩中间接头制作基本步骤

7.3.3 电缆验收

电缆及通道工程是隐蔽工程，验收工作应贯穿施工全过程。电缆运检部门应制定验收标准，对验收人员进行专项培训，加强验收工作管理。电缆验收工作包括到货验收、验收方案编制和交底、隐蔽工程验收、土建验收、竣工验收、电缆及通道生产准备等。电缆验收工作及要求见表 7-3。

表 7-3　电缆验收工作及要求

电缆验收	具体要求
到货验收	1）设备到货后，运检单位应参与现场物资验收。 2）重点检查设备外观、设备参数是否符合技术标准和现场运行条件，检查设备合格证、试验报告、专用工器具、设备安装与操作说明书、设备运行检修手册等是否齐全。 3）对于首次中标的电缆敷设单位或附件厂家，运检单位应加强对厂家关键工艺的现场监督和质量把控，明确具体考核关键节点和需提供的技术资料。 4）每批次电缆应提供抽样试验报告
验收方案编制和交底	1）500kV 工程应由省公司运检部负责编制，220kV 工程应由市公司运检部负责编制，110（66）kV 及以下工程应由电缆运检部门负责编制，均应由分管领导审核通过。 2）验收方案应由编制人员对验收人员进行交底，应保存书面记录
隐蔽工程验收	1）电缆运检部门应不定期对施工现场进行检查。 2）现场应核查监理和施工单位关键工序的影像资料。 3）对检查过程中发现的问题，书面反馈并督促整改
土建验收	1）建设单位应在土建验收前 1 周提出书面申请。 2）电缆运检部门按验收方案进行验收，缺陷清单以书面形式反馈至建设单位，并督促按期整改。

续表

电缆验收	具体要求
土建验收	3）电缆运检部门根据建设单位反馈的消缺闭环单，逐条复检，复检合格后，方可进行电气施工。 4）电缆土建验收包含对电缆排管、沟槽、隧道、综合管廊等不同电缆通道的验收，具体验收内容详见 GB 50168—2018《电气装置安装工程　电缆线路施工及验收规范》
竣工验收	1）竣工验收应包括现场验收和资料验收。电缆现场验收包含对电缆敷设、附件安装、电气试验、附属设备设施等验收。 2）建设单位应在竣工验收前 1 周提出书面申请。 3）220kV 及以上工程应由省公司运检部派员参加；110（66）kV 工程应由地市公司运检部派员参加。 4）电缆运检部门根据竣工验收方案和土建复检结果进行验收，缺陷清单以书面形式反馈至建设单位，并督促按期整改。 5）电缆运检部门根据建设单位反馈的消缺闭环单，逐条复检，复检合格后，方可投入运行
电缆及通道生产准备	1）运维单位应根据工程施工进度，按实际需要完成生产装备、工器具等运维物资的配置，收集新投设备各类信息、基础数据与相关资料，建立设备基础台账，完成标识标示及辅助设施的制作安装，做好工器具与备品备件的接收。 2）各类电缆新（扩）建、改造、检修、用户接入工程及用户设备移交应进行验收，主要包括设备到货验收、中间验收和竣工验收。 3）运维单位应根据相关规定，结合验收工作具体内容，按计划做好验收工作

7.3.4　电缆运维与检修

1. 电缆及通道巡视

电缆及通道巡视要求和内容见表 7-4。

表 7-4　电缆及通道巡视要求和内容

电缆及通道巡视	具体要求
巡视一般性要求	1）运维单位对所管辖电缆及通道，均应指定专人巡视，同时明确其巡视的范围、内容和安全责任，并做好电力设施保护工作。 2）运维单位应编制巡视检查工作计划，计划编制应结合电缆及通道所处环境、巡视检查历史记录及状态评价结果。运维单位对巡视检查中发现的缺陷和隐患进行分析，及时安排处理并上报上级生产管理部门。 3）运维单位应将预留通道和通道的预留部分视作运行设备，使用和占用应履行审批手续

电缆及通道巡视	具体要求
巡视检查内容	1）定期巡视包括对电缆及通道的检查，可以按全线或区段进行。巡视周期相对固定，并可动态调整。电缆和通道的巡视可按不同的周期分别进行。 2）故障巡视应在电缆发生故障后立即进行，巡视范围为发生故障的区段或全线。对引发事故的证物、证件应妥善保管并设法取回，并对事故现场进行记录、拍摄，以便为事故分析提供证据和参考。应同时对电缆线路的交叉互联箱、接地箱进行巡视，还应对给同一用户供电的其他电缆开展巡视工作以保证用户供电安全。 3）特殊巡视应在气候剧烈变化、自然灾害、外力影响、异常运行和对电网安全稳定运行有特殊要求时进行，巡视的范围视情况可分为全线、特定区域和个别组件。对电缆及通道周边的施工行为应加强巡视，已开挖暴露的电缆线路，应缩短巡视周期，必要时安装移动视频监控装置进行实时监控或安排人员看护
巡视检查周期	运维单位应根据电缆及电缆通道特点划分区域，结合状态评价和运行经验确定电缆及其通道的巡视周期。同时依据电缆及其通道区段和时间段的变化，及时对巡视周期进行必要的调整： 1）110（66）kV 及以上电缆通道外部及户外终端巡视：每半个月巡视一次。 2）发电厂、变电站内电缆通道外部及户外终端巡视：每三个月巡视一次。 3）电缆通道内部巡视：每三个月巡视一次。 4）电缆巡视：每三个月巡视一次。 5）单电源、重要电源、重要负荷、网间联络等电缆及通道的巡视周期不应超过半个月。 6）对通道环境恶劣的区域，如易受外力破坏区、偷盗多发区、采动影响区、易塌方区等应在相应时段加强巡视，巡视周期一般为半个月。 7）水底电缆及通道应每年至少巡视一次。 8）对于城市排水系统泵站供电电源电缆，在每年汛期前进行巡视。 9）电缆及其通道巡视应结合状态评价结果，适当调整巡视周期
防外破工作	防外破工作是巡视工作的重点之一。电力电缆线路外力破坏是人们有意或无意造成的线路部件的非正常状态，主要有毁坏电缆线路设备及其附属设施、蓄意制造事故、盗窃电缆线路器材、工作疏忽大意或不清楚电力知识引起的故障，如建筑施工、通道塌方、船舶锚泊等。 根据《电力设施保护条例》规定，输电缆保护区：地下电缆为电缆线路地面标桩两侧各 0.75m 所形成的两平行线内的区域；海底电缆一般为线路两侧各 2 海里（港内为两侧各 100m）、江河电缆一般为不小于线路两侧各 100m（中、小河流一般不小于各 50m）所形成的两平行线内的区域。各地区可根据实际情况，对各属地范围内电力电缆保护范围进行拓展

2. 电缆状态评价

（1）状态评价的目的。设备状态评价应按照 Q/GDW 455—2010《电缆线路状态检修导则》、Q/GDW 456—2010《电缆线路状态评价导则》等技术标准，通过停电试验、带电检测、在线监测等技术手段，收集设备状态信息（包括投运前信息、运行信息、检修试验信息、家族缺陷信息），开展设备状态评价。并依据状态评价结果，针对电缆及通道运行状况，实施差异化的状态管理工作。

（2）状态评价手段。电缆线路状态评价以部件和整体进行评价。当电缆线路的所有部件评价为正常状态，则该条线路状态评价为正常状态。当电缆任一部件状态评价为注意状态、异常状态或严重状态时，电缆线路状态评价为其中最严重的状态。电缆线路状态评价的手段主要有外观检查、带电检测、停电试验等。状态评价措施如图 7-46 所示。

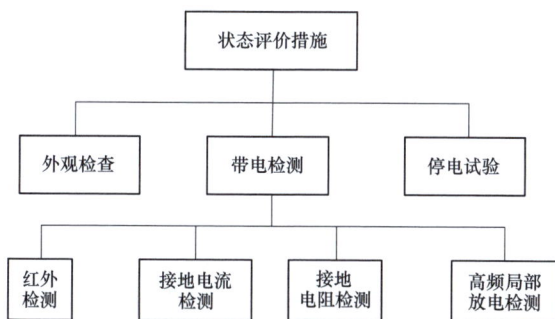

图 7-46　状态评价措施

1）外观检查。是对电缆本体及附件外观进行检查，是发现电缆缺陷隐患的重要措施。

2）带电检测。是电缆日常检修工作的主要内容，现场应用较多的有红外检测技术、接地电流检测、接地电阻检测、高频局部放电检测等部分，主要技术判断依据有 Q/GDW 11223—2014《高压电缆线路状态检测技术规范》、DL/T 664—2016《带电设备红外诊断应用规范》等。各类带电检测措施特点比较见表 7-5。

表 7-5　各类带电检测措施特点比较

检测类型	适用场景	优点	不足
红外检测	发现电缆终端、接头缺陷	开展简便、有效、快捷	对于部分温差小的电压致热型缺陷缺少灵敏、可靠的定量分级标准
接地电流检测	发现电缆接地系统缺陷	开展简便、有效、快捷	负荷电流不大时，判据有效性和灵敏性会受同通道内其他运行电缆影响
接地电阻检测	发现电缆接地系统缺陷	开展简便、有效、快捷	判据有效性和灵敏性可能受邻近带电线路影响
高频局部放电检测	发现电缆绝缘结构缺陷	捕捉绝缘缺陷的最有效手段	有时测试环境干扰复杂、放电图谱特征不典型，结论可靠性受测试人员经验影响

3）停电试验。是对电力电缆线路停电时开展试验检查，主要目的是获得电缆线路状态量而定期进行各种停电试验。电缆线路试验包括主绝缘及外护套绝缘电阻测试、主绝缘交流耐压试验、接地电阻测试和交叉互联系统试验。

（3）缺陷判断与分级。通过外观检查、带电检测、停电试验等手段，可以发现电缆本体、附件、附属设备的各类缺陷。电缆线路缺陷分为一般缺陷、严重缺陷、危急缺陷三类。一般缺陷指设备本身及周围环境出现不正常情况，一般不威胁设备的安全运行。严重缺陷是指设备处于异常状态，可能发展为事故，但设备仍可在一定时间内继续运行，须加强监视并进行大修处理的缺陷。危急缺陷是指严重威胁设备的安全运行，若不及时处理，随时有可能导致事故的发生，必须尽快消除或采取必要的安全技术措施进行处理的缺陷。危急缺陷消除时间不得超过24h，严重缺陷应在30天内消除，一般缺陷可结合检修计划尽早消除，但必须处于可控状态。发现缺陷后应对不同类型缺陷在规定期限内处理。同一设备存在多种缺陷，也应尽量安排在一次检修中处理，必要时，可调整检修类别。

按工作内容及工作涉及范围，将电缆本体及附件检修工作分为 A 类检修、B 类检修、C 类检修、D 类检修四类。其中 A、B、C 类是停电检修，D 类是不停电检修。

A 类检修指电缆及通道的整体解体性检查、维修、更换和试验。B 类检修指电缆及通道局部性的检修，部件的解体检查、维修、更换和试验。C 类检修指电缆及通道常规性检查、维护和试验。D 类检修指电缆及通道在不停电状态下进行的带电测试、外观检查和维修。

3. 电缆故障抢修

电缆故障抢修一般分为故障巡视、故障点确定、故障修复三个阶段。电缆故障测寻流程如图 7-47 所示。

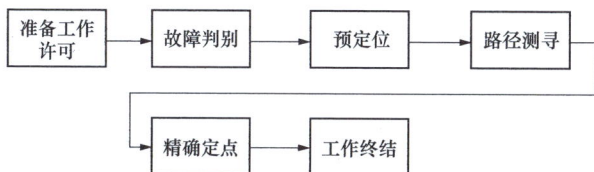

图 7-47　电缆故障测寻流程

（1）故障巡视。故障巡视应在电缆发生故障后立即进行，巡视范围为电缆全线或混合线路全部电缆段。故障巡视时除了关注电缆通道保护区内情况，还应关注电缆交叉互联箱、接地箱、避雷器、终端等外观情况有无异常，由于短路时"一端直接接地、一端保护接地"，电缆段的保护接地侧容易发生护层保护器击穿破损情况，应打开接地箱门进行检查。

（2）故障点确定。故障点确定又可以分为故障性质判断、故障点预定位、故障点精确定位三个步骤。

1）故障性质判断。利用绝缘电阻表测量三相电缆绝缘电阻，由于单芯电缆绝大多数故障是单相击穿类型，同时电缆长期运行后会出现主绝缘下降状况，因此判别时除了关注三相主绝缘绝对数值以外，还应特别重视三相绝缘不平衡度。当遇到某些特殊情况，如当击穿点位于电缆本体上时，如果击穿通道干燥，会出现击穿点存在但主绝缘数值合格的特殊情况。

2）故障点预定位。

a. 现场使用最多的是低压脉冲法、二次脉冲法和冲击电流法。

a）低压脉冲法。适用于低阻故障的定位，可以精确测得电缆全长和故障距离，波速一般设置为 170～172m/μs，实际应用时低压脉冲法也可以通过完好相测得电缆全长。

b）二次脉冲法。当故障点接地电阻较高时，低压脉冲法面临失效的问题，现场测试可转为使用二次脉冲法，二次脉冲法的原理是通过施加高压脉冲信号，将接地电阻较高的故障点转为低阻故障，然后再用低压脉冲法进行测试。

c）冲击电流法。当故障电缆段位于积水的电缆沟道时，由于击穿点进水、无法有效燃弧，二次脉冲电压法也经常失效，这时现场一般会尝试使用冲击电流法。当冲击电流法也失效时，说明故障点通过单次加压无法有效击穿，这时现场一般通过短时间施加连续冲击电压，当故障点有效击穿后、立即转入二次脉冲电压测距模式，往往可以有效测试出故障距离。

b. 故障点精确定位是故障探测的重要环节，目前比较常用的方法是冲击放电声测法、声磁信号同步接收定点法、主要用于低阻故障定点的音频感应法、跨步电压法。

a）冲击放电声测法。冲击放电声测法简称声测法，是利用直流高压试验设备向电容器充电、储能，当电压达到某一数值时，球间隙击穿，高压试验设备和电容器上的能量经球间隙向电缆故障点放电，产生机械振动声波，可用人耳的听觉予以区别。声波的强弱决定于击穿放电时的能量。能量较大的放电，可以在地坪表面辨别，能量小的就需要用灵敏度较高的拾音器（或"听棒"）沿初测确定的范围加以辨认。

b）声磁信号同步接收定点法。声磁信号同步接收定点法简称声磁同步法，其基本原理：向电缆施加冲击直流高压使故障点放电，在放电瞬间电缆金属护套与大地构成的回路中形成感应环流，从而在电缆周围产生脉冲磁场。应用感应接收仪器接收脉冲磁场信号和从故障点发出的放电声信号。仪器根据探头检测到的声、磁两种信号时间间隔最小的点即为故障点。

c）音频感应法。主要是用来探测电缆的路径走向。在电缆两相间或者相和金属护层之间（在对端短路的情况下）加入一个音频电流信号，用音频信号接收器接收这个音频电流产生的音频磁场信号，就能找出电缆的敷设路径；

在电缆中间有金属性短路故障时，对端就不需要短路，在发生金属性短路的两者之间加入音频电流信号后，音频信号接收器在故障点正上方接收到的信号会突然增强，过了故障点后音频信号会明显减弱或者消失，用这种方法可以找到故障点。

d）跨步电压法。通过向故障相和大地之间加入一个直流高压脉冲信号，在故障点附近用电压表检测放电时两点间跨步电压突变的大小和方向来找到故障点的方法。

（3）故障修复。电缆故障修复前，如果是外力破坏导致的故障，一定要把电缆受损状况与范围排查清楚，确保修复时无遗漏。除了外观检查，可以通过外护层试验排查故障电缆其他相受损情况，通过高频局部放电排查同回通道其他回路运行电缆受损情况。

电缆故障修复时，需要在确保受损电缆段切除干净的前提下，尽量减少新增的中间接头数量，切除位置、开挖地点与范围的确定需考虑电缆附件制作的便利性。

电缆修复后需要进行主绝缘、外护层测试，并对电缆主芯、金属护套连接方式进行核对。

4. 生产系统信息管理

国家电网公司新一代设备资产精益管理系统（PMS3.0）以电网资源业务中台为核心，覆盖"三区四层"的全新数字化架构，横向贯通生产控制大区、管理信息大区、互联网大区，纵向覆盖感知层、网络层、平台层和应用层，基于数据中台、技术中台等企业级中台，遵循统一的模型、服务、组织架构，具备"设备智能互联、能力开发共享、创新敏捷迭代、作业全程在线、数据驱动业务、价值引领增效"六个特征。截至2022年底，PMS3.0已发布13个中心618项一站式共享服务，全方位涵盖输、变、配、用各环节466类企业级电网资源信息，支撑规划、物资、基建、调度、营销等跨专业"业务一条线"，助力公司数字化转型。

5. 档案资料管理

（1）档案接收和存放。存放档案必须有专用柜，排列方法统一。文件资料必须保持成套性和完整性。归档的文件资料必须准确反映各工程的真实内容。在一个工程结束后班组按移交归档程序向档案专职移交归档。档案室工作人员应规范填写案卷封面，并按工程档案档号编制原则编写档号及卷内目录。

（2）档案保管工作。严格执行工程档案管理规定，确保其完整、系统和安全。借出的档案须按时归还，利用后的档案应随即放回原处。切实做好防盗、防火、防水、防潮、防尘、防虫、防霉工作。定期对库房档案进行全面检查、清点，发现问题及时处理。

（3）档案借阅工作。查阅和出借档案均须填写档案借阅登记单，注明所借阅案卷或文件、借阅原因、借阅人及其所属单位或部门、日期等。借出的档案应在归档期限内归还，档案室工作人员在出借各类档案时需点交清楚，归还时要检查其完整性。

（4）档案保密工作。员工每年按照公司规定签订信息保密协议，不得擅自翻阅、摘抄、复印、扫描涉密档案。不使用无保密保障方式存储、传输数字化涉密档案。

（5）档案安全消防工作。严禁烟火、易燃、易爆及腐蚀物品进档案室。做好安全巡查工作。档案室工作人员应熟悉消防器材的性能及使用方法，做好消防器材的保养更新工作，使之可靠有效。

7.3.5 电缆交接试验及例行试验

1. 电缆交接试验项目及要求

电缆交接试验是电力电缆线路安装完成后，为了验证线路安装质量对电缆线路开展的各种试验，包括主绝缘及外护套绝缘电阻测量、主绝缘交流耐压试验、外护套直流电压试验、电缆两端的相位检查、金属屏蔽（金属套）电阻与导体电阻比测量、交叉互联系统试验、局部放电检测试验等。

电缆的主绝缘进行耐压试验或绝缘电阻测量，应分别对每一相进行试验或测量。对一相进行试验或测量时，其他两相导体和金属屏蔽（金属套）一起接地，试验结束后应对被试电缆进行充分放电。主绝缘交流耐压试验采用频率范围为 10～300Hz 的交流电压对电缆线路进行耐压试验，交联聚乙烯电缆线路交流耐压试验电压和时间见表 7-6。66kV 及以上电缆线路主绝缘交流耐压试验时应同时开展局部放电测量。

外护套直流电压试验时，对单芯电缆外护套连同接头外保护层施加 10kV 直流电压，试验时间 1min。为了有效开展试验，外护套表面应接地良好。

表 7-6　交联聚乙烯电缆线路交流耐压试验电压和时间

额定电压 U_0/U（kV）	试验电压		时间（min）
	新投运线路或不超过 3 年的非新投运线路	非新投运线路	
48/66	$2U_0$	$1.6U_0$	60
64/110			
127/220	$1.7U_0$	$1.36U_0$	
190/330			
290/500			

注　非新投运线路指由于线路切改或故障等原因重新安装电缆附件的电缆线路。对于整相电缆和附件全部更换的线路，试验电压和耐受时间按照新投运线路要求。

2. 电缆例行试验项目及要求

电缆例行试验是为获得电缆线路状态量而定期进行的各种带电检测或停电试验，包括主绝缘及外护套绝缘电阻试验、主绝缘交流耐压试验、接地电阻测试、交叉互联系统试验。

（1）主绝缘及外护套绝缘电阻试验。规定同交接试验，主绝缘及外护套绝缘电阻测量应在主绝缘交流耐压试验项目前后进行，测量值与初值应无明显变化。

（2）主绝缘交流耐压试验。采用频率范围为 20～300Hz 的交流电压对电缆线路进行耐压试验，电缆线路交流耐压试验周期、试验电压及耐受时间见表 7-7。

表 7-7　电缆线路交流耐压试验周期、试验电压及耐受时间

额定电压（kV）	试验周期	试验电压	耐受时间（min）
110（66）	新投运 3 年内开展一次，以后根据状态评价结果必要时进行	$1.6U_0$	5
127/220 及以上		$1.36U_0$	

（3）接地电阻测试。按照 DL/T 475《接地装置特性参数测量导则》规定的接地电阻测试仪法对电缆线路接地装置接地电阻进行测试，规定如下：隧道接地装置接地电阻不大于 5Ω；综合接地电阻不大于 1Ω；电缆沟接地电阻不大于 5Ω；工作井接地电阻不大于 10Ω。

（4）交叉互联系统试验。交叉互联系统对地绝缘的直流耐压试验应按照交接试验方法进行，即在每段电缆金属屏蔽（金属套）与地之间施加直流电压 5kV，加压时间 1min，交叉互联系统对地绝缘部分不应击穿。

7.3.6　大长段电缆敷设施工

常规段长电缆一般约为 500m，大长段电缆是指 110kV 陆上电缆单根最大长度大于 1000m、220kV 陆上电缆单根最大长度大于 750m 的电缆。由于中间接头是高压电缆运行的最薄弱环节之一，因此增加电缆段长能够减少接头数量，从本质上增强高压电缆运行可靠性。

1. 施工上的创新特点

（1）因地制宜，攻克施工机具配置难题。敷设大长段电缆，相对于传统电缆施工工程，电缆装盘质量、施工机具数量、施工人员等各项施工要素急剧增长，其中电缆盘增加至约 3 倍、单位长度电缆质量增加约 1.15 倍、电缆总质量增加至约 4 倍、施工时所选用吊车吨位增加至约 7 倍、输送机与控制箱总数增加至约 3 倍、人员配备增加至约 3 倍，使得电缆吊装、同步输送、现场协调指挥等环节面临很高的施工与组织难度。

目前攻克的制约大长段电缆展放的一系列技术与管理难题包括：①通过采用 500t 级吊车解决了大长段电缆吊装难的问题；②通过采用地滚车、自动放缆机、辅助滚轮等相结合的施工方案，考虑高度落差小的电缆入井及隧道等 5 类常见施工场景，差异化定量决策各类施工机具配置数量与位置，解决了大长段电缆展放同步输送难的问题；③通过引入带侧压力监控系统的转弯滑车，将输送机配置密度提高 67%，解决了大长段电缆展放过程中牵引力、侧压力控制难的问题。

（2）合理组织，化解敷设人员协调难题。大长段电缆敷设参与人员多、施工覆盖范围大、施工涉及场景复杂，对于敷设人员的指挥统一性、组织合理性要求很高。

1）施工人员配置方面。为适应大长段电缆施工特点，每台输送机配置1人、牵引头处配置6人、全线看护滑轮人员约30人，指挥人员增至3倍，多场景、多时段开展模拟故障演练，实现全线人、机、缆精准同步。

2）施工组织方面。班组人员定点定位，现场设立吊装、敷设、安装、电气、通信、安保、应急救援等班组。

3）施工安全保障方面。相对于常规电缆工程，施工参与人员增加了3倍，进入隧道人员数量激增，为保证在有限空间内作业人员安全，专门配置了扩展式防坠网、复合式气体检测仪、六氟化硫气体轻型防护套件、正压式空气呼吸仪等足量的检测仪器及个人防护用品。

（3）节资缩时，提升同类工程经济效益。大长段电缆施工免去了中间接头相关的物资费用与人工用时，以某供电公司单段长度1580m的电缆为例，单相电缆敷设用时4~5h，相较于传统分段长度电缆，一回大长段电缆在物资方面节省6相中间接头、6只中间接头托架、40m长同轴电缆、2只交叉互联箱（相关物资费用合计约60.6万元），在人力方面减少了6相中间接头的附件安装时间与人工费支出，与同类长度电缆施工相比，大大缩短了施工周期、显著降低了工程投资，工程经济效益水平提升明显。

（4）创新研发，拓宽施工通信感知维度。大长段电缆敷设环境多处于密闭地下空间，空间结构复杂、通信屏蔽强、信号盲区多，传统的无线对讲机通信方式，其信号强度、通信范围、语音清晰度、信息丰富度已不能满足大长段电缆现场施工统一指挥需要。

为此，该工程创新采用了有线载波通信和隧道实时监控系统，定制研发了成套软硬件装置，并成功部署应用在西片电网加强工程的大长段电缆施工现场，能够实现指挥中心与施工现场视频、语音的全方位、高解析、无时延双向互传，使得施工现场的每一刻状态尽在指挥中心掌控之中，极大增强了指挥人员对大长段电缆施工全过程的调度与组织能力。

2. 电缆精益化管理

电缆线路自身具有开放性、分散性、隐蔽性特点，如国网苏州供电公司因城市建设更新快，防外破工作难度高、压力大，存量电缆逐渐进入老化期，增量电缆变化多、位置零散，状态检修的准确性与及时性要求也日益提高。面对规模大、增速高的电缆资产，传统的管理方式已不能适应筑牢电缆本质安全防线的要求，亟须引入信息化、数字化的管控措施，推动电缆专业管理转型升级。

电缆运检中心坚持以解决电缆专业管理共性问题为导向，充分利用数字化技术和互联网思维，围绕制约电缆专业管理质效的关键问题，打造高压电缆专业精益化管控平台及移动端应用将平台接入企业中台，全面提升电缆专业管理水平。电缆精益化管控平台体系架构如图 7-48 所示。

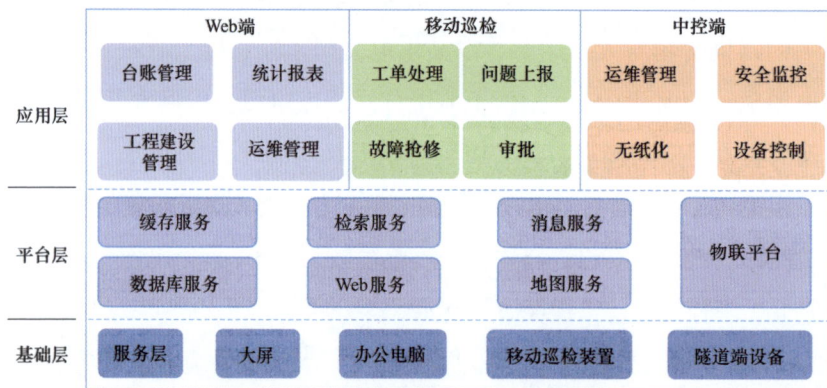

图 7-48　电缆精益化管控平台体系架构

接入内网的电缆巡检移动终端和后台数据库正成为电缆一线运检人员安全生产的"亲密战友"与"最强大脑"，在现场作业过程中发挥着实战功能。

（1）电缆设备数字化，筑牢安全之根。数据是电缆管理的基础，精确的数据是保证电缆运维和抢修的关键。基于精益化管控平台将管理单元缩小至电缆井、电缆终端杆，对每个设备建立档案信息，实现线路通道、变电站等设施的查询与展示，同步实现工井断面及空位的图形化、界面化编辑，在新增或迁改线路时系统可提供电缆通道情况查询，助力施工可行性研究及施工现场管控交底。依托 GIS 地图，实现电缆属性数据和地理测绘数据的深度融合，为电缆数据深化应用奠定基础。系统支持将空间测绘数据导入系统，在 GIS 地图上实现线路及通道的维护。通道维护界面如图 7-49 所示。

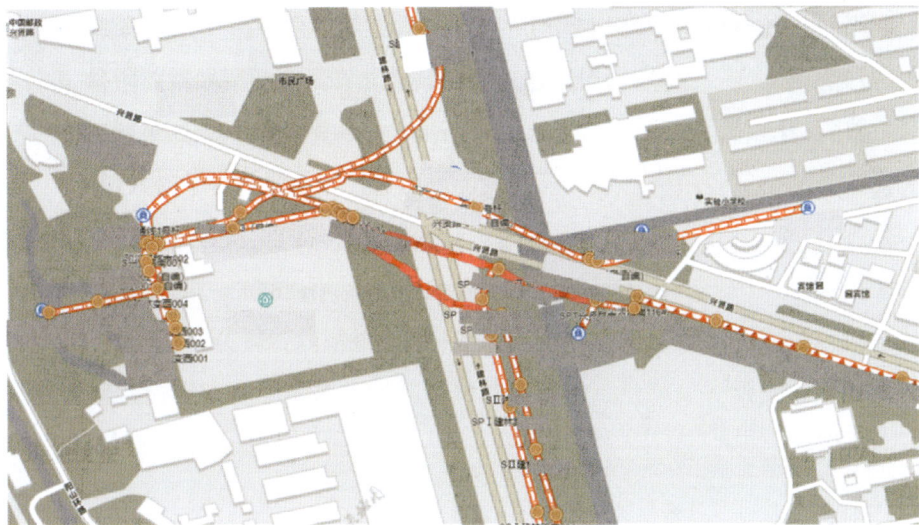

图 7-49 通道维护界面

（2）电缆作业数字化，落实安全管控。开发人工巡视移动应用，上架应用商店，打造少人高效的巡检体系、安全智能的监督体系。基于移动终端定位，满足现场作业人员日常的巡视、消缺、运维检修等工作，实现对作业人员的作业过程进行全过程跟踪和管控，对异常事件进行高效指挥、快速处置，提高工作管理水平。移动作业终端与电缆线路智能运检管控平台信息数据互联互通，实时采集人巡、现场照片、检测检修、缺陷处理、隐患上报等数据。移动巡检轨迹分析界面如图 7-50 所示，消缺单如图 7-51 所示。

基于完备的电缆基础数据库，开发了带电检测管理系统，提升了计划派单、任务接单、缺陷上报各环节工作质效，巡检人员手持内网移动端即时接收带电检测计划，根据位置提示便捷完成检测打卡操作，并可将现场发现的缺陷一键快捷填报，极大提升了电缆检测人员的单兵综合作战能力。移动巡

图 7-50　移动巡检轨迹分析界面

图 7-51　消缺单

检红外测温检测页面如图 7-52 所示。

（3）电缆管理数字化，提升安全保障。系统每日会生成线路巡视和危险点巡视的统计报表，统计报表如图 7-53 所示，统计报表包括了匹配率、工作时间、照片数量等。电缆运检室监控小组每日分析报表数据，分析巡检质量，督

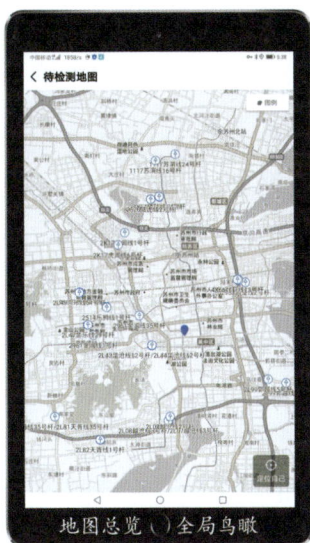

图 7-52　移动巡检红外测温检测页面

人员名称	人员单位	有效巡检时间(h)	巡视任务线路长度(km)	未巡视长度(km)	工单数量	图片数量	匹配率	巡视轨迹地图
×× (巡视)	××	24.04	241.23	8.55	149	965	96.48%	轨迹 图片 地图
×××	××	4.38	24.55	1.6	11	46	93.49%	轨迹 图片 地图
×× (巡视)	××	37.12	410.07	43.96	312	943	89.28%	轨迹 图片 地图
××× (巡视)	××	18.05	141.48	11.61	125	858	91.79%	轨迹 图片 地图
××× (巡视)	××	45.35	481.72	26.49	281	929	94.50%	轨迹 图片 地图
×× (巡视)	××	45.56	580.61	76.29	338	1116	86.86%	轨迹 图片 地图
××× (巡视)	××	58.36	581.12	32.09	282	2427	94.48%	轨迹 图片 地图
××× (巡视)	××	44.97	581.38	69.87	338	1064	87.98%	轨迹 图片 地图
××× (巡视)	××	58.13	415.92	36.41	376	1428	91.25%	轨迹 图片 地图
××× (巡视)	××	39.87	751.46	66.98	360	1598	91.09%	轨迹 图片 地图
××× (巡视)	××	33.88	280.33	36.94	281	307	86.82%	轨迹 图片 地图
××× (巡视)	××	52.66	713.46	60.85	326	2065	91.47%	轨迹 图片 地图

图 7-53　统计报表

促整治指标不理想的现象。基于电缆准确位置的街景功能，巡视照片自动在地图上显示，运维人员坐在办公室中即可通过图片地图看到各个通道的实景照片，电缆线路巡检实景如图 7-54 所示，从而可以检查巡视人员是否真正到位，是否有漏报现场缺陷，弥补可视化覆盖率不高的情况。也可以通过实景照片集合统一视频平台视频图像开展隐患排查，核对线路、电缆井编号等台账信息的准确性，形成实时化、可量化的作业方式，做到"中心—现场—中心"的精益化、智能化管控，提升决策指挥能力，为电缆安全运维管控筑牢防线。

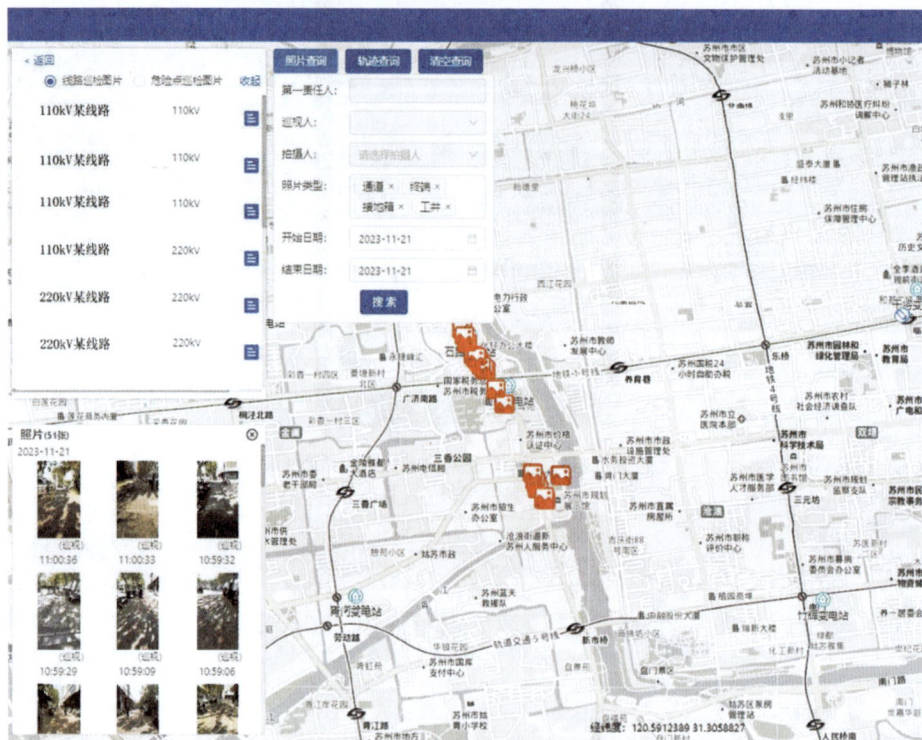

图 7-54　电缆线路巡检实景

7.4　相关制度

7.4.1　各类规程规范

GB 50217—2018　《电力工程电缆设计标准》

GB 50168—2018　《电气装置安装工程电缆线路施工及验收标准》

DL/T 664—2016　《带电设备红外诊断应用规范》

DL/T 1253—2013　《电力电缆线路运行规程》

Q/GDW 1799.2—2013　《国家电网公司电力安全工作规程　线路部分》

Q/GDW 1512—2014　《电力电缆及通道运维规程》

Q/GDW 11262—2014 《电力电缆及通道检修规程》

Q/GDW 11316—2018 《高压电缆线路试验规程》

Q/GDW 455—2010 《电缆线路状态检修导则》

Q/GDW 456—2010 《电缆线路状态评价导则》

Q/GDW 11223—2014 《高压电缆线路状态检测技术规范》

国网（运检/4）307—2014 《国家电网公司电缆及通道运维管理规定》

7.4.2 工作制度

《国家电网有限公司有限空间作业安全工作规定》

《国家电网有限公司十八项电网重大反事故措施》

苏电运检〔2015〕615 号 《江苏省电力公司关于明确电力电缆线路设计、施工及运维相关要求的通知》

电运检〔2015〕22 号 《江苏省电力公司运维检修部关于开展 220kV 电缆通道整治专项行动的通知》

电建〔2015〕29 号 《江苏省电力公司建设部关于印发电力电缆及通道工程建设质量管理提升工作要求的通知》

7.5 实习注意事项

7.5.1 电缆隧道实习注意事项

电缆隧道实习前，工作负责人应对安全防护设备、个体防护用品、应急救援装备、作业设备和用具的齐备性和安全性进行检查，发现问题应立即修护或更换。

电缆隧道实习应当严格遵守"先通风、再检测、后作业"的原则，检测指标包括氧浓度、易燃易爆物质（可燃性气体、爆炸性粉尘）浓度、有毒有害气体浓度。检测应当符合国家标准或行业标准的规定。未经通风和检测合格，任何人员不得进入有限空间作业。检测的时间不得早于作业开始前30min。

实习人员应正确佩戴使用符合要求的安全防护设备与个体防护装备，主要有安全帽、呼吸防护用品、便携式气体检测报警仪、照明灯和对讲机等；出入电缆隧道、电缆（通信）管井作业时，应使用硬质梯子，严禁随意蹬踩电（光）缆或电（光）缆支架、托架、托板、附件等附属设备。

7.5.2　附件制作安全注意事项

制作电缆附件时安装人员应戴安全帽、穿绝缘鞋（靴）、穿全棉长袖工作服。附件制作现场应配备灭火器等消防设备，安装人员应掌握消防设备正确使用方法。在进行铅焊、热缩等动火工作时，应持动火工作票，严格执行《易燃易爆物品使用规定》《消防法》。高温天气户外作业时，应配备防暑降温用品，带好急救医药箱。

起吊套管、电缆等重物时，应有专人统一指挥、小心操作，防止重物倾斜、翻倒等伤人。

使用玻璃片、剥切刀等锋利物品或者动火作业时，应戴棉手套并小心操作，防止出现割伤或烫伤。

使用打磨机等用电工具时，应使用带剩余电流动作保护器的插座，做好用电安全；打磨绝缘表面时，如有需要时应戴口罩、护目镜，防止粉尘吸入。

7.6　新员工实操项目示例：10kV 电力电缆户内冷缩终端头安全操作

7.6.1　任务描述

该任务为 10kV 电力电缆户内冷缩终端头安全操作。通过实训 10kV 电缆预处理、冷缩附件安装等内容，掌握 10kV 户内冷缩终端头制作的步骤和工艺要求。

7.6.2　训前准备

1. 场地准备

（1）实训现场配备电缆支架。

（2）作业现场的作业条件和安全设施等应符合有关标准、规范的要求，作业人员的劳动防护用品应合格、齐备。

（3）场地周围装设围栏、标示牌。

（4）设置应急疏散通道。

2. 人员准备

（1）学员应身体健康、精神状态良好。

（2）教师及学生应穿全棉长袖工作服及绝缘鞋进入实训现场。

（3）学生 4~6 人一组、教师 2 名（负责实操指导、监护），各组学生轮流开展实操训练。

（4）学生应具备必要的特种作业（电工）安全技术理论知识、电气知识和电缆作业技能，能正确使用作业工器具；经过安全生产知识教育，知晓作业现场和工作岗位存在的危险因素、防范措施及事故紧急处理措施。

3. 工具及材料准备

（1）准备 10kV 电力电缆户内冷缩终端头制作所需工具。

（2）准备相应规格的电缆、电缆附件。

7.6.3 操作训练

1. 安全操作准备

（1）办理并完善工作许可、工作票等组织措施，交代工作内容、现场作业危险点，明确人员分工、测试程序并签字确认。

（2）设置围栏并悬挂标示牌：在工作地点四周围栏上悬挂"止步，高压危险！""在此工作！""从此进出！"标示牌；在断路器操作把手处或跌落式熔断器处悬挂"禁止合闸，线路有人工作！"标示牌。

（3）检查各安全工器具（安全帽、工作服、绝缘手套、绝缘鞋、灭火器等）、专用工具、常用工器具、仪器仪表、电源设施等工器具配置无误且无质量问题。

（4）核对电缆与电缆附件规格，检查所有材料的数量符合材料表所列数量，具备合格证质保卡等，外观无缺陷。

（5）电缆切断，放在预定置，将合适长度的培训用电缆固定在支架上，汇报已完成准备工作，确认监护人到位，准备进行 10kV 电力电缆户内冷缩终端头制作所需工具。

2. 安全操作步骤

（1）剥除外护套、铠装、内护套及填料。10kV 冷缩式电力电缆终端头剥切尺寸如图 7-55 所示。

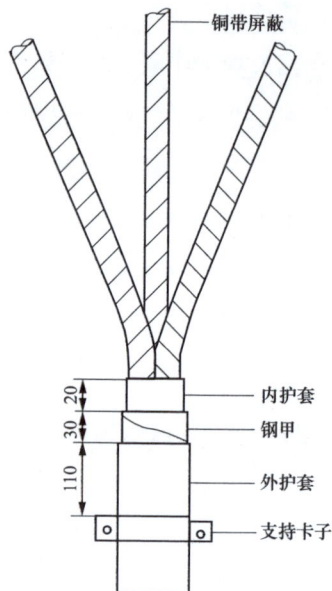

图 7-55　10kV 冷缩式电力电缆终端头剥切尺寸

1）电缆矫直、清洁。将电缆矫直，分别擦洗两边电缆护套，把灰尘、油污及其他污垢拭去。

2）剥除外护套。应分两次进行，以避免电缆铠装层铠装松散。先将电缆末端外护套保留 100mm。然后按规定尺寸剥除外护套，要求断口平整。外护套断口以下 100mm 部分用砂纸打毛并清洗干净，以保证分支手套定位后，密封性能可靠。

3）剥除铠装。按规定尺寸在铠装上绑扎恒力弹簧，绑线的缠绕方向应与铠装的缠绕方向一致，使铠装越绑越紧不致松散。绑线用 2.0mm 的铜线，每道 3~4 匝。锯铠装时，其圆周锯痕深度应均匀，不得锯透，不得损伤内护套。剥铠装时，应首先沿锯痕将铠装卷断，铠装断开后再向电缆终端头剥除。

4）剥除内护套及填料。在应剥除内护套处用刀子横向切一环形痕，深度不超过内护套厚度的一半。纵向剥除内护套时，刀子切口应在两芯之间，防止切伤金属屏蔽层。剥除内护套后应将金属屏蔽带末端用聚氯乙烯粘带扎牢，防止松散。切除填料时刀口应向外，防止损伤金属屏蔽层。

5）分开三相线芯时，不可硬性弯曲，以免铜屏蔽层褶皱、变形。

（2）焊接地线，绕包密封填充胶。

1）铠装、铜屏蔽打磨。对铠装接地段、铜屏蔽接地端用纱布打磨，去除表面氧化物。

2）铠装接地安装。截面积较小的接地编织带通过焊接牢固安装在铠装的两层钢带交界处（也可使用恒力弹簧）。接地安装段绕包一个来回 PVC 胶带加强固定，再绕包一个来回 J-20 绝缘胶带。

3）铜屏蔽接地安装。截面积较大的接地编织带在每相铜屏蔽上缠绕后通过恒力弹簧固定（铜屏蔽接地与铠装接地相距 180°）。

4）自外护套断口向下 40mm 范围内的电缆上绕包两层密封胶，将接地编织带埋入其中，以提高密封防水性能。

5）电缆内、外护套断口绕包密封胶（填充胶）必须严实紧密，三相分叉部位空间应用填充胶填实，绕包体表面应平整，绕包后外径必须小于分支手套内径。

（3）冷缩分支手套，冷缩护套管。

1）电缆三叉部位用填充胶绕包后，根据实际情况，填充胶表面半搭盖绕包一层 J-20 绝缘胶带，以防止内部粘连和抽塑料衬管条时将填充胶带出。填充胶绕包体上也可绕包 PVC 胶带，但只可在上半部分半搭盖绕包。

2）冷缩分支手套套入电缆前应先检查三指管内塑料衬管条内口预留是否过多。抽衬管条时，应谨慎小心，缓慢进行，以避免衬管条弹出。

3）分支手套应套至电缆三叉部位填充胶上，必须压紧到位。检查三指管根部，不得有空隙存在，并在分支手套下端口部位绕包几层密封胶加强密封。

4）安装冷缩护套管，抽出衬管条时，速度应均匀缓慢，两手应协调配合，以防冷缩护套管收缩不均匀造成拉伸和反弹。

5）护套管切割时，必须绕包两层 PVC 胶带固定，圆周环切后，才能纵向剖切。剥切时不得损伤铜屏蔽层，严禁无包扎切割。

（4）剥切铜屏蔽层、外半导电层。

1）铜屏蔽层剥切时，应用恒力弹簧或 PVC 胶带固定。切割时，只能环切一刀，不能切透，以免损伤外半导电层。剥除时，应从刀痕处撕剥，断开后向线芯端部剥除，剥除铜屏蔽时及时做相色标记。

2）外半导电层剥除后，绝缘表面必须用细砂纸打磨，去除嵌入在绝缘表面的半导电颗粒。

3）外半导电层端部切削打磨斜坡时，注意不得损伤绝缘层。打磨后，外半导电层端口应平齐，坡面应平整光洁，与绝缘层圆滑过渡。

（5）剥切线芯绝缘层、内半导电层。10kV 冷缩式电力电缆终端头电缆芯剥切尺寸如图 7-56 所示。

1）割切线芯绝缘层时，注意不得损伤线芯导体，剥除绝缘层时，应顺着导线绞合方向进行，不得使导体松散。

2）内半导电层应剥除干净，不得留有残迹。

3）绝缘端部应力处理前，用 PVC 胶带黏面朝外将电缆三相线芯端头包扎好，以防倒角时伤到导体。

4）清洁绝缘层时，必须用清洁纸，从绝缘层端部向外半导电层端部方向一次性清洁绝缘层和外半导电层，以免把半导电粉末带到绝缘上。

5）仔细检查绝缘层，如有半导电粉末、颗粒或较深的凹槽等必须用细砂纸打磨干净，再用新的清洁纸擦净。

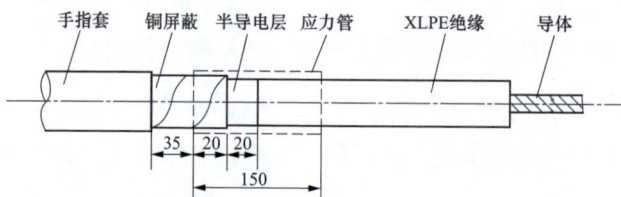

图 7-56　10kV 冷缩式电力电缆终端头电缆芯剥切尺寸

（6）安装终端绝缘主体。

1）在铜屏蔽断口处绕包半导电带，搭接铜屏蔽与外半导电层。

2）根据说明书在冷缩护套管上用 PVC 胶带做终端套管定位标记。

3）清洁纸从上至下把各相清洁干净，待清洁剂挥发后，在绝缘层表面均匀地涂上硅脂。

4）将冷缩终端绝缘主体套入电缆，衬管条伸出的一端后入电缆，沿逆时针方向均匀地抽掉衬管条使终端绝缘主体收缩（注意：终端绝缘主体收缩好后，其下端与标记齐平）。

（7）压接接线端子。压接接线端子时，接线端子与导体必须紧密接触，按先上后下顺序进行压接。压接后，端子表面的尖端和毛刺必须打磨光滑。

（8）冷缩密封管。

1）在绝缘管与接线端子间用填充或和密封胶将台阶填平，使其表面平整。

2）安装冷缩密封管时，其上端与终端绝缘主体充分搭接，抽出衬管条时，速度应均匀缓慢，两手应协调配合，以防冷缩护套管收缩不均匀造成拉伸和反弹。在接线端子处如有空隙，需割除多余密封管，用 J-20 绝缘带、PVC 带进行绕包密封。

3）按系统相色包缠相色带。

（9）连接接地线。

1）压接接地端子，并与地网连接牢靠。

2）固定三相，应保证相间（接线端子之间）距离满足：户外：≥ 200mm，户内：≥ 125mm。

3. 安全注意事项

实训安全注意事项见表 7-8。

表 7-8 实训安全注意事项

序号	防范类型	危险点	预防控制措施
1	高压触电	邻近带电线路感应电	戴手套，加接地线，严格执行变电、线路安全工作规程
		拉接临时施工电源触电	一人监护、一人操作。严格执行电建安全工作规程的相关条款
2	高空坠落	高空作业	使用双保险安全带，加强监护，严格执行变电、线路安全工作规程
3	机械伤人	切割机割物件	1）使用刀具及锯弓时，刀口不可朝向自己，避免伤及旁人或自身。 2）对电缆进行剥切操作时，必须戴手套，预防电缆铠装和铜屏蔽割伤

续表

序号	防范类型	危险点	预防控制措施
3	机械伤人	搬运盖板砸伤手脚	统一指挥，互相配合、监护，严格执行变电、线路安全工作规程
4	火灾事故	焊接	采取有效隔离措施，严格执行变电、线路安全工作规程
		电缆烧坏	采取有效隔离措施，严格执行变电、线路安全工作规程

【思考与练习】

1. 输电电缆有什么特点？

2. 输电电缆安装运维工的工作内容有哪些？

3. 配电电缆有什么特点？

4. 配电电缆安装运维工的工作内容有哪些？

5. 电力电缆及通道巡视工作的主要内容有哪些？

6. 电力电缆及通道检修工作的主要内容有哪些？

7. 电力电缆通道验收时需要关注哪些方面？

8. 电力电缆及通道的缺陷隐患分级有哪些？

9. 相比传统电缆运维管理方式，利用电缆精益化管控平台有哪些管理优势？

10. 电力电缆常用的规程规范有哪些？

11. 有限空间作业有哪些注意事项？

12. 附件制作安装有哪些注意事项？

13. 仪器仪表使用有哪些通用注意事项？

参考文献

［1］赵先德.输电线路基础知识［M］.北京：中国电力出版社，2012.

［2］刘树堂.输电杆塔结构及其基础设计［M］.北京：中国水利水电出版社，2005.

［3］国家电网公司.国家电网公司十八项电网重大反事故措施（2018年修订版）［M］.北京：中国电力出版社，2018.

［4］国家电网公司.Q/GDW 1799.1—2013.国家电网公司电力安全工作规程变电部分［M］.北京：中国电力出版社，2013.

［5］国家电网公司人力资源部.国家电网公司生产技能人员职业能力培训专用教材：变电运行（220kV）（下）［M］.北京：中国电力出版社，2010.

［6］国家电网有限公司设备管理部.变电运维专业技能培训教材：实操技能［M］.北京：中国电力出版社，2021.

［7］国家电网公司.国家电网公司变电运维管理规定（试行） 第1分册 油浸式变压器（电抗器）运维细则［M］.北京：中国电力出版社，2017.

［8］国家电网公司人力资源部.国家电网公司生产技能人员职业能力培训专用教材—电气试验.北京：中国电力出版社，2010.

［9］江苏省安全生产宣传教育中心，国网江苏省电力有限公司.电气试验作业.北京：中国电力出版社，2020.

［10］国家电网公司.国家电网公司电力安全工作规程（配电部分）（试行）［M］.北京：中国电力出版社，2014.

［11］国家电网公司人力资源部.国家电网公司生产技能人员职业能力培训专用教材 配电线路运行［M］.北京：中国电力出版社，2010.

［12］国家电网公司企业标准.Q/GDW 1519—2014 配电网运维规程.

［13］国家电网有限公司设备管理部，高压电力电缆技术培训教材［M］.

北京：中国电力出版社，2021.

［14］国家电网有限公司设备管理部，中压电力电缆技术培训教材［M］.
北京：中国电力出版社，2021.

［15］国家电网公司企业标准.Q/GDW 1175—2013 变压器、高压并联电
抗器和母线保护及辅助装置标准化设计规范.

［16］国家电力调度通信中心部.国家电网公司继电保护培训教材（上下
册）［M］.北京：中国电力出版社，2009.

［17］国家电网公司人力资源部.国家电网公司生产技能人员职业能力培
训专用教材变电站综合自动化［M］.北京：中国电力出版社，2018.

［18］变电站自动化系统原理及应用［M］.北京：中国电力出版社，
2020.

［19］智能变电站自动化设备运维实训教材［M］.北京：中国电力出版
社，2018.